国家林业和草原局普通高等教育"十三五"规划教材

土壤学实验

马献发　主编

中国林业出版社

内容提要

　　《土壤学实验》是国家林业和草原局普通高等教育"十三五"规划教材。全书共分10章，其主要内容包括：土壤样品的采集与处理，土壤矿物质分析，土壤有机质分析，土壤孔性、结构和结持性分析，土壤水分、空气和热特性分析，土壤化学性质分析，土壤养分分析，土壤生物活性分析，土壤环境污染物分析和大型仪器虚拟仿真实验等。本书注重理论与生产实践的密切结合，培养学生分析问题和解决问题的能力，增设了综合性实验和设计性实验内容；同一土壤性质分析除保留传统经典分析方法，还引进现代仪器分析方法。同时根据线上教学需要，增设了大型仪器虚拟仿真实验教学内容的指导。

图书在版编目（CIP）数据

土壤学实验 / 马献发主编. —北京：中国林业出版社，2020.12（2024.7 重印）

国家林业和草原局普通高等教育"十三五"规划教材

ISBN 978-7-5219-0956-2

Ⅰ.①土… Ⅱ.①马… Ⅲ.①土壤学–实验–高等学校–教材
Ⅳ.①S15–33

中国版本图书馆 CIP 数据核字（2020）第 259771 号

中国林业出版社·教育分社

策划编辑：肖基浒　　　　　　　　　责任编辑：丰　帆
电话：(010)83143555　83143558　　传真：(010)83143516

出版发行　中国林业出版社(100009　西城区德内大街刘海胡同 7 号)
　　　　　　E-mail:jiaocaipublic@163.com　电话:(010)83143500
　　　　　　https://www.cfph.net

经　　销　新华书店
印　　刷　北京中科印刷有限公司
版　　次　2020 年 12 月第 1 版
印　　次　2024 年 7 月第 2 次印刷
开　　本　850mm×1168mm　1/16
印　　张　17.25
字　　数　405 千字
定　　价　52.00 元

《土壤学实验》编写人员

主　　编：马献发

副 主 编：孟庆峰　焦晓光　张　娟

编写人员：(以姓氏笔画为序)

马献发(东北农业大学)

王志玲(山西农业大学)

李鹏飞(东北农业大学)

张明聪(黑龙江八一农垦大学)

张　娟(东北农业大学)

孟庆峰(东北农业大学)

隋跃宇(中国科学院东北地理与农业生态研究所)

焦晓光(黑龙江大学)

主　　审：谷思玉(东北农业大学)

前　言

　　根据《土壤学》教学大纲要求，为了培养学生的实际动手能力，加强对课堂理论学习的深刻理解，形成了一部切实可行的土壤学实验教材。根据土壤学实验教学需要，结合"新农科"培养人才的要求，批判继承现有实验指导书中土壤学实验部分内容，查阅现行国家和行业的测试标准和最新文献，编写一部适合土壤实验教学的指导书。

　　本实验教材的内容顺序基本是依据现行《土壤学》教材编排的内容顺序合理编排的。全书系统介绍了土壤组成和结构、土壤物理性质、土壤化学性质、土壤养分、土壤生物化学性质、土壤污染等分析项目的测定方法。该教材不仅适用于高等农林院校农业资源与环境、农学、园艺、林学、水土保持及荒漠化防治、土地资源管理、环境科学、草业科学、园林等专业的本科生和研究生使用，也可供农、林、水利、生态以及有关科技人员参考使用。

　　本教材以突出土壤学的基本原理、基本知识要点、基本技能为显著特点。注重理论与生产实践的密切结合，培养学生分析问题和解决问题的能力，还增设了综合性实验和设计性实验内容；同一土壤性质分析除保留传统经典分析方法，还引进了现代仪器分析方法(例如，X射线衍射仪、偏光显微镜、激光粒度仪、元素分析仪、流动注射分析仪、离子色谱、气相色谱、液相色谱、等离子发射光谱仪、原子荧光光度计等)，供任课教师根据实验条件选择；同时根据线上教学需要，加之本科实验教学仪器资源短缺，还增设了大型仪器虚拟仿真实验教学内容的指导。

　　全书共分10章，主要内容包括：土壤样品的采集与处理，土壤矿物质分析，土壤有机质分析，土壤孔性、结构和结持性分析，土壤水分、空气和热特性分析，土壤化学性质分析，土壤养分分析，土壤生物活性分析，土壤环境污染物分析和大型仪器虚拟仿真实验。

　　本教材编写得到了相关院校教师支持和通力合作，该教材具体分工如下：马献发(第1章、第9章、第10章)，孟庆峰(第2章、第5章)，焦晓光(第8章)，王志玲(第6章，第7章7.3至7.6节)，张明聪(第4章)，李鹏飞(第7章7.1、7.2)，张娟(第3章)，隋跃宇(第7章7.7~7.9节)。全书承蒙谷思玉教授主审。

　　由于时间仓促和编者的水平有限，书中存在着错误和不足之处在所难免，恳请读者批评指正。

编　者

2020年6月

PREFACE

According to the requirements of syllabus of "Soil Science", a practical and feasible experimental teaching material of soil science has been written, which the purpose is to train students' practical ability and strengthen their understanding of classroom theoretical learning deeply. In view of the needs of experimental teaching of "Soil Science" combined with the requirement of cultivating talents for "new agricultural science", the authors compiled a guide book that suitable for soil experiment teaching by critically inheriting a part of content of soil science experiment in the existing experimental guide book, consulting the current national and industrial test standards and the latest literatures. The sequence of content of this experimental textbook is basically consistent with that of the current "Soil Science" textbook. The experimental textbook systematically illustrates the determination methods of soil composition and structure, soil physic-chemical properties, soil nutrients, soil biochemical properties, soil pollution and other analysis items. The experimental textbook is not only suitable for undergraduates and postgraduates majoring in agricultural resources and environment, agronomy, horticulture, forestry, soil and water conservation and desertification prevention and control, land resource management, environmental science, grassland science, landscape architecture in higher agricultural and forestry college or university, it can also be used as a guide book for scientific and technological personnel majoring in agricultural, forestry, water conservancy, ecology, etc. This experimental book is distinguished by highlighting the basic principles, basic knowledge points and basic skills of "soil science". This experimental book pays attention to the close combination of theory and production practice, trains students' ability to analyze and solve problems, and adds the contents of comprehensive experiment and designed experiment, and modern instrumental analytical methods is also illustrated, such as X-ray diffractometer, polarized light microscopy, laser particle size analyzer, element analyzer, flow injection analyzer, ion chromatography, gas chromatography, liquid chromatography, plasma emission spectrometer, atomic fluorescence spectrometer, etc. All the experimental methods are selected by teachers choose according to the experimental conditions. Simultaneously, the instruction of virtual simulation experiment teaching content of large-scale instruments is illustrated in the experimental textbook due to on-line teaching and the shortage of undergraduate experimental teaching equipment resources. This experimental textbook is consist of ten chapters, which are collection and treatment of soil samples, soil minerals, soil organic matter, soil porosity, structure and retention, soil moisture, air and heat properties, soil chemical properties, soil nutrients, soil biological activity analysis and large-scale virtual simulation experiment. This experimental textbook is compiled with the support and cooperation of teachers from relevant college and university, and the specific division of labor is as follows: Ma Xianfa (Chapter 1, 9 and 10), Meng Qingfeng (Chapter 2 and 5), Jiao Xiaoguang (Chapter 8), Wang Zhiling (Chapter 6 and sub-section 7.3-7.6), Zhang Mingcong (Chapter 4), Li Pengfei (sub-section 7.1 and 7.2), Zhang Juan (Chapter 3) and Sui Yueyu (sub-section 7.7-7.9). And, the whole contents of the experimental textbook are reviewed by Professor Gu Siyu. As a result of the rush of time and the limited knowledge of the authors, there Maybe Some mistakes and errors in the experimental textbook. Thus, we would like to ask for the reader to correct criticism.

Authors

June, 2020.

目　录

CONTENTS

第1章

土壤样品的采集与处理

土壤样品的采集，是决定土壤分析结果是否可靠的重要环节。由于土壤差异很大，特别是耕地土壤，如果采样不合理，就会使分析结果产生更大的误差。因此，要使所取的少量土壤样品能代表一定面积土壤的实际情况，就必须选择有代表性地点和代表性土壤，按采样规程采集土壤；否则分析结果再准确，也不能正确反映所研究土壤的真实情况。此外，还要根据分析目的的不同，采用不同的采样方法和处理方法。

1.1 土壤样品的采集

1.1.1 剖面样品的采集

在研究土壤基本理化性质及土壤类型时，必须按土壤发生层次采样。采样时，首先选好挖掘土壤剖面的位置，然后挖一个 1 m×1.5 m 的长方形土坑(图 1-1)；盐碱土地区挖至地下水位或使用土钻打孔至地下水面(图 1-2)。以窄面向阳作为观察面，挖出的表层土壤和底层土壤分放在两侧，回填时，表层土壤仍填到原位置。土坑深度可依具体情况而定，一般要求达到母质或地下水面，多数在 1~2 m 之间。然后根据剖面的颜色、结构、质地、松紧度、新生体、湿度、植物根系分布等，自上而下地划分土层，并进行仔细观察，描述记载，也可作为审查分析结果的参考。然后自下而上的逐层采集含有分析的样品，通常采集各发生土层中部位置的土壤，而不是整个发生层都采集。所采集的样品放入布袋或塑料袋内，重量约为 1kg。在土袋内外附上标签，写明采样地点，剖面编号，土层深度、采样深度，采集日期和采样人等信息。

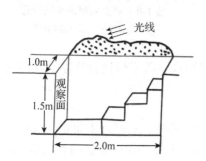

图 1-1 平坦地面土壤剖面的挖掘

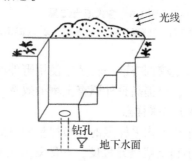

图 1-2 盐渍土壤剖面及土壤钻孔的配置

1.1.2　耕作土壤混合样品的采集

混合样品：在一个采样单元内把各点所采集的土壤混合起来所构成的，具有较高的代表性。为了要了解土壤养分状况，以及与施肥有关的一些性状所用的土样，一般不需挖坑，只需取耕层 20 cm，最多采到犁底层的土壤，要求混合样品能代表该面积、该土层内养分的实际情况。

(1)规定采样区

要使混合样品真正具有代表性，就要正确划定采样区，每一采样区采取一个混合土样。划定采样区时，应事先了解该地区的土壤类型、地形、作物茬口、耕地措施、施肥和灌溉等情况。同一采样区内上述情况应力求大体一致。采样区的面积大小视要求的精度而定，试验地一般以处理小区为采样区；大面积耕地肥力调查，每一采样区面积一般为 $2 \sim 3.3$ hm^2。

(2)采样工具

目前为止，我国挖掘土壤剖面的主要方法仍然是用铁锹、镐挖掘土坑。用各种土钻，包括螺旋钻、半筒式开口钻、洛阳铲、熊毅土钻等工具(图 1-3、图 1-4)钻取土样。螺旋钻用于检查土壤制图的边界。各式的筒钻，用于取不同深度的土样以检查土壤类型的变化，甚至可以作为化验样本。洛阳铲用于黄土母质地区，它可以容易地取得较深的土样。机动土钻，用汽车和拖拉机的运载，并利用这些机械输出动力以带动土钻。它的钻筒外套为探纹，可以借助于机械输出的液压和螺旋向下的力量，使钻筒的内管能取出保持原来土壤结构的一定深度(如 1 m)的柱状土样。可作为土壤剖面的观察和化验样本取样，甚至可作为物理分析取样。

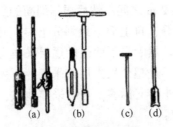

图 1-3　各式取土工具

(a)筒式土钻　(b)森林钻　(c)螺旋土钻　(d)洛阳铲

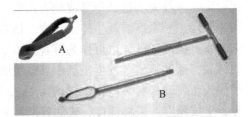

图 1-4　取土采用的土钻示意

A. 典型取样　B. 柱状取样

国外土壤调查已经较多地使用野外取土车，可掘取整段土体进行观察，我国也应该试制推广，以提高野外调查土壤的效率。

(3)确定采样点

在采样区内采样点的分布尽量照顾到土壤的全面情况，不要过于集中，可根据采样面积大小和土壤差异程度，一般是人为地决定 $5 \sim 10$ 点或 $10 \sim 20$ 点。目前均以"S"形的路线取样。采样点应避开特殊地点，例如，粪堆、路边和翻乱土层的地方等。

(4)采样步骤

在确定好的每个采样点上，先把表层 $2 \sim 3$ mm 的表土刮去，再用土钻插入耕层采取土样。如无土钻，也可用小土铲垂直插入耕层，切取土片宽度和厚度均应上下一致大小均相等(图1-5)。最后把采样点所取的土样在田头摊放在塑料布上，打碎土块，除去石砾和根叶虫体等杂质，并充分拌匀即构成混合土样。最后再用四分法(图1-6)从混合土样中缩取其一部分(约1 kg)，放入样品袋中，袋内外附上标签，用铅笔写明采样地点、土壤名称、采样深度、采样日期、采样人等项目。

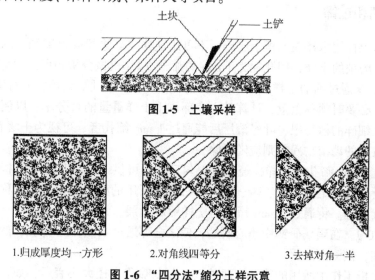

图1-5　土壤采样

1.归成厚度均一方形　　2.对角线四等分　　3.去掉对角一半

图1-6　"四分法"缩分土样示意

1.2　土壤样品的处理和保存

从野外采回的土样，登记编号后，通过风干、磨细、过筛、混合、保存步骤而制成分析样品。之后从中取出各份称样，进行后续各项分析。

处理样品的目的：①使样品可长期保存，不致因微生物活动而变质；②去除非土壤部分，使样品能代表土壤本身的组成；③将样品适当磨细和充分混合均匀，使分析时所称土样具有较高的代表性，以减少称样误差；④样品磨细，增大土样的表面积，使样品中养分和盐分易于浸出，分解样品的反应能够完全和均匀。

样品处理方法和步骤包括：风干、磨细、过筛和保存。

1.2.1　风干

除了某些项目(如田间水分、硝态氮、铵态氮、亚铁等)需用新鲜土样外，一般项目分析均用风干样品。风干样品可在通风橱中进行，也可以平铺在木板或牛皮纸上，在晾土架上进行风干，摊成2 cm厚，并随时加以翻动，促使均匀地风干。倘有大的土块应在半干时用手捏碎。风干场所必须干燥、通风良好，防止阳光直射，注意不得受酸碱蒸气、水汽、NH_3、H_2S、SO_2 等气体及尘埃侵入，以免影响分析结果。

在测定硝态氮、铵态氮、亚铁、田间水分等项目时，必须采用新鲜土样，因为这些成分在放置或风干过程中会发生显著改变。如果来不及当时测定，可在每千克土样中加入 4~6 mL 甲苯或少量石炭酸，以防微生物活动，抑制硝化或氨化作用，密封贮存冷凉处。用新鲜样品时，必须同时测定土壤水分，以换算分析结果。

样品风干后，挑出粗大的动植物残体(根、茎、叶、虫体)和石块、结核(铁锰结核和石灰结核)等，以免影响分析结果。

1.2.2　磨细和过筛

风干后的土样用木棒在木板上压碎，不可用铁棒或矿物粉碎机磨细，以防压碎石块或玷污铁质。磨细的土样，用孔径为 1 mm 的筛子过筛(机械分析和可溶性盐的分析有时过 2 mm 筛)。未通过筛的土样须重新压碎过筛，直至全部过筛为止。但石砾切勿研碎，要随时拣出，必要时须称重量，计算其占全部风干土样重量的百分率，以便换算机械分析结果。少数细碎的植物根、叶经滚压后能通过 1 mm 筛孔者，可视为土壤有机质部分，不再挑出，较大的动植物残体则应随时除去。

上述通过 1 mm 筛孔的土样，经充分混匀后，即可供一般项目化学分析之用。土壤矿质全量分析以及测定全量氮、磷、钾、有机质等所用的样品，由于样品称量少，分解困难，需继续处理。将通过 1 mm 筛孔的土样铺成薄层，划成许多小方格，用牛角勺多点取出样品 20 g。在玛瑙研钵中小心研磨，使之全部通过 0.25 mm 筛孔，然后装入广口瓶，贴上标签，供测定之用。

在土壤分析工作中所用的筛子有两种：一种以筛孔直径大小表示，如孔径为 2 mm、1 mm、0.5 mm 等；另一种以每英寸长度内的筛孔数表示，40 孔者为 40 目(或称 40 号筛)。筛孔数越多，孔径越小。筛目与孔径之间的关系可用下列简式表示：

$$筛孔直径(mm) = 1/16 英寸孔数$$

筛目与孔径之间的关系见表 1-1。

表 1-1　筛目与孔径之间的关系

筛孔(目)	10	18	35	60	100	120	140	200
孔径(mm)	2.0	1.0	0.50	0.25	0.15	0.125	0.105	0.074

1.2.3　保存

一般样品，通常在广口瓶中保存约一年，以备必要时查核之用；标准样品或对照样品则须长时期妥善保存，确保测定成分不改变。样品瓶须贴上标签，注明土样号码，采样地点，土类名称、试验区号、深度，采样日期，采样人和筛孔径等信息。

1.3　特殊土壤样品采集与处理

1.3.1　土壤微量元素和重金属分析样品

微量元素分析用样品应单独用小塑料袋盛装，采集时特别要小心防止污染，包括剖面刀等铁器的污染。样品取回后要及时敞口晾干或摊开晾干，注意防止发霉。在长途运输中要将酸性土壤与钙质土壤等分箱包装，防止因布袋的颠簸混杂而相互影响。

1.3.2 新鲜土样

在测定硝态氮、铵态氮、亚铁、田间水分等项目时，必须采用新鲜土样，因为这些成分在放置或风干过程中会发生显著改变。

新鲜样品最好取回当时测定。如果来不及当时测定，可在每 0.5 kg 土样中加入 2~3 mL 甲苯，以防微生物活动，抑制硝化或氨化作用，密封贮存冷凉处。用新鲜样品时，必须同时测定土壤水分，以换算分析结果。

1.3.3 土壤微生物生态分析样品

土壤样品的采集是研究土壤微生物生态分布规律和土壤理化性质分析工作的一个重要环节。除按照常规土壤样品采集要求外，还要注意所用工具、塑料袋或其他装土壤的容器必须事先灭菌，或先用采样区的土壤擦拭，以控制外源物质的干扰。

土壤样品处理及其相关测试项目如图 1-7 所示。土壤微生物生态分析要求及时处理新鲜土壤样品，即去除可见未分解和半分解动物、植物残体和较大的石砾，然后根据实验目的过筛，一般为 2~4 mm 筛。

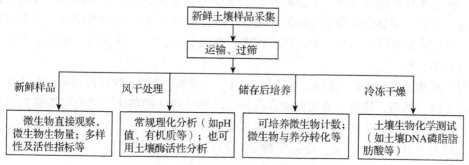

图 1-7 土壤样品处理及其相关分析项目

具体采样步骤如下：①除去地面植被和枯枝落叶，铲除表面 1 cm 左右的表土，以避免地面微生物与土样混杂；②取样深度依研究设计而定，在同一剖面中分层取样时，应在挖好剖面后，先取下层土样，逐层向上取样，以避免上下层土样混杂；③多点采样时采集质量大致相当的土样于塑料布上，剔除石砾或植被残根等杂物，混匀后根据研究情况，可只取其中的一部分土样带回实验室。采样时需要重点注意的一个环节就是要做好样本标记，即清楚而明确地标记样本容器，以便每个样本都可以和其取样位置相联系，而且容易识别。

土样从采集位点到实验室内需要经历一定时间的运输。然而，土样在运输过程中或带回实验室后，原处自然条件发生改变，并有可能遭受空气中微生物的污染，这就可能引起样品中某些微生物的消长，进而导致土壤微生物区系发生变化。所以，土样采集后应尽快置于能够自由接触空气的黑暗状态中，并采用能够将土壤含水量的改变降到最低的方式进行运输。一般条件下，如果需要保持通气，可用聚乙烯袋、铝盒、玻璃瓶等容器，但要留有空间；如果需要保持厌氧状态，则可用玻璃瓶等密封的容器；如果需要保持原状，则需采用铝盒或聚氯乙烯盒等容器。土样运输过程应做到：①尽可能保持低温环境，建议使用冰袋维持低温；②避免长期暴露于光线中，以减少藻类等在土壤表面的生长；③尽可能避免物理压实。

　　土样储存的最基本要求是在储存时间内土壤性质不发生大的改变。至于不同类型土壤允许存放多长时间，目前还没有确切的报道，一般建议在黑暗、4 ℃±2 ℃并自由接触空气的条件下冷藏，因为这样可以减少细菌繁殖，维持微生物区系的稳定性，但绝不会出现冰冻、干透或水浸。土样储存一般使用松散扎口的塑料袋或类似的物品，储存之前应该进行处理以保证稳定的有氧条件。应该注意不要将土样进行大批储存、彼此堆叠，以免在储存容器的底部产生厌氧条件。当然，低温也可能造成某些微生物的死亡，目前关于低温对各种微生物死亡速率的影响研究较少，尚不肯定这样确实可以保持原有微生物区系不变。ISO 10381 国际标准指出，样品采集后储存时间最长不能超过 3 个月，除非有证据表明微生物活动会得到维持。

　　新鲜土壤样品的储存方法分为两种：4 ℃冰箱储存和冷冻干燥储存。储存的目的是为了保持土壤原有性状，防止或延缓退化保持微生物活力，并使微生物的新陈代谢作用保持在最低的范围内。

　　新鲜土壤样品经储存后，大多数分析数据很可能会发生变化。冰箱（4 ℃）可能诱发冷休克，可能会明显影响微生物的群落结构。因此，储存土样的观测结果可能难以代表田间土壤的实际情况。假如在短时间内就进行样品分析，室温放置的土壤样品变化比冰箱储存的小。

　　对于某些土壤生物化学性质（如土壤 DNA、脂类等）来说，快速冷冻是储存土壤样品的一种方法。然而，快速冷冻后的储存条件，以及分析前的解冻方式也可能影响试验结果。因此，冷冻解冻作用机制在没有被弄清前，速冻后紧接着真空干燥是一种较适宜的办法。对大多有机组分来说，冷冻干燥是一种可取方法，这在远距离运输时显得尤为重要。

复习思考题

1. 采集一个代表性混合土壤样品有哪些要求？应该注意些什么？
2. 用于土壤微生物测定的土样应如何采集、运输和储存？

第 2 章

土壤矿物质分析

本章介绍土壤形成物质基础——成土母岩和成土矿物的观察与鉴定，土壤矿物组成中原生矿物和次生黏土矿物分析鉴定。主要介绍采用偏光显微镜法和 X 射线衍射法在土壤矿物组成上的分析鉴定。

2.1 成土岩石和成土矿物观察与鉴定

土壤是由母质发育而成，母质是岩石风化的产物，岩石是矿物的集合体，而矿物本身又有它的化学组成和物理性质，这在很大程度上影响着土壤性质。

本实验使用放大镜、白瓷板、小刀、小锤、稀盐酸等物品，对主要的造岩矿物和成土岩石进行肉眼观察鉴定。

2.1.1 主要造岩矿物的认识

2.1.1.1 形态

矿物形态除表面为一定几何外形的单独体外，还常常聚集成各种形状的集合体，常见的有下列形态。

柱状——由许多细长晶体组成，平行排列，如角闪石。

板状——形状似板，如透明石膏、斜长石。

片状——可以剥离成极薄的片体，如云母。

粒状——大小略等且具有一定规律的晶粒集合，如橄榄石、黄铁矿。

块状——结晶或不结晶的矿物，成不定形的块体，如结晶的块状石英、非结晶的蛋白石。

纤维状——晶体细小，纤细平行排列，如石棉。

鲕状——似鱼卵状的球形小颗粒集合体，如赤铁矿。

豆状——集合体成球形或椭球形，大小似豆者，如赤铁矿。

2.1.1.2 颜色

矿物首先引人注意的是它的颜色，矿物的颜色是其重要的特征之一。一般地说，颜色是光的反射现象。例如，孔雀石为绿色是因孔雀石吸收绿色以外的色光而独将绿色反射所致。矿物的颜色，根据其发生的物质基础不同，可以有自色、他色和假色。

①自色 矿物本身固有的颜色叫自色，即：主要取决于矿物组成中元素或化合物的

某些色素离子，一般较为固定，具有重要的鉴定意义。例如，孔雀石具翠绿色；赤铁矿具有樱红色；黄铜矿具有铜黄色；方铅矿具有铅灰色；磁铁矿具有铁黑色；辰砂具有红色等。

②他色　由外来的带色物质和包裹体所引起的颜色，与矿物本身的成分和构造无关，易变，无鉴定意义。例如，紫水晶具有紫色；蔷薇石英具有玫瑰色；墨晶具有黑色；烟水晶具有褐色等。

③假色　与矿物本身的化学成分和内部结构无关，其成因如由氧化薄膜所引起的锖色(斑铜矿表面)；由一系列解理裂缝导致光的折射、反射甚至干涉所呈现的色彩。例如，方解石、白云母等表面常见彩虹般的色带形成晕色；某些矿物由于晶格内部有定向排列的包裹体，当沿矿物不同方向观察时出现蓝、绿、黄、红等变换的色彩称变彩等。

2.1.1.3　条痕

条痕是矿物粉末的颜色。将矿物在无釉瓷板上擦划(注意：矿物硬度应小于瓷板)，所留在瓷板上的颜色即为条痕。条痕对鉴定有色矿物有重要意义。

2.1.1.4　光泽

①金属光泽　反射很强，类似镀有铬的金属平滑表面的反射光，如方铅矿、黄铁矿。

②半金属光泽　反射较强，似一般金属的反射光，如赤铁矿、磁铁矿。

③非金属光泽

玻璃光泽：具有光滑表面类似玻璃的光泽，如萤石、方解石。

油脂光泽：具有不平坦表面而类似动物脂肪光泽，如石英、自然硫。

珍珠光泽：多是平行排列片状矿物的光泽，类似蚌壳内或珍珠闪烁光泽。

丝绢光泽：纤维状矿物集合体产生像蚕丝棉状光泽，如绢云母。

金刚光泽：非金属光泽中最强的一种，似太阳光照在宝石上产生的光泽，如金刚石。

土状光泽：光泽与干土相似，如高岭土。

2.1.1.5　硬度

矿物抵抗摩擦或刻划的能力，即为硬度。常常用两个矿物相对刻划的方法得出其相对硬度。为表示硬度的大小，以摩氏硬度计的 10 种矿物作为标准，从滑石到金刚石依次定为十个等级，其排列次序见表 2-1 所列。

表 2-1　摩氏硬度计中的代表矿物及对应的硬度等级

代表矿物	滑石	石膏	方解石	萤石	磷石灰	正长石	石英	黄玉	刚玉	金刚石
硬度等级	1	2	3	4	5	6	7	8	9	10

在野外可用指甲(硬度2~2.5)、回形针(3)、玻璃(5)、小刀(5~5.5)、钢锉(6~7)等代替标准硬度计。

2.1.1.6 解理

矿物受击后沿一定方向裂开成光滑平面的性质，称为解理。矿物破裂时呈现的有规则的平面，称为解理面。按其裂开的难易、解理面之厚薄、大小及平整光滑程度，解理一般可有下列等级：

极完全解理——解理面极平滑，可以裂开成薄片状，如云母。

完全解理——解理面平滑，不易发生断口，往往可沿解理面裂开成小块，其外形仍与原来的晶形相似，如方解石解理成菱面体小块。

中等解理——在矿物碎块上，既可看到解理面，又可看到断口，如长石、角闪石。

不完全解理——在矿物的碎块上，很难看到明显的解理面，大部分为断口，如磷灰石。

必须指出，在同一矿物上可以有不同方向和不同程度的几向解理出现。例如，云母具有一向极完全解理；长石、辉石具有二向完全解理；方解石具有三向完全解理等。

2.1.1.7 断口

断口是指矿物受外力打击后不沿固定的结晶方向断开时所形成的断裂面，而是沿任意方向发生的不规则破裂面。

常见的断口类型多样，其中主要有：

①贝壳状断口 断口有圆滑的凹面或凸面，面上具有同心圆状波纹，形如蚌壳面(石英)。

②锯齿状断口 断口有似锯齿状，其凸齿和凹齿均比较规整，同方向齿形长短、形状差异并不大(纤维石膏)。

③参差状断口 断面粗糙不平，有的甚至如折断的树木茎干，如磁铁矿、角闪石。

④类土状断口 其断面平滑，但断口不规整，如高岭石。

2.1.1.8 盐酸反应

含有碳酸盐的矿物，加盐酸会放出二氧化碳气泡。

根据与10%的盐酸发生反应时放出气泡的多少，可分四级：

低——徐徐地放出细小气泡；

中——明显起泡；

高——强烈起泡；

极高——剧烈起泡，呈沸腾状。

2.1.1.9 典型矿物的基本性质

(1)滑石 $Mg_3[Si_4O_{10}](OH)_2$

单晶体为片状，通常为鳞片状、放射状、纤维状、块状等集合体。无色或白色。解理面上为珍珠光泽。硬度 1。平行片状方向有单向极完全解理，有滑感，薄片具挠性，相对密度 2.58~2.55。

(2)石膏 $CaSO_4 \cdot 2H_2O$

单晶体常为板状。集合体为块状、粒状及纤维状等为无色或白色。有时透明。玻璃光泽，纤维状石膏为丝绢光泽。硬度 2。单向极完全解理，易沿解理面劈开成薄片。薄片具挠性。相对密度 2.30~2.37。

石膏中透明呈月白色反光者称透明石膏，纤维状者称纤维石膏，细粒状者称雪花石膏。

(3)方解石 $CaCO_3$

常发育成单晶，或晶簇、粒状、块状、纤维状及钟乳状等集合体。纯净的方解石无色透明。因杂质渗入而常呈白、灰、黄、浅红(含 Co、Mn)、绿(含 Cu)、蓝(含 Cu)等色。玻璃光泽，硬度 3，完全解理，易沿解理面分裂成为菱面体，相对密度 2.72。遇冷稀盐酸强烈起泡。

(4)萤石 CaF_2

常能形成块状、粒状集合体或立方体及八面体单晶。颜色多样，有紫红、蓝、绿和无色等透明。玻璃光泽，硬度 4，完全解理，易沿解理面破裂成八面体小块，相对密度 3.18。

(5)磷灰石 $Ca_5(PO_4)_3(F, Cl, OH)$

常为六方柱状之单晶，集合体为块状、粒状、肾状及结核状等。纯净磷灰石为无色或白色，但少见，一般呈黄绿色，可以出现蓝色、紫色及玫瑰红色等。玻璃光泽，硬度 5，断口参差状，断面为油脂光泽，相对密度 2.9~3.2。

(6)正长石 $K(AlSi_3O_8)$

单晶体常为柱状或板柱状。常为肉红色，有时具有较浅的色调。玻璃光泽，硬度 6，有两组方向相互垂直的解理，相对密度 2.54~2.57。

(7)斜长石 $Ca(Al_2Si_2O_8)$

单晶体为板状或板条状，常为白色或灰白色。玻璃光泽，硬度 6~6.52，有两组解理，彼此近于正交。相对密度 2.61~2.75。

(8)石英 SiO_2

常发育成单晶并形成晶簇，或成致密块状或粒状集合体。纯净的石英无色透明，称为水晶。石英因含杂质可呈各种色调。例如，含 Fe^{3+} 呈紫色者，称为紫水晶；含有细小分散的气态或液态物质呈乳白色者，称为乳石英。石英晶面为玻璃光泽，断口为油脂光泽，无解理。硬度 7 贝壳状断口。相对密度 2.65。隐晶质的石英称为石髓(玉髓)(chalcedony)，常呈肾状、钟乳状及葡萄状等集合体。一般为浅灰色、淡黄色及乳白色，偶有红褐色及苹果绿色。微透明。具有多色环状条带的石髓称为玛瑙。

(9)黑云母 $K(Mg, Fe)_3(AlSi_3O_{10})(OH, F)_2$

单晶体为短柱状、板状，横切面常为六边形，集合体为鳞片状。棕褐色或黑色，随含 Fe 量增高而变暗。其他光学与力学性质同白云母相似。相对密度 2.7~3.3。

(10)黄铁矿 FeS_2

大多呈块状集合体，也有发育成立方体单晶者。立方体的晶面上常有平行的细条纹。颜色为浅黄铜色，条痕为绿黑色。金属光泽。硬度6~6.5。性脆，断口参差状。相对密度5。

(11)黄铜矿 $CuFeS_2$

常为致密块状或粒状集合体。颜色铜黄，条痕为绿黑色。金属光泽硬度3~4，小刀能刻破。性脆，相对密度4.1~4.3。黄铜矿以颜色较深且硬度小可与黄铁矿相区别。

(12)赤铁矿 Fe_2O_3

常为致密块状、鳞片状、鲕状、豆状、肾状及土状集合体。显晶质的赤铁矿为铁黑色到钢灰色，隐晶质或肾状、鲕状者为暗红色，条痕呈樱红色。金属、半金属到土状光泽，不透明，硬度5~6，土状者硬度低。无解理，相对密度4.0~5.3。

(13)磁铁矿 Fe_3O_4

常为致密块状或粒状集合体，也常见八面体单晶，颜色为铁黑色，条痕为黑色，半金属光泽，不透明，硬度5.5~6.5。无解理，相对密度5，具强磁性。

2.1.2 主要母岩的观察

组成地壳的岩石，按其成因不同分为3类，即：由岩浆冷凝而成者，称岩浆岩；由各种沉积物硬结而成者，称沉积岩；由原生岩经高温、高压以及化学反应发生变质者，称变质岩。由于成因不同，三者在各自的组成、结构和构造中都有较大的差异。肉眼通过对岩石的颜色、矿物组成、结构、构造等方面进行观察后，才能区别出所属岩类并定出岩石名称。

2.1.2.1 颜色

岩石的颜色取决于矿物的颜色，观察岩石的颜色，有助于了解岩石的矿物组成，如岩石深灰及黑色是含有深色矿物所致。

2.1.2.2 矿物组成

岩浆岩的主要矿物有石英、长石、云母、角闪石、辉石、橄榄石。沉积岩的主要矿物除石英、长石等外，还含有方解石、白云石、黏土矿物、有机质等。变质岩的主要矿物除石英、长石、云母、角闪石、辉石外，常含变质矿物，如石榴石、滑石、蛇纹石、绿泥石、绢云母等。

2.1.2.3 结构

(1)岩浆岩结构

岩浆岩指岩石中矿物的结晶程度、颗粒大小、形状以及相互组合的关系。主要结构有全晶等粒、隐晶质、斑状、玻璃质(非结晶质)。

全晶质等粒结构——岩石中矿物晶粒在肉眼或放大镜下可见，且晶粒大小近乎一致，如花岗岩。

隐晶质结构——岩石中矿物全为结晶质，但晶粒很小，肉眼或放大镜看不出晶粒。

斑状结构——岩石中矿物颗粒大小不等，有粗大的晶粒和细小的晶粒或隐晶质甚至玻璃质(非晶质)。大晶粒为斑晶，基质为隐晶质或玻璃质，如花岗斑岩。

似斑状结构——斑晶更为粗大，基质为显晶质，如似斑状花岗岩。

(2)沉积岩结构

岩石的颗粒大小、形状及结晶程度所形成的特征叫结构。一般沉积岩结构有碎屑结构(砾、砂、粉砂)、泥质结构、化学结构、生物结构等。

①碎屑结构　碎屑物经胶结而成。胶结物的成分有钙质、铁质、硅质、泥质等。按碎屑大小来划分：

砾状结构——大于 2 mm 以上的碎屑胶结而成的岩石，如砾岩。

砂粒结构——碎屑颗粒直径为 2~0.1 mm 者，如砂岩。

粉砂结构——碎屑颗粒直径为 0.1~0.01 mm 者，如粉砂岩。

②泥质结构　颗粒很细小，由直径小于 0.01 mm 的泥质组成，彼此紧密结合，呈致密状，如页岩、泥岩。

③化学结构　由化学原因形成，有晶粒状、隐晶状、胶体状(如鲕状、豆状)，为化学岩所特有，如粒状石灰岩。

④生物结构　由生物遗体或生物碎片组成，如生物灰岩。

(3)变质岩结构

变质岩多半具有结晶质，其结构含义与岩浆岩相似，有等粒状、致密状或斑状等。在结构命名上，为了区别起见，特加上"变晶"二字，如等粒变晶、斑状变晶等。

①变晶结构　是指原岩经变质过程中的结晶作用而形成的结构。

a. 变晶结构按变晶粒径的绝对大小分

粗粒变晶结构：粒径>3 mm。

中粒变晶结构：粒径 1~3 mm。

细粒变晶结构：粒径 0.1~1 mm。

显微变晶结构：<0.1 mm。

b. 变晶结构按变晶的相对大小分

等粒变晶结构：矿物粒径大致相等。

不等粒变晶结构：矿物粒径不等，大小呈连续变化。

斑状变晶结构：矿物粒径可明显分为大小不同的两群，粗大者称变斑晶。

c. 变晶结构按变晶的形态分

粒状变晶结构：变晶为粒状物，如石英、长石、方解石等。

鳞片变晶结构：变晶为鳞片状矿物，如云母、绿泥石等。

纤维变晶结构：变晶为长条状、针状、纤维状矿物，如红柱石等。

②变余结构　变余结构是指岩石变质程度不深而残留的部分原岩结构。例如，变余泥质结构、变余砂状结构、变余斑状结构等。

③变形结构　变形结构是指动力变质作用形成的一类特殊结构。如碎裂结构和糜棱结构。

2.1.2.4 构造

(1)岩浆岩构造

岩浆岩指矿物颗粒之间排列方式及填充方式所表现出的整体外貌，一般有块状、流纹状、气孔状、杏仁状等构造。

块状构造——岩石中矿物的排列完全没有秩序，为侵入岩的特点，如花岗岩、闪长岩、辉长岩均为块状。

流纹构造——岩石中可以看到岩浆冷凝时遗留下来的纹路，为喷出岩的特征，如流纹岩。

气孔状构造——岩石中具有大小不一的气孔，为喷出岩特征，如气孔构造的玄武岩。

杏仁状构造——喷出岩中的气孔内为次生矿物所填充，其形状如杏仁，常见的填充物如蛋白石、方解石等。

(2)沉积岩构造

沉积岩指岩石中各物质成分之间的分布状态与排列关系所表现出来的外貌。沉积岩最常见的构造是层理构造，即岩石表现出成层的性质。层理上常常保留有波痕、雨痕、泥裂、化石等地质现象。

(3)变质岩构造

变质岩的构造受温度、压力两个变质因素影响较大，主要构造是片理构造，它是由片状或柱状矿物按一定方向排列而成，由于变质程度的深浅、矿物结晶颗粒大小及排列的情况不同，主要有下列构造：

板状构造——变质较浅，变晶不全，劈开成薄板，片理较厚，如板岩。

千枚构造——劈开成薄板，片理面光泽很强，变晶不大，在断面上可以看出是由许多极薄的层所构成，故称千枚，如千枚岩。

片状构造——劈开成薄片，片理面光泽强烈，矿物晶粒粗大，为显晶变晶。

片麻状构造——片状、柱状、粒状矿物平行排列，显现深浅相间的条带状，如片麻岩。

块状构造或层状构造——矿物重结晶后成粒状或隐晶质，肉眼一般很难看出它的片理构造，而有些成块状或保持原来层状构造，如大理岩、石英岩。

2.1.2.5 主要母岩及特点

根据表 2-2 所列项目，认识各种岩石。

表 2-2 主要岩石特点

母岩类型		矿物组成	颜色	结构/构造	风化特点和分解产物
岩浆岩	花岗岩	钾长石、石英(主要)，斜长石、云母、角闪石(少量)	灰白、肉红	全晶质等粒结构，块状构造	抗风化能力强，易发生物理风化，石英风化后成为砂粒，长石成为黏粒，钾素来源丰富，形成砂黏适中的母质

（续）

母岩类型		矿物组成	颜色	结构/构造	风化特点和分解产物
岩浆岩	闪长岩	斜长石、角闪石（主要），黑云母、辉石（次之）	灰、灰绿色	全晶质等粒结构，块状构造	易于风化，形成的土壤母质黏粒含量高
	辉长岩	斜长石、辉石（主要），角闪石、橄榄石（次之）	灰、黑灰	全晶质等粒结构，块状构造	易于风化，生成富含黏粒、养分丰富的土壤母质
	玄武岩	与辉长岩相同	黑灰	隐晶质结构，气孔构造、杏仁构造	与辉长岩相似
沉积岩	砾岩	由各种不同成分的岩石碎屑、矿物碎屑胶结而成	取决于碎屑物质和胶结物的颜色	碎屑结构，层理构造	风化产物颗粒较大，土壤养分缺乏
	砂岩	主要由石英、长石等抗风化矿物、岩屑等胶结而成	灰白、灰、浅黄、浅红等，主要决定于碎屑物质的颜色	碎屑结构，层理构造	风化难易程度视胶结物质和碎屑物质而定，土壤养分视碎屑物质成分而定
	页岩	黏土矿物为主	灰、黑、黄、紫	泥质结构，层理构造	易于风化破碎，形成土壤黏粒，养分含量较多
	石灰岩	方解石（主要），白云石（少量）	灰、白、黄，决定于杂质含量的多少	化学结构，有碳酸盐反应	易于风化，风化产物质地黏重，富含钙质
变质岩	板岩	由泥岩变质而成	灰、黑、红	结构致密，板状构造	比页岩坚硬，较难风化，风化产物和形成的土壤母质与页岩相似
	千枚岩	含云母等泥质岩石变质而成	浅红、灰、灰绿	鳞片变晶结构，千枚构造	易于风化，风化产物黏粒含量较多，钾元素较多
	片麻岩	多由花岗岩变质而成	灰、浅红	粒状变晶结构，片麻构造	与花岗岩相似
	石英岩	由石英砂岩变质而来，矿物主要成分为石英	灰、白	等粒变晶结构，块状构造	坚硬，极难化学风化，物理破碎后形成碎屑物质
	大理岩	由石灰岩变质而来，方解石、白云石为主要矿物	灰、白、浅黄、黑灰	等粒变晶结构，块状构造	与石灰岩相似

2.2 土壤中原生矿物和黏土矿物的分析

2.2.1 原生矿物的鉴定

土壤原生矿物是指岩石风化后留在母质和土壤中的碎屑物质，其化学成分和矿物结构没产生变化，与在母岩时相同。土壤原生矿物在土壤中多达 60 余种，但常见者约 20 种，它们的分布与母质来源及周围的物理化学环境密切相关。鉴定土壤原生矿物的方法有偏光显微镜、X 射线衍射、差热分析、穆斯堡尔和化学分析等。然而，X 射线鉴定时可能有多种矿物同时在一个峰的位置出现，难以区分它们；差热分析和穆斯堡尔只对铁矿物的鉴定特别有效；化学分析对含量低的矿物难以确定。所以一般的鉴定都采用偏光显微镜方法，只有对特殊矿物才选用相应的其他方法鉴定。

【仪器与设备】

偏光显微镜、125 mL 分液漏斗、普通加热电炉、50 mL 3-4G 砂芯漏斗、250 mL 抽气瓶、载片和盖玻片等。

【试剂配制】

(1) HCl 溶液(1 : 9)：10 mL 浓盐酸加 90 mL 蒸馏水混合。

(2) 三溴甲烷($CHBr_3$)：又称溴仿，密度 2.9 g/cm³，故称重液。

(3) 乙醇(C_2H_5COOH)：化学纯。

(4) 折光率 1.4840~1.7120 的浸油一套，地质部门设立的公司有售。

【操作步骤】

(1) 称 5 g 提取胶体后的粉砂和细砂级样本置于 50 mL 烧杯中，加入 1 : 9 HCl 10 mL，在电炉上煮沸 1 min(在通风橱内进行)。

(2) 冷却澄清后去除清液，用水洗 3~5 次，把残留在颗粒上的 HCl 洗净，连烧杯放在红外灯下烤干颗粒。

(3) 把烧杯内的干颗粒搅松拌匀，称 2 g 置于事先装有 60 mL 三溴甲烷的分液漏斗内。

(4) 把黏在分液漏斗口内壁的颗粒用三溴甲烷冲入内，塞紧盖后用手直立摇动 2 min。

(5) 把黏在分液漏斗内壁上的颗粒用三溴甲烷冲到内中的重液(三溴甲烷)中，架在漏斗架上在通风橱静置 1 h(较砂的样本，30 min 即可)。如若沉下的重矿物较多，为避免轻矿物中还夹有重矿物，可用细玻璃棒再充分搅动浮在重液上的轻矿物，用三溴甲烷把玻璃棒及分液漏斗内壁上黏着的颗粒冲洗入重液内，再在通风橱中静置 1 h。

(6) 把沉在分液漏斗下部的重矿物放置到砂芯漏斗中，再把浮在三溴甲烷上面的轻矿物放到另一个砂芯漏斗中。把含有重、轻矿物的砂芯漏斗分别移到抽气瓶中抽气过滤。过滤出来的三溴甲烷回收再用。

(7) 用乙醇通过抽气过滤来洗净矿物颗粒上的三溴甲烷。

(8) 把砂芯漏斗中的重矿物和轻矿物移出，烘干，称重(精确至 0.001 g)。

(9) 选取有代表性的重矿物(或轻矿物)样本(用四分法取样)1000 颗以上置于载玻片上，加上 1.5440 折光率的浸油，盖上盖片，用手指轻轻按着前后左右推动，使其中的颗粒分布均匀，在偏光显微镜下鉴定。当发现有疑难矿物不好鉴定时，可不断调换不同折光率的浸油，使之接近浸油折光率后，再查有关矿物鉴定手册，缩小鉴定范围，然后再从其他光学性质来确定被鉴定的矿物。

(10) 在偏光显微镜下统计各种矿物，总共统计颗粒数不少于 500 颗。

【结果计算】

单矿物的质量(g/kg) = 单矿物的颗粒(g/kg) × 重矿物(或轻矿物)质量

【注意事项】

(1)为使在偏光显微镜下更准确地进行鉴定,选取的粒级最好在 50 mm 以上,但由于许多土壤原生矿物集中在 10~50 mm 中,所以不能忽视这一粒级的鉴定。<10 mm 的矿物颗粒在偏光显微镜下鉴定有困难,因此一般不选择。

(2)在偏光显微镜下鉴定时,若发现有许多不透明矿物,需用磁分离或电磁分离法分出来,然后用反光法、穆斯堡尔法和 X 射线衍射法等方法做半定量测定。

(3)使用三溴甲烷时,尽可能在通风橱内操作。

(4)土壤中若含磷灰石等易溶于 HCl 的矿物,则改用弱草酸。

2.2.2 土壤黏土矿物鉴定

【测定意义】

土壤黏土矿物是土壤中带电荷粒子之间进行相互作用的主体。其类型、数量及相互作用和化学表现影响矿质土壤的物理、化学性质。本实验目的是学习掌握层状黏土矿物定向薄片的制片和 X 射线衍射分析测试技术及图谱的判读。

【方法与原理】

X 射线衍射鉴定是基于一定波长的 X 射线在晶质矿物中的衍射。可根据不同结构矿物的不同衍射特点及其经化学处理后的变化,判读晶质矿物的类型。

【仪器和设备】

(1)X 射线衍射仪;

(2)马福炉、水浴锅、离心机;

(3)干燥器、5 mL 指形管、小玻璃片(3 cm×4 cm)、一端带玻球的小玻璃棒。

【试剂配制】

(1)1 mol/L KCl 溶液;

(2)0.5 mol/L $MgCl_2$ 溶液;

(3)5% 甘油溶液(体积比);

(4)2 mol/L HCl 溶液;

(5)0.3 mol/L 柠檬酸钠溶液;

(6)柠檬酸钠—碳酸氢钠混合液:0.3 mol/L;柠檬酸钠与 1 mol/L;碳酸氢钠按 20:2.5 混合配制;

(7)10% 的二甲亚砜溶液(体积比)。

【操作步骤】

1. 黏粒定向薄片的制备方法

(1)镁饱和甘油定向片

称 50 mg 原胶于 5 mL 指形管中,加柠檬酸钠—碳酸氢钠混合液 3 mL 和 0.1 g 固体连二亚硫酸钠,在 80 ℃水浴锅中加热 15 min(经常搅动)。冷却,离心,弃去清液,以脱去样品中的游离铁(在其他处理方法中均须先进行此步骤)。然后加 0.5 mol/L $MgCl_2$

溶液 3 mL，搅拌，洗净玻璃棒后离心，重复饱和 2 次，再加 5% 甘油溶液饱和一次。离心，弃去清液后加 1 mL 蒸馏水搅匀，最后顺玻璃棒将悬液均匀地倾倒在放平的小玻璃片上，室温下风干后放入装有饱和 $Ca(NO_3)_2$ 溶液的干燥器，平衡一天，供衍射分析用。

(2) 钾饱和定向片

按上法称样，脱铁后加 1 mol/L KCl 溶液饱和处理 3 次。并用蒸馏水洗一次，用蒸馏水按上法制片（不放入干燥器）。钾片风干衍射扫描后，根据需要，可在马福炉中依次加温 300 ℃ 和 550 ℃（2 h）后再进行衍射。

(3) 二甲亚砜定向片

脱铁后样品加 10% 二甲亚砜溶液，处理 3 次，用 5% 二甲亚砜溶液制片，风干后放入装有二甲亚砜纯液的干燥器中，在 40 ℃ 下平衡 4 h，上机衍射。

(4) HCl 处理定向片

向脱铁后样品加 2 mol/L HCl 溶液，在 80 ℃ 水浴中加热 1 h，离心，弃去清液，再制成钾饱和定向片。

(5) 柠檬酸钠处理定向片

向脱铁后样品加入 0.3 mol/L；柠檬酸钠溶液，煮沸 1 h，冷却后离心，弃去清液，制成钾饱和定向片。

2. X 射线衍射分析

Fe 靶辐射，36kV，20 mA，镁饱和甘油定向片用步进扫描，步宽 0.02°，预置时间 0.5s，扫描角度范围（2θ）5°~35°。钾饱和定向片用连续扫描，扫描速度 2°/min，角度范围 5°~18°，时间常数 2s。

【判读方法】

判读就是识别图谱。判读的第一步是测量 d 值和衍射强度。这两项数据是矿物晶体结构的反映。据此鉴定矿物的种类和大致含量，有时还可借谱线的宽窄或峰形推知晶体结构的有序度和晶粒大小。衍射峰的 d 值、强度和形态是 3 个不可偏废的判读依据。

1. 根据黏土矿物的 d 值及变化，鉴定出矿物种类

主要黏土矿物的 X 射线衍射特征如下：

(1) 高岭石

在定向薄片 X 射线衍射图上，高岭石 $d_{001}=0.715$ nm，$d_{002}=0.356~0.358$ nm，$d_{003}=0.238$ nm。除加温 550 ℃ 可使其晶体结构破坏外，以上化学处理均对其没有明显影响。

(2) 埃洛石

含层间水时，$d_{001}=1.01$ nm，无水埃洛石的 $d_{001}=0.72~0.75$ nm，易与高岭石的衍射重合。但用二甲亚砜处理，层间吸附二甲亚砜后，d_{001} 值由 0.72 nm 膨胀至 1.01 nm，据此可与高岭石区分。

(3) 水云母

在定向薄片 X 射线衍射图上，水云母 $d_{001}=1.0$ nm，$d_{002}=0.5$ nm，$d_{003}=0.336$ nm。属非膨胀型矿物，在上述各种处理中均无明显变化。

(4) 蒙脱石

属膨胀性矿物，$d_{001}=1.2~1.5$ nm（随层间金属离子种类和溶液性质不同而变化）。

它的次级反射很弱，用镁-甘油饱和处理后，d_{001} 可达 1.8 nm。钾饱和处理后 d_{001} 收缩到 1.0~1.1 nm。

（5）蛭石

2:1 型层状硅酸盐矿物，层间有水和 K^+、Mg^{2+} 等离子。d_{001} = 1.42 nm，d_{002} = 0.71 nm，d_{003} = 0.47 nm，d_{004} = 0.35 nm，其中 1.42 nm 衍射峰最强，其他衍射峰较弱。经 KCl 溶液处理，K^+ 置换层间可交换阳离子，层间距离减小为 1.0 nm，变成云母型结构。

（6）绿泥石

属 2:1:1 型层状硅酸盐矿物。d_{001} = 1.42 nm，d_{002} = 0.71 nm，d_{003} = 0.47 nm，d_{004} = 0.353 nm，衍射数据与蛭石的相近，但各峰的相对强度不同，d_{001} 衍射强度较弱，其他衍射较强。这与蛭石的衍射特征恰好相反。绿泥石的有效鉴定特征是钾饱和片经 550 ℃ 加温处理后，d_{001} 值基本不变，或将它溶于 2 mol/L HCl 溶液中，处理后衍射谱的特征峰消失。

绿泥石的衍射峰也很容易与高岭石的衍射峰重合。除用以上处理方法区分外，还可将 X 射线衍射仪的扫描速度放慢（如 1/4°/min）。精确测定高岭石的（002）和绿泥石的（004）衍射峰。一般而言，高岭石 d_{002} 为 0.356~0.358 nm，而绿泥石 d_{004} 为 0.353 nm。

（7）1.4 nm 过渡矿物

1.4 nm 过渡矿物的结构类型介于绿泥石与蛭石类型之间。一般认为其 2:1 型结构晶层间充填的是岛屿状羟基铝（绿泥石的层间是水镁石或水铝片，蛭石层间为水化阳离子）。在样品未经处理情况下，它的衍射数据与图谱具有与蛭石、绿泥石相似的特征，所不同的是当钾饱和处理时，它的 d_{001} = 1.42 nm。不收缩，而钾饱和后又加温 300 ℃，1.42 nm 峰便向 1.0 nm 峰收缩移动，并形成一个宽峰；加温 550 ℃ 后，1.42 nm 峰全部收缩成不对称的 1.0 nm 峰。

（8）三水铝石

晶质氢氧化铝矿的特征峰是 d_{002} = 0.482 nm，d_{110} = 0.434 nm，d_{112} = 0.331 nm，d_{020} = 0.245 nm。化学处理对其影响很小，当加温 300 ℃ 后，由于结构被破坏而特征峰消失（表 2-3）。

2. 由黏土矿物的衍射强度估计其相对含量

X 射线物相定量的依据是：混合样品中，一种物相的含量和它的衍射强度相关。目前的物相定量方法很多，如直接分析法、内标准法、稀释法、基体清洗法等。较为广泛而方便的方法是用衍射峰的积分强度和峰高的对比法来进行定量。

黏土矿物的 X 射线定量分析法比化学定量法简单而迅速，但衍射强度易受各方面条件的影响，如样品的化学成分、结晶程度、分散性、颗粒大小、制片方法和取向排列等。因此，衍射强度与物相的含量不是简单的线性关系，精度一般不高，只能达到半定量的程度。

X 射线定量分析需要有较精确的强度数据，积分强度也称累积强度，它是以衍射峰在背景线以上的面积作为峰，因此，需注意背景线的确定。在 2θ 低角度时，背景线向低角度方向迅速升高；在高角度时，一般呈水平线，衍射峰的面积可由峰高×半峰宽求得（或用求

表 2-3　几种主要黏土矿物 d_{001} X 射线衍射特征(nm)

处理方法	高岭石	埃洛石	水云母	蒙脱石	蛭石	绿泥石	三水铝石 (d_{002})	1.4 nm 过渡矿物
未经处理	0.715	1.0(有水) 0.72(无水)	1.0	1.2~1.5	1.42	1.42	0.482	1.42
镁-甘油饱和	0.715	0.72	1.0	1.8	1.42	1.42	0.482	1.42
KCl 饱和	0.715	0.72	1.0	1.0~1.2	1.0	1.42	0.482	1.42
KCl 饱和并 加温 300 ℃ 2 h	0.715	0.715	1.0	1.0~1.2	1.0	1.42	消失	1.4~1.0 宽峰
钾饱和并加 温 550 ℃ 2 h	消失	消失	1.0	0.96~1.0	0.93	1.38	消失	1.0 宽峰
2 mol/L HCl, 80 ℃ 1 h	0.715	0.715	1.0	1.2~1.5	1.42	消失	0.482	—
二甲亚砜处理	0.715	1.1~1.2 (无水)	1.0	1.2~1.5	1.42	1.42	0.482	1.42

积仪测量)。在衍射图谱上一般测量(001)峰面积，两种矿物的衍射峰相重叠时，如 0.7 nm 是高岭石(001)和绿泥石(002)相互叠合的衍射峰，需测量其他非重叠的峰的面积。

等量的各种纯黏土矿物的混合物，它们各自的特征衍射峰面积不等，但有一定的比例关系。为了计算各种矿物含量百分数，将样品中各黏土矿物的特征衍射峰面积乘以各自的比例系数，再分别计算各个峰的面积占总和的百分数。

比例系数因黏土矿物化学组成、性质、结晶程度、组合类型、含量以及使用的方法和仪器条件等的不同而不同。因此，比例系数只是一个实验值，常用的黏土矿物比例系数，如蒙脱石 1.0，1.4 nm 矿物 2.0，高岭石 2.0，水云母 3.5。

【例】从某 Mg-甘油定向片的衍射图谱，可知黏土矿物组成为蛭石、绿泥石、水云母和高岭石，各个峰面积为:

1.4 nm 峰面积 = 250 mm², 1.0 nm 峰面积 = 230 mm², 0.72 nm 峰面积 = 440 mm²。

计算样品中高岭石、1.4 nm 矿物和水云母的百分含量。

0.72 nm 峰面积是高岭石和 1.4 nm 矿物(绿泥石)的共同峰。测定高岭石的含量，需在 2θ 为 30°~34°(Cu 靶为 23°~27°)范围内改用慢扫描(连续扫描方式)。将高岭石 0.358 nm(002)和绿泥石 0.354 nm(004)的衍射峰分开，再分别量出峰高，算出高岭石与绿泥石的相对百分比，从 0.72 nm 峰面积中减去绿泥石的面积。

现得 0.358 nm 和 0.352 nm 峰高分别为 20 mm 和 30 mm，即绿泥石含量占 0.72 nm 峰面积约 60%，得高岭峰实际面积为 176 mm²。各个峰的面积乘以比例系数 k。

高岭石　　　　176×2 = 352 mm²

1.4 nm 矿物　　250×2 = 500 mm²

水云母　　　　230×3.5 = 805 mm²

该样黏土矿物(001) 的总峰面积为：$805 + 352 + 500 = 1657$ mm^2 各矿物的百分含量约为：

$$高岭石 = 352/1657 \times 100\% = 21\%$$

$$水云母 = 805/1657 \times 100\% = 49\%$$

$$1.4 \text{ nm } 矿物 = 500/1657 = 30\%$$

3. 由黏土矿物的衍射峰形判断其结晶程度

土壤黏土矿物是在一定的土壤水、热及生物作用下形成的，因此，其黏土矿物结晶状况在一定程度上可以反映黏土矿物的形成条件和土壤的成土过程。

黏土矿物大多数具层状构造，Si—O 四面体和 Mg（Al）—O 八面体以不同方式组成黏土矿物的基本构造单元层。构造单元层间结合不十分牢固，层与层的叠置方式是比较自由的。如果叠置十分有规律，就形成规则的三维格子，即结晶好。如果层的叠置表现为无规律性，即结晶不好。这种叠置的无规律性，可表现在黏土矿物的 c、b 或 a 轴方向上的无序(错位)。

确定黏土矿物结晶程度的方法很多，一般采用的是确定其结晶度指数的方法。鉴于分析和测试方法较复杂，本书不作专门介绍，如果有兴趣，可参阅有关书籍。结晶好的矿物，衍射峰尖锐对称，结晶不好的矿物，衍射峰常呈宽阔而弥散的衍射区。

【注意事项】

(1)钾饱和定向片在 550 ℃加温冷却后应尽快上机衍射。因为时间长了黏粒易与玻璃片脱离。

(2)镁饱和甘油定向片有时会因定向不好而峰形低矮，遇到这种情况最好重新制片。

复习思考题

1. 根据矿物的识别特征，如何进行未知矿物的鉴定？

2. 根据岩石的特性，如何进行未知岩石的鉴定？

3. 摩氏硬度中滑石的硬度是 1，石英的硬度是 7，能说明石英的硬度是滑石的 7 倍吗？

4. 正长石具有卡氏双晶还是聚片双晶结构？

5. 为什么蒙脱石具有膨胀性，而高岭石不具有膨胀性？

6. 花岗岩和石灰岩哪种岩石抗风化能力较强？为什么？

7. 石英砂岩与玄武岩经风化后会形成质地黏重的母质吗？

8. 从衍射图谱上如何区分绿泥石、蛭石和 1.4 nm 过渡矿物？

9. Mg-甘油饱和、K 饱和、加温等处理是基于什么原理？

10. 为什么说黏土矿物的 X 射线衍射积分强度定量为半定量？

11. 为什么在样品进行其他化学处理前需先进行脱铁处理？

第 3 章
土壤有机质分析

本章介绍土壤有机质含量测定，土壤腐殖质组成及活性有机碳分析。在介绍土壤有机质测定上，除了传统重铬酸钾氧化—外加热法外，讲述了元素分析仪测定土壤有机质。土壤活性有机碳测定主要介绍土壤潜在可矿化碳、土壤热水溶性有机碳和土壤易氧化有机碳的测定方法。

3.1 土壤有机质测定

【测定意义】

土壤有机质对土壤肥力具有重大意义，它不仅含有植物所需要的各种营养元素（特别是氮、磷的主要来源）和刺激植物生长的胡敏酸类物质。由于它具有胶体特性，吸附较多的阳离子，因而使土壤具有保肥性和缓冲性，还能使土壤疏松和形成良好结构，从而改善了土壤的理化性状，则有利于土壤中水、肥、气、热关系的调节，同时也是土壤中异养微生物能源物质。土壤有机质含量的多少，是土壤肥力高低的重要指标。

黑龙江省土壤有机质的含量在全国是最高的，一般在 2%~5%，高的可达 7%~8%，低的约在 1%。

土壤有机质和土壤全氮含量之间有较好的相关性。一般土壤有机质约含氮 5%，因此可以从有机质的结果来估算土壤全氮的近似含量：

$$土壤全氮(g/kg) = 土壤有机质(g/kg) \times 0.05 \tag{3-1}$$

土壤有机质含量的测定，通常是通过测定土壤中有机碳的含量计算求得，将所测得的有机碳乘以换算因数，1.724（按有机质含碳 58% 计算）即为有机质总量，但这仅仅是个近似数值，因为土壤中各种有机质的含碳量不完全一致。

3.1.1 重铬酸钾氧化—外加热法

【方法与原理】

土壤有机质的测定方法很多，但基本上分两类：一类是干烧法，通过测定高温灼烧后所产生的二氧化碳进行定量；此法需要特殊的设备，操作技术要求比较严格。费时间，再现性差。因此，一般不作例行分析用。另一类是湿烧法。在湿烧法中，以重铬酸钾-浓硫酸氧化法应用最为普遍，此法设备简单、操作容易、快速，再现性较好，适用于大量样品的分析，本实验采用重铬酸钾容量法—外加热法。

在加热恒温的条件下（170~180 ℃沸腾 5 min），用一定量的标准重铬酸钾-浓硫酸溶液，氧化土壤有机质中的碳，多余的重铬酸钾，用标准的硫酸亚铁溶液滴定，由所消耗的重铬酸钾量，即可计算出有机碳的含量，再乘以常数 1.724，即为土壤有机质量。本法因只能氧化 90% 的有机碳，所以结果还必须乘以校正系数 1.1。其反应式如下：

$$2K_2Cr_2O_7+8H_2SO_4+3C \longrightarrow 2K_2SO_4+2Cr_2(SO_4)_3+3CO_2\uparrow+8H_2O$$

$$K_2Cr_2O_7+6FeSO_4+7H_2SO_4 \longrightarrow K_2SO_4+Cr_2(SO_4)_3+3Fe_2(SO_4)_3+7H_2O$$

土壤中如有 Cl^- 和 Fe^{2+} 存在，也能被重铬酸钾的硫酸溶液氧化，而造成误差。通常加入少量 Ag_2SO_4，使 Cl^- 形成 AgCl 沉淀而消除干扰，此时校正系数应改为乘以 1.04，而不用 1.1。其反应过程如下：

$$Cr_2O_7^{2-}+6\,Cl^-+14H^+ \longrightarrow 2Cr^{3+}+3Cl_2+7H_2O$$

$$Cl^-+Ag^+ \longrightarrow AgCl\downarrow$$

消除 Fe^{2+} 的干扰，可将土样摊成薄层，在室内通风处风干数日。使全部 Fe^{2+} 氧化为 Fe^{3+} 后再进行测定。

【仪器与设备】

滴定管、可调恒温砂浴、计时器或秒表。

【试剂配制】

(1) 0.8000 mol/L($1/6\ K_2Cr_2O_7$)重铬酸钾标准溶液：精确称取经 105 ℃烘干过的分析纯重铬酸钾 39.2245 g，放入烧杯中，加少量蒸馏水溶解，定容于 1000 mL 容量瓶中。

(2) 浓硫酸：分析纯，$\rho=1.84$ g/cm³。

(3) 0.2 mol/L 硫酸亚铁溶液：称取 56 g $FeSO_4 \cdot 7H_2O$ 或 80 g $(NH_4)_2SO_4 \cdot FeSO_4 \cdot 6H_2O$ 溶于水中，加入浓 H_2SO_4 5 mL，然后加水至 1 L。

(4) 邻菲罗啉指示剂：称取 $FeSO_4 \cdot 7H_2O$ 0.70 g 和邻菲罗啉($C_{12}HgN_2$) 1.49 g 溶于 100 mL 水中，此时试剂与 $FeSO_4$ 形成红棕色络合物，即 $[Fe(C_{12}H_3N_2)_3]^{2+}$。贮于棕色瓶内备用。

【操作步骤】

(1) 准确称取过 100 目筛(0.149 mm)的风干土样 0.1000~0.5000 g(有机质含量高于 50 g/kg，称样 0.1 g，有机质含量为 20~40 g/kg，称样 0.3 g，低于 20 g/kg 时，称样 0.5 g)，放入 250 mL 三角瓶底部，用滴定管准确加入 0.8 mol/L($1/6\ K_2Cr_2O_7$)重铬酸钾标准溶液 5.00 mL，再用注射器注入 5 mL 浓硫酸，小心摇匀。

(2) 在三角瓶口上加一小漏斗，以冷凝加热时逸出的水汽。然后将三角瓶置于事先预热至 180 ℃的砂浴上，当瓶内液体沸腾或有大气泡发生时开始计算时间，严格控制微沸 5 min。

(3) 取下三角瓶冷却(此时，溶液一般黄色或黄中稍带绿色，如果以绿色为主，则说明重铬酸钾用量不足，应弃去重做)，用水冲洗小漏斗内外于三角瓶中，使瓶内总体积在 60~70 mL(溶液酸度为 2~3 mol/L)，加邻菲罗啉指示剂 3 滴，用 0.2 mol/L $FeSO_4$ 标准液滴定。当溶液变成深绿色时表示接近终点，应逐渐慢滴，直到由蓝绿色突变为褐红色为终点。

(4) 每批样品可测定 2 个空白试验，取其平均值，可用石英砂或灼烧土代替土样，其他步骤同上。

【结果计算】

$$土壤有机碳(g/kg) = \frac{\frac{c \times 5}{V_0} \times (V_0 - V) \times 3 \times 10^{-3} \times 1.1}{W} \times 1000 \tag{3-2}$$

$$土壤有机质(g/kg) = 土壤有机碳(g/kg) \times 1.724 \tag{3-3}$$

式中 V_0——空白试验用 $FeSO_4$ 溶液的体积(mL);

      V——待测样品消耗 $FeSO_4$ 溶液的体积(mL);

      c——1/6 $K_2Cr_2O_7$ 溶液的标准溶液的浓度 0.8000 mol/L;

      5——重铬酸钾标准溶液加入的体积(mL);

      W——烘干土样质量(g);

      3——1/4 碳的摩尔质量(g/mol);

      1.1——氧化校正系数(按平均回收率90%计);

      1.724——土壤有机碳换算成有机质的平均换算系数(按有机质平均含碳58%计);

      10^{-3}——将 mL 换算 L。

【注意事项】

(1)由于称样量少,称样时应用减重法以减少称样误差。

(2)特殊样品,如草炭、有机肥等样品的有机质远远>5%者,则不能再采用此法。应当改用干灰化法,即在 500~525 ℃下灼烧,从灼烧后失去的质量计算有机质含量。具体操作步骤如下:

坩埚称重:将标有号码的瓷坩埚洗净,烘干,高温电炉中灼烧 15~20 min,然后冷却,用坩埚钳取出,干燥器内冷却至室温,称重。

称样灰化:将磨细(0.5 mm,烘干,60 ℃烘 4 h)的样品 2~3 g 放入已知质量的瓷坩埚中,在分析天平上准确称重,可调电炉上加热炭化,逐步提高温度,呈灰白色不再冒烟时炭化完毕,移入高温电炉,550 ℃灼烧约 1~2 h,冷却取出,放入干燥器中冷却 30 min,称重。

【结果计算】

$$有机质(g/kg) = \frac{灰化前重 - 灰化后重}{样品烘干重} \times 1000 \tag{3-4}$$

3.1.2 元素分析仪法

【方法与原理】

Vario MACRO cube 元素分析仪采用燃烧法对样品元素组成进行分析。碳氮分析模式下,样品在灰分管内通氧燃烧,生成的反应气体依次通过一级氧化管、二级氧化管进一步氧化得到二氧化碳、氮氧化物、二氧化硫、水等氧化产物,然后通过还原管将氮氧化物还原为氮气,吸收卤素、硫化物等杂质,通过干燥管吸收水分,最后得到氮气与二氧化碳。两种气体组分分离后,依次通过热导检测器检测生成量,从而得到样品中碳、氮元素的质量分数。氧化管的主要填充物(氧化剂)为氧化铜,还原管的主要填充物(还原剂)为钨粒,干燥管的填充物为五氧化二磷。

【仪器与试剂】

Vario EL Ⅲ 型元素分析仪(德国 Elementar 公司)、Milli-QA10 型超纯水仪(密理博公司)、MM400 混合研磨仪(德国 Retsch 公司)。

不同 pH HCl 溶液配制:移取 85.5 mL 浓 HCl 于 800 mL 超纯水中,用超纯水稀释至 1 L,此 HCl 溶液浓度约为 1 mol /L,此时 HCl 溶液 pH 约为 0,将此溶液逐级稀释 10 倍,以获得 pH 分别为 1、2、3、4 和 5 的 HCl 溶液。

【操作步骤】

(1)土壤样品处理

土壤样品风干后过 100 目筛(0.149 mm),用于土壤有机碳含量的测定。由于元素分析仪直接测定土壤样品的碳含量为土壤总碳含量,欲获得有机碳的含量,需要测试前去除无机碳含量。可用 pH 0~5 的 HCl 溶液分别进行去无机碳处理。将 50 mL 烧杯洗净,于 105 ℃ 烘箱烘干至恒量,称取 2000.0 mg 土壤标物置于烧杯中。加入 5 mL 不同 pH 的 HCl 溶液,待土壤溶液无气泡产生时将烧杯置于 105 ℃ 的电热板上加热至溶液近干,然后将烧杯移至烘箱中 105 ℃ 烘干至恒量,称量。计算处理过的土壤质量以获得土壤处理前后的比例,并将土壤再次研细,将处理过的样品保存于干燥器中待分析。样品处理设置 3 次重复试验。

(2)元素分析仪设定条件

样品称样量 25.0 mg,称样量可根据仪器响应值情况进行加减调整,氧化炉温度为 1150 ℃,还原炉温度为 850 ℃,通氧时间 90 s,CO_2 柱热脱附温度 100 ℃,单个样品测试时间 10 min。用于日校正的标准品为 GBW-07402。

(3)样品测定

Vario MACRO cube 元素分析仪基本操作流程为:

称样→ 装填反应管→开机、升温→测样→降温、关机

仪器开机前需称取一定质量的待测样品(植物样品 30~50 mg,土壤样品 100~200 mg),装填各反应管(氧化管、还原管与干燥管)填充物,或检查上次测试剩余填充物是否满足此次测试。

开机后仪器开始升温,在测试软件中输入样品名称(包括空白、标样、待测样品)、测试方法、样品质量,并在加样盘中按输入顺序依次放入标样与待测样品,仪器自动按顺序进行测试。样品自动分析结束后,待 3 个反应管(一级氧化管、二级氧化管、还原管)都降温至 100 ℃ 以下,退出软件,关闭主机电源。

3.2　土壤腐殖质的分离及各组分测定

【测定意义】

土壤腐殖质是土壤有机质的主要组成成分。一般来讲,它主要是由胡敏酸(HA)和富里酸(FA)所组成。不同的土壤类型,其 HA/FA 比值有所不同,同时这个比值与土壤肥力也有一定关系。因此,测定土壤腐殖质组成对于鉴别土壤类型和了解土壤肥力均有重要意义。

【方法与原理】

用 0.1 mol/L 焦磷酸钠和 0.1 mol/L 氢氧化钠混合溶液处理土壤，能将土壤中难溶于水和易溶于水的结合态腐殖质络合成易溶于水的腐殖质钠盐，从而比较完全地将腐殖质提取出来。焦磷酸钠还起脱钙作用，反应式如下：

提取的腐殖质用重铬酸钾容量法测定。

【仪器与设备】

滴定管、可调恒温砂浴或电热板、计时器或秒表。

【试剂配制】

（1）0.1 mol/L 焦磷酸钠和 0.1 mol/L 氢氧化钠混合液：称取分析纯焦磷酸钠 44.6 g和氢氧化钠 4 g，加水溶解，稀释至 1 L，溶液 pH 13，使用时新配。

（2）3 mol/L H_2SO_4：在 300 mL 水中，加浓硫酸（分析纯，$\rho = 1.84$ g/cm³）167.5 mL，再稀释至 1 L。

（3）0.01 mol/L H_2SO_4：取 3 mol/L H_2SO_4 液 5 mL，再稀释至 1.5 L。

（4）0.02 mol/L NaOH：称取 0.8 g NaOH，加水溶解并稀释至 1 L。

（5）0.8000 mol/L(1/6 $K_2Cr_2O_7$) 重铬酸钾标准溶液：同 3.1.1。

（6）0.2 mol/L 硫酸亚铁溶液：同 3.1.1。

（7）邻菲罗啉指示剂：同 3.1.1。

【操作步骤】

（1）样品称取

称取 0.25 mm 相当于 2.50 g 烘干重的风干土样，置于 250 mL 三角瓶中，用移液管准确加入 0.1 mol/L 焦磷酸钠和 0.1 mol/L 氢氧化钠混合液 50.00 mL，振荡 5 min，塞上橡皮套，然后静置 13~14 h（控制温度在 20 ℃±5 ℃），旋即摇匀进行干过滤，收集滤液（一定要清亮）。

（2）胡敏酸和富里酸总碳量的测定

吸取滤液 5.00 mL，移入 150 mL 三角瓶中，加 3 mol/L H_2SO_4 约 5 滴（调节 pH 为 7）至溶液出现浑浊为止，置于水浴锅上蒸干。准确加入 0.8000 mol/L(1/6 $K_2Cr_2O_7$) 标准溶液 5.00 mL，用注射器或移液器迅速注入浓硫酸 5 mL，盖上小漏斗，在沸水浴上加热 15 min，冷却后加蒸馏水 50 mL 稀释，加邻菲罗啉指示剂 3 滴，用 0.2 mol/L 硫酸亚铁滴定，同时作空白试验。

（3）胡敏酸（碳）量测定

吸取上述滤液 20.00 mL 于小烧杯中，置于沸水浴上加热，在玻璃棒搅拌下滴加 3 mol/L H_2SO_4 酸化（约 30 滴），至有絮状沉淀析出为止，继续加热 10 min 使胡敏酸完全沉淀。过滤，以 0.01 mol/L H_2SO_4 洗涤滤纸和沉淀，洗至滤液无色为止（即富里酸完全洗去）。以热的 0.02 mol/L NaOH 溶解沉淀，溶液收集于 150 mL 三角瓶中（切忌溶液损失），如前法酸化，蒸干，测碳（此时的土样质量 W 相当于 1 g）。

【结果计算】

（1）土壤腐殖质中胡敏酸和富里酸总碳量计算

$$腐殖质（胡敏酸和富里酸）总碳量（\%）=\frac{\dfrac{0.8000\times5}{V_0}\times(V_0-V_1)\times3\times10^{-3}}{W}\times100 \qquad (3-5)$$

式中　V_0——5.00 mL 标准重铬酸钾溶液空白试验滴定的硫酸亚铁溶液体积（mL）；

　　　V_1——待测液滴定用去的硫酸亚铁溶液体积（mL）；

　　　W——吸取滤液相当的土壤质量（g）；

　　　5——空白所用 $K_2Cr_2O_7$ 溶液体积（mL）；

　　　0.8000——1/6 $K_2Cr_2O_7$ 标准溶液的浓度（mol/L）；

　　　3——1/4 碳的摩尔质量（g/mol）；

　　　10^{-3}——体积单位 mL 换成 L。

（2）胡敏酸碳（%）

按上式计算。

（3）富里酸碳（%）=腐殖质总碳（%）-胡敏酸碳（%）

（4）HA/FA=胡敏酸碳（%）/富里酸碳（%）

【注意事项】

（1）在中和调节溶液 pH 时，只能用稀酸，并不断用玻璃棒搅拌溶液，然后用玻璃棒蘸少许溶液放在 pH 试纸上，看其颜色，从而达到严格控制 pH。

（2）蒸干前必须将 pH 调至 7，否则会引起碳损失。

3.3　土壤活性有机碳测定

【测定意义】

土壤活性有机碳（soil active organic carbon，SAOC）是在一定时空条件下受植物与微生物影响强烈、具有一定溶解性、易发生生物化学转化、对植物和微生物有较高活性的那部分土壤有机碳。因此，土壤活性有机碳有多重不同的表征，例如，溶解性有机碳（dissolved organic carbon，DOC）、有效碳（available carbon，AC）、易氧化碳（labile organic carbon，LOC）、土壤潜在可矿化碳（potentially mineralizable carbon，PMC）、轻组有机碳（light fraction organic carbon，LFC）、颗粒有机碳（particulate organic carbon，POC）、热水溶性有机碳（hotwater-soluble organic carbon，HWSOC）等。土壤活性有机碳能显著影响土壤物质的溶解、吸附、解吸、吸收、迁移乃至生物毒性等行为，在营养元素的地球生物化学过程、成土过程、微生物的生长代谢过程、土壤有机质分解过程以及土壤中污染物的迁移等过程中有着重要的作用。其中土壤潜在可矿化碳（PMC），它代表一定时期内土壤可矿化分解的有机碳数量。土壤热水溶性有机碳是最易被微生物矿化分解的有机碳，其活性高，转化速率快，对土壤碳素转化有重要影响。

本节主要介绍土壤潜在可矿化碳、土壤热水溶性有机碳和土壤易氧化有机碳的测定。

3.3.1 土壤潜在可矿化碳的测定

【方法与原理】

土壤潜在可矿化碳（PMC）又称生物可降解碳，主要利用微生物分解有机物质，测定 CO_2 释放量或专性呼吸率 qCO_2（每单位微生物量产生的 CO_2 量）来求得可矿化碳量。测定过程是在密封容器中放入湿度适当的土壤，用 NaOH 溶液来吸收土壤有机碳化过程中释放的 CO_2，培养一段时间后，通过测定其与空白对照释放的 CO_2 的差值求得土壤潜在可矿化碳量。

【仪器与设备】

2 mm 土壤筛、微型喷壶、2 L 干燥器、恒温培养箱、酸式滴定管。

【试剂配制】

（1）1.0 mol/L NaOH：称取 40.0 g 氢氧化钠（NaOH，分析纯）溶于 1 L 去离子水中。

（2）0.500 mol/L HCl 标准液：量取约 42 mL 的盐酸（HCl，$\rho = 1.19$ g/mL，分析纯），放入 1000 mL 容量瓶中，用去离子水定容。用 Na_2CO_3 标定其准确浓度。

（3）1 mol/L $BaCl_2$ 溶液：称取 244.28 g 氯化钡（$BaCl_2 \cdot 2H_2O$，分析纯）溶于 1 L 去离子水中。

（4）酚酞指示剂：0.5 g 酚酞溶于 50 mL 95%乙醇中，再加 50 mL 去离子水，滴加氢氧化钠溶液 [$c(\text{NaOH}) = 0.01$ mol/L] 至指示剂成极淡的红色。

【操作步骤】

（1）土壤预处理：将采回的土壤样品过 2 mm 筛，充分混合均匀。用微型喷壶均匀喷蒸馏水，不断翻动，调节土壤含水量到田间持水量的 55%。取部分土样测定土壤含水量（见土壤含水量测定方法部分）。

（2）培养：称 3 份 50.00 g 土壤分别放入 3 个 2 L 干燥器中，同时放入一个装有 50 mL NaOH 溶液和一个盛有 50 mL 去离子水的烧杯，盖好干燥器，用凡士林密封。同时做 3 个无土壤的空白待测样。干燥器置于 25 ℃ 的黑暗条件下培养 10 d。

（3）CO_2 测定：培养结束后，取出装有 NaOH 溶液的烧杯，立即全部转移到 100 mL 的容量瓶，定容。准确吸取 10 mL 于 150 mL 的三角瓶中，加入 10 mL 去离子水和 5 mL 1.0 mol/L $BaCl_2$ 溶液，加入 2 滴酚酞指示剂，用 0.500 mol/L HCl 标准液滴定至终点（粉红色变为无色）。记录样品和空白的 HCl 用量。

【结果计算】

$$PMC = \frac{(V_1 - V_2) \times c \times M \times 1000 \times t_s}{m} \tag{3-6}$$

式中　PMC——CO_2-C 的释放量（mg/kg）；

　　　V_1——土样滴定时所消耗的盐酸体积（mL）；

　　　V_2——无土空白对照滴定时所消耗的盐酸体积（mL）；

c——盐酸标准溶液的浓度(mol/L);

M——碳的毫摩尔质量为 12 mg/mmol;

1000——转换为千克的系数;

t_s——分取倍数,100/10;

m——土壤样品的烘干质量(g)。

【注意事项】

(1)培养土壤用的干燥器的密封性一定要好,以防止空气中的 CO_2 进入而影响测定。

(2)取出干燥器中装有 NaOH 的烧杯时要迅速,及时加入 $BaCl_2$ 溶液,迅速转移进容量瓶中,尽量避免空气中的 CO_2 溶解进入测定液体。

3.3.2 土壤热水溶性有机碳的测定

【方法与原理】

热水溶性有机碳由活性很高的有机质组成,其主要成分是碳水化合物与含氮化合物,特别是氨基氮和胺化物,主要来源于土壤微生物和根系分泌物。具体做法是:用沸水或 80 ℃热水处理土壤后得到含 HWOC 的液体样品,用化学容量法或仪器法测定其中的碳含量,进而得到土壤的 HWOC 数量。

【仪器与设备】

恒温水浴、特制消煮管、磷酸浴、酸式滴定管。

【试剂配制】

(1)16.666 mmol/L $K_2Cr_2O_7$:准确称取 4.903 g 分析纯 $K_2Cr_2O_7$(130 ℃下烘干 3~4 h)于 250 mL 烧杯中,加少量水溶解,然后洗入 1000 mL 容量瓶中,定容摇匀。

(2)0.05 mol/L $FeSO_4$ 溶液:称取 6.951 g 分析纯 $FeSO_4 \cdot 7H_2O$ 于 250 mL 烧杯中,加少量水溶解,然后洗入 500 mL 容量瓶中,慢慢加入 30 mL 3 mol/L H_2SO_4,定容至 500 mL,摇匀,储于棕色试剂瓶中。

(3)邻菲罗啉指示剂:1.485 g 邻菲罗啉和 0.695 g $FeSO_4$ 溶于 100 mL 蒸馏水中。

(4)防爆瓷片:瓷片打碎后过 1 mm 和 2.5 mm 筛,取 1~2.5 mm 粒径颗粒。

(5)浓硫酸:分析纯,密度 1.84 g/cm³。

【操作步骤】

(1)将采回的土壤样品过 2 mm 筛,充分混合均匀后,取部分土样测定土壤含水量(见土壤含水量测定方法部分),称 3 份 20.00 g 土壤分别放入 3 个 100 mL 三角瓶中,各加入 100 mL 蒸馏水,于瓶口置一小漏斗。同时加 100 mL 蒸馏水于 1 个空三角瓶中做空白试验用。

(2)把 4 个三角瓶同时放入已经煮沸(100 ℃)的恒温水浴上,煮沸 60 min,期间摇动 3~5 次。

(3)冷却后用定量滤纸过滤,取 10 mL 滤液放入特制消煮管中,放 2~3 片碎瓷片。

(4)用移液管准确加入 5.00 mL 0.1000 mol/L $K_2Cr_2O_7$ 溶液,摇动均匀,再用移液枪加 5.0 mL 浓硫酸,摇动均匀后置于磷酸浴中消煮,至温度为 170 ℃后消煮 10 min。

(5)把试样取出后放在室温下冷却。用蒸馏水全部转移到 200 mL 三角瓶中,加 1~2

滴邻菲罗啉指示剂，摇动均匀。用 0.05 mol/L FeSO$_4$ 溶液滴定至紫红色终点，记录体积。

【结果计算】

$$\text{HWOC 含量}(\text{mg/kg}) = (V_0 - V_1) \times c \times 3 \times t_s \times 1000 / m \tag{3-7}$$

式中 V_0——滴定空白样时所消耗的 FeSO$_4$ 体积(mL)；

$\quad\quad V_1$——滴定土样时所消耗的 FeSO$_4$ 体积(mL)；

$\quad\quad c$——FeSO$_4$ 溶液的浓度(mol/L)；

$\quad\quad 3$——1/4C 的毫摩尔质量，即 3 mg/mmol；

$\quad\quad 1000$——转换为 kg 的系数；

$\quad\quad t_s$——分取倍数，100/10；

$\quad\quad m$——土壤的烘干质量(g)。

【注意事项】

(1) K$_2$Cr$_2$O$_7$ 溶液体积需要尽量准确，且与空白对照保持一致，而浓硫酸不需要十分准确。

(2) 当土壤热水溶性碳含量较高时，K$_2$Cr$_2$O$_7$ 溶液和 FeSO$_4$ 溶液的浓度可适当提高。

3.3.3 土壤易氧化有机碳的测定

【方法与原理】

土壤易氧化有机碳的测定他方法有物理分组法、化学分组法和微生物法等。化学氧化法是将易氧化、不稳定的有机质作为活性有机质，利用氧化剂将其氧化而测定其含量。最常用的氧化剂是高锰酸钾(KMnO$_4$)。这种方法假设 KMnO$_4$ 在中性条件下对土壤碳的氧化作用与微生物和土壤酶的作用相似，氧化过程中溶液里 KMnO$_4$ 下降的量，代表土壤中活性有机质的数量。与全量有机质相比，活性有机质与土壤有效养分如有效氮、有效磷以及土壤的物理和化学性状有密切相关性。本实验采用高锰酸钾化学氧化法。现行活性有机质测定多用此法。

该法方便、简单，适于各种土壤的大批量样品的测定，但要求实验仪器的洁净度较高，分析者操作技术熟练。

【仪器与设备】

振荡机、分光光度计、100 mL 塑料瓶、250 mL 容量瓶等。

【试剂配制】

高锰酸钾标准溶液配制：首先配制 0 mmol/L(去离子水)、15 mmol/L、30 mmol/L、60 mmol/L、100 mmol/L、150 mmol/L、300 mmol/L 的高锰酸钾标准梯度溶液，从每个浓度的标准溶液中吸取 1 mL 标准溶液转移至 250 mL 容量瓶中定容(即稀释 250 倍)，这样就能得到浓度梯度为 0 mmol/L、0.06 mmol/L、0.12 mmol/L、0.24 mmol/L、0.4 mmol/L、0.6 mmol/L、1.2 mmol/L 的标准高锰酸钾溶液，然后同样用分光光度计在 565 nm 波长下测定吸光度，绘制高锰酸钾的浓度与吸光度间的标准曲线。此过程中尽量避光，以防高锰酸钾氧化消耗，可以将容量瓶用锡纸或不透明纸包裹以避光，另外容量瓶等一定要清洗干净，以防高锰酸钾氧化杂质而消耗，影响测定结果。

【操作步骤】

(1)称取 3 份含有 15~30 mg 碳(根据土壤有机碳含量估算称样质量)的 0.25 mm 风干土样,装入 100 mL 塑料瓶内,加 333 mmol/L 高锰酸钾溶液 25 mL,密封瓶口,以 25 r/min 振荡 1 h,同时做空白待测样,除不加土样外,其他步骤相同。

(2)振荡后的样品以 4000 r/min 离心 5 min,然后取上清液用去离子水按 1∶250 稀释。

(3)上述稀释液在分光光度计上于 565 nm 波长下比色,其标准液的浓度范围一定要包括 1 mg 碳。

【结果计算】

根据高锰酸钾的消耗量,可求出易氧化土壤样品的含碳量(氧化过程中 1 mmol $KMnO_4$ 消耗 9 mg 碳)。

$$土壤易氧化有机碳(mg/kg) = (333-c×250)×9×25×10^{-3}×10^{3}/m \qquad (3-8)$$

式中　c——$KMnO_4$ 的浓度(mmol/L);

　　　m——烘干土壤质量(g);

　　　10^{-3} 和 10^{3}——换算系数。

【注意事项】

(1)土壤中可氧化的有机质数量与氧化的时间、温度有很大的关系,氧化时温度越高,时间越长,测得的结果越高,因此,利用氧化法测定土壤活性碳含量时要严格控制反应温度和反应时间。

(2)任何方法测定的土壤活性有机质含量其实是一个相对值,活性有机质是一个动态和相对的数量,理论上土壤中所有有机质都是可以分解的。

(3)土壤浸出液的颜色过深或土壤溶液离心不清澈,会对比色结果有较大的影响。

(4)另外要保持较高的洁净度,尤其不要受有机物的污染,否则会产生较大的误差。

复习思考题

1. 土壤潜在可矿化碳的含义及测定注意事项是什么?

2. 土壤热水溶性有机碳测定时需要特别注意哪些问题?

3. 土壤 Eh 对易氧化碳测定有何影响?

4. 对比分析不同土壤活性碳测定结果的差异,并分析不同土壤活性碳测定方法的适宜性。

第 4 章

土壤孔性、结构和结持性分析

本章介绍了土壤颗粒组成及质地分类，土壤团聚体(包括微团聚体)分布及孔隙状况分析，同时介绍了与土壤耕性相关的结持性(黏结性、黏着性、膨胀性和可塑性)和土壤紧实度(硬度)分析。在分析方法上，介绍了激光粒度仪法分析土壤颗粒组成，偏光显微镜法用于土壤微形态分析，描述土壤孔隙状况和团聚体形态。

4.1 土壤颗粒组成（机械组成）测定

土壤质地(机械组成)是指土壤中各粒级土粒的配合比例，即由不同比例、不同粒径的颗粒(通称土粒)组成。世界各国大多按土粒粗细分为石砾、砂粒、粉粒和黏粒 4 个粒级，但具体界限和每个粒级的进一步划分有一定差异。我国的土粒分级是借用美国、苏联和国际土壤学会通过的分级方案。

土壤质地直接影响土壤水分、空气、养分、温度、微生物活动、耕性等，与作物的生长发育有密切的关系。土壤质地的测定是认识土壤肥力性状，进行土壤分类，因土改良，因土种植，因土耕作，因土灌溉，合理利用土壤的重要依据。因此，此项测定具有重要意义。

粒径分析目前最为常用的方法为吸管法和比重计法。吸管法虽然操作繁琐，但较精确；比重计法操作较简单，适于大批测定，但精度略差，计算也较麻烦。如果要求不是很精确也可采用简易比重计法和手测法。

4.1.1 比重计法

【方法与原理】

简易比重计法原理：一定量的土粒经物理、化学处理后分散成单粒，将其制成一定容积的悬浊液，使分散的土粒在悬液中自由沉降。由于土粒大小不同，沉降的速度也不一样，所以不同时间、不同深度的悬液表现出不同的比重。因此，在一定的时间内，待某一级土粒下降后，用甲种比重计可测得悬浮在比重计所处深度的悬液中的土粒含量(g/L)，经校正后可计算出各级土粒的重量百分数，然后查表确定出质地名称。

比重计法测定土壤质地，一般分为分散、筛分和沉降 3 个步骤。

1. 土壤样品的分散处理

根据要求的精度不同，采取分散土粒的方法不同。对于要求精度不高的土样，分析时可省去去除有机质和脱钙的手续，可采用直接分散法，并根据土壤 pH 值采用不同的分散剂：

①酸性土壤(50 g)+0.5 mol/L NaOH 40 mL

作用：中和酸度，并使土壤胶体形成代换性钠的胶体。

②中性土壤(50 g)+0.25 mol/L Na$_2$C$_2$O$_4$ 20 mL

作用：草酸钠使土壤胶体形成代换性钠的胶体。

③石灰性土壤(50 g)+0.5 mol/L(NaPO$_3$)$_6$ 60 mL

作用：六偏磷酸钠对于 0.002 nm CaCO$_3$ 表面形成不溶的胶状保护物，致使 CaCO$_3$ 不再溶解；并使土壤胶体上的代换性钙全部被钠所代换，使土壤胶体形成代换性钠的胶体。

2. 粗土粒的筛分

粒径>0.6 mm 的粗土粒，用孔径粗细不同的土壤筛相继筛分经分散处理的土样悬液，可得到不同粒径的土粒数量。常规粒径分析应该只对>0.25 mm 的土粒进行筛分，但由于>0.10 mm 的土壤颗粒在水中沉降速度太快，悬液测定常常得不到较好的结果。因此，筛分范围可放宽到 0.1 mm，即对>0.1 mm 的土粒进行筛分。

3. 细土粒的沉降分离(Stokes 定律的应用)

当充分分散的土粒均匀地分布在静水中，由于重力作用，土粒开始沉降，沉降一开始，土粒速度渐增。由此引起的介质的黏滞阻力(摩擦阻力)也随之增加，仅在一瞬间，重力与阻力即达平衡(加速度为零)，土粒便作匀速沉降。此时，其沉降速度与土粒半径平方呈正比，此即司笃克斯(Stokes)定律，其公式如下：

$$V = \frac{2}{9}gr^2 \times \frac{d_s - d_w}{n} = kr^2 \tag{4-1}$$

式中　V——土粒沉降速度(cm/s)；

　　　g——重力加速度(981 cm/s^2)；

　　　r——土粒半径(cm)；

　　　d_s——土粒密度(比重)(g/cm^3)；

　　　d_w——介质(水)密度(g/cm^3)；

　　　n——介质(水)的黏滞系数[g/(cm·s)]；

　　　k——常数，即 $k = \frac{2}{9}g \times \frac{d_s - d_w}{n}$。

把胶结土壤颗粒的物质去除，使土壤颗粒全部分散成单粒状态，在一定高度的容器中成悬液状态，粗颗粒沉降最快，细的颗粒沉降慢(表4-1)。

在一定深度的那一段液柱内，它的悬液比重将逐渐降低，利用特制的土壤比重计，在规定时间内，测定某一深度内悬液比重，从而换算出土壤中粗细颗粒的比例，并可推算出土壤质地等级。

充分分散成单粒的土壤在沉降筒中沉降，使土壤悬液的比重发生变化。用比重计测定之，可以反映出土粒分布情况，甲种(鲍氏)比重计(土壤相对质量密度计)，可以直接指示出比重计所处深度的悬液中土粒含量，即可从比重计刻度上直接读出每升悬液中所含土粒的重量。不同粒径的土粒含量可按不同温度下土粒沉降时间测出。

表 4-1　小于某粒径颗粒沉降时间

温度 (℃)	粒径小于 x mm 的沉降时间				温度 (℃)	粒径小于 x mm 的沉降时间			
	0.05 mm	0.01 mm	0.005 mm	0.001 mm		0.05 mm	0.01 mm	0.005 mm	0.001 mm
4	1′32″	43′	2 h 55′	48 h	23	54″	24′30″	1 h 45′	48 h
5	1′30″	42′	2 h 50′	48 h	24	54″	24′	1 h 45′	48 h
6	1′25″	40″	2 h 50′	48 h	25	53″	23′30″	1 h 40′	48 h
7	1′23″	38′	2 h 45′	48 h	26	51″	23′	1 h 35′	48 h
8	1′20″	37′	2 h 40′	48 h	27	50″	22′	1 h 30′	48 h
9	1′18″	36′	2 h 30′	48 h	28	48″	21′30″	1 h 30′	48 h
10	1′18″	35′	2 h 25′	48 h	29	46″	21′	1 h 30′	48 h
11	1′15″	34′	2 h 25′	48 h	30	45″	20′	1 h 28′	48 h
12	1′12″	33′	2 h 20′	48 h	31	45″	19′30″	1 h 25′	48 h
13	1′10″	32′	2 h 15′	48 h	32	45″	19′	1 h 25′	48 h
14	1′10″	31′	2 h 15′	48 h	33	44″	19′	1 h 20′	48 h
15	1′08″	30′	2 h 15′	48 h	34	44″	18′30″	1 h 20′	48 h
16	1′06″	29′	2 h 5′	48 h	35	42″	18′	1 h 20′	48 h
17	1′05″	28′	2 h	48 h	36	42″	18′	1 h 15′	48 h
18	1′02″	27′30″	1 h 55′	48 h	37	40″	17′30″	1 h 15′	48 h
19	1′00″	27′	1 h 55′	48 h	38	38″	17′30″	1 h 15′	48 h
20	58″	26′	1 h 50′	48 h	39	37″	17′	1 h 15′	48 h
21	56″	26′	1 h 50′	48 h	40	37″	17′	1 h 10′	48 h
22	55″	25′	1 h 50′	48 h					

【仪器与设备】

(1)甲种土壤比重计(鲍氏比重计)，刻度范围 0~60，最小刻度单位 1 g/L。

(2)沉降设备

沉降筒(或 1000 mL 量筒)，带搅拌棒 1 个(系不锈金属制成，也可用粗玻棒为杆，高 55 cm，下端装上直径 5 cm 的带孔铜片或厚胶版)，1 mm 土壤筛和 0.25 mm 小铜筛各 1 个。

(3)其他

温度计(50 ℃或 100 ℃)、电热板或砂浴、烘箱、振荡机、铝盒、瓷蒸发皿、胶头玻璃棒或大号橡皮塞、研钵。

【试剂配制】

(1)氢氧化钠溶液[c(NaOH)=0.5 mol/L]

20 g 氢氧化钠(NaOH)化学纯溶于水，稀释至 1 L (用于酸性土壤)。

(2)草酸钠溶液$[c(1/2\ Na_2C_2O_4)=0.5\ mol/L]$

35.5 g 草酸钠($Na_2C_2O_4$，化学纯)溶于水稀释至 1 L（用于中性土壤）。

(3)六偏磷酸钠溶液$[c(1/6\ (NaPO_3)_6)=0.5\ mol/L]$

51 g 六偏磷酸钠$[(NaPO_3)_6$，化学纯]溶于水稀释至 1 L（用于碱性土壤）。

【操作步骤】

(1)1 mm 的石砾处理

将土样风干，拣去枯枝落叶、草根等粗有机质，磨碎过 1 mm 筛，>1 mm 的石砾装在器皿中，加水煮沸，用带橡皮头的玻璃棒轻轻擦洗，倾去浊水，再加水煮洗，如此反复进行，直至将石砾洗清。将石砾烘干，过 3 mm 筛。分别称重，并称量通过 1 mm 筛孔的全部土壤质量，算出石砾的含量百分数。如果没有石砾，则过 1 mm 筛孔的细土无需称量。

(2)样品分散

可省去去除有机质和脱钙的手续，采用直接分散法。称取通过 1 mm 筛孔的风干样品 50 g，置于 500 mL 三角瓶中，加蒸馏水湿润样品，另称 10 g 置于铝盒中，测吸湿水含量，以计算烘干土质量。根据土壤酸碱性将相应的分散剂 50 mL 加入三角瓶中，再加蒸馏水，使三角瓶内土液体积达 250 mL，盖上小漏斗，摇匀后静置 20 min 后加热，并经常摇动三角瓶，以防土粒沉积瓶底结成硬块或烧焦，影响分散或使三角瓶破裂。应保持沸腾 30 min。煮沸过程中如泡沫多，可加 1~2 滴异戊醇去沫，防止煮沸液溢出。

冷却后将三角瓶内的消煮液全部无损地移至 1000 mL 沉降筒中，加蒸馏水至 1000 mL，放置于温差变化小的平稳桌面上，准备好比重计、秒表、温度计(±0.1 ℃)、记录纸等。

(3)测定悬液比重

用搅拌器搅拌悬液 1 min（上下各约 30 次），从停止搅拌时开始记录时间，并测定悬液温度。参照表 4-1 所列温度、时间和粒径的关系来确定测定悬液比重的时间。提前 30 s 将比重计轻轻插入悬液中，到了选定时间立刻读数，并再次测试液温度，要求二次测温误差不超过 0.50 ℃，否则重新搅拌。按照上述步骤可分别测出<0.05 mm，<0.01 mm，<0.005 mm，<0.001 mm 等各级土粒的比重计读数。

读完后取出比重计，洗净拭干、保存。然后再用搅拌器搅拌土液，至第二次应测时间再进行测定土液的密度和温度。

【测定值校正及比重计校正】

(1)分散剂校正值（即每升悬液中所含分散剂的数量）

加入样品中的分散剂充分分散样品并分布在悬液中，故对 0.1 mm 以下各级颗粒含量均需校正。

由于在计算中各级含量百分数由各级依次递减而算出。所以，分散剂占烘干样品重的百分数可直接从测得最小一级的粒径含量中减去。

表 4-2 土壤比重计温度校正值

温度（℃）	校正值	温度（℃）	校正值	温度（℃）	校正值	温度（℃）	校正值	温度（℃）	校正值
6~8.5	−2.2	15.5	−1.1	20.5	+0.15	25.5	+1.9	30.5	+3.8
9~9.5	−2.1	16	−1.0	21	+0.3	26	+2.1	31	+4.0
10~10.5	−2.0	16.5	−0.9	21.5	+0.45	26.5	+2.2	31.5	+4.2
11	−1.9	17	−0.8	22	+0.6	27	+2.5	32	+4.6
11.5~12	−1.8	17.5	−0.7	22.5	+0.8	27.5	+2.6	32.5	+4.9
12.5	−1.7	18	−0.5	23	+0.8	28	+2.9	33	+5.2
13	−1.6	18.5	−0.4	23.5	+1.1	29	+3.3	33.5	+5.5
13.5	−1.5	19	−0.3	24	+1.3	28.5	+3.1	34	+5.8
14~14.5	−1.4	19.5	−0.1	24.5	+1.5	29.5	+3.5	34.5	+6.1
15	−1.2	20	0	25	+1.7	30	+3.7	35	+6.4

（2）比重计读数的温度校正

土壤比重计的刻度是以 20 ℃为准的。但由于比重计读数时不一定为标准的 20 ℃，因而温度不同时，必须将比重计读数加以校正，根据第二次测试的土液的实际温度查校正值表（表 4-2）。

（3）当石砾含量<5%时，应将 1~3 mm 石砾含量归入砂粒之内。并包括在分析结果的 100%之内；若>5%则在质地命名时，冠以"石质性"土。

【结果计算】

将风干土样重换算成烘干土样质量，对比重计读数进行必要的校正。

$$校正数 = 原读数 − （分散剂校正值 + 温度校正值） \qquad (4\text{-}2)$$

$$分散剂校正值（g/L）= 加入的分散剂的毫升（mL）数 × 分散剂摩尔$$
$$浓度（mol/L）× 分散剂的摩尔质量（mol/L） \qquad (4\text{-}3)$$

$$小于某粒径土粒的含量（\%）= \frac{校正后读数}{（烘干土样质量×石砾\%）+ 烘干土样质量} × 100$$
$$(4\text{-}4)$$

比重计法允许平行误差<3%。

将相邻两粒径的土粒含量百分数相减，即为该两粒径范围内的粒级百分含量，结果记录见表 4-3 所列。

表 4-3 结果记录表

粒径（mm）	比重计原读数	温度（℃）	温度校正值	分散剂校正值	校正后比重计读数	烘干土样质量	小于某粒径土粒含量（%）
<0.05							
<0.01							
<0.005							
<0.001							

【质地定名】

查质地简明分类表 4-4 即可定出土壤质地名称。

表 4-4　中国土壤质地分类标准

质地名称		颗粒组成(%)		
类别	名称	黏粒(0.001 mm)%	粗粉粒(0.05~0.01 mm)%	砂粒(1~0.05 mm)%
砂土	粗砂土	<30	—	>70
	细砂土		—	60≤ ~<70
	面砂土		—	50≤ ~<60
壤土	砂粉土	≥30	≥40	≥20
	粉土			<20
	砂壤土		<40	≥20
	壤土			<20
黏土	砂黏土			≥50
	粉黏土	30≤ ~<35	—	—
	壤黏土	35≤ ~<40	—	—
	黏土	>40	—	—
	重黏土	>60	—	—

注：引自《中国土壤》第二版，1987。

4.1.2　吸管法

【方法与原理】

先把土粒充分分散，然后再让分散的土粒在一定容积的水液中自由降落，根据司笃克斯(Stokes，1845)定律计算出粒径大于某一粒级的土粒下沉至某一深度(如 10 cm)以下所需要的时间，即以这一时间为标准，在该深度用吸管吸取一定体积的土液，这份土液中所含土粒的直径必然都小于计算时所依据的粒径，把这份土液蒸发烘干所得的土粒质量也即直径小于计算时所依据的粒径的粒级质量。根据不同粒径如此重复地进行沉降、定时、吸液、烘干等操作。即可把不同粒级的质量测定出来，最后通过换算，求出土壤机械组成中各粒级所占的百分数。

土壤密度为 2.65 g/cm³ 的各级土粒在不同温度的水中下降至 10 cm 时所需的沉降时间列于表 4-5。

表 4-5　在不同温度时不同粒径(mm)颗粒所需的时间

温度	黏滞系数	不同粒径(mm)颗粒所需的时间					
		0.05	0.02	0.01	0.005	0.002	0.001
10℃	0.013 08	58″	6′4″	24′11″	1 h 36′57″	10 h 8′10″	40 h 18′20″
11℃	0.012 71	57″	5′53″	23′34″	1 h 34′13″	9 h 51′0″	39 h 16′40″
12℃	0.012 36	55″	5′44″	22′54″	1 h 31′18″	9 h 43′40″	38 h 10′0″

（续）

温度	黏滞系数	不同粒径(mm)颗粒所需的时间					
		0.05	0.02	0.01	0.005	0.002	0.001
13℃	0.012 03	53″	5′34″	22′18″	1 h 29′11″	9 h 29′20″	37 h 10′0″
14℃	0.011 71	52″	5′26″	21′42″	1 h 26′40″	9 h 2′40″	36 h 10′0″
15℃	0.0114	51″	5′17″	21′8″	1 h 24′31″	8 h 48′10″	35 h 13′20″
16℃	0.011 11	49″	5′9″	20′35″	1 h 22′22″	8 h 34′40″	34 h 18′20″
17℃	0.010 83	48″	5′1″	20′4″	1 h 20′17″	8 h 21′40″	33 h 26′45″
18℃	0.010 56	47″	4′54″	19′34″	1 h 18′18″	8 h 9′40″	32 h 36′40″
19℃	0.0103	46″	4′46″	19′5″	1 h 16′21″	7 h 57′10″	31 h 46′30″
20℃	0.010 05	45″	4′39″	18′38″	1 h 14′34″	7 h 45′40″	32 h 3′20″
21℃	0.009 81	44″	4′33″	18′11″	1 h 12′44″	7 h 34′30″	30 h 18′20″
22℃	0.009 579	43″	4′26″	17′45″	1 h 11′1″	7 h 23′50″	29 h 35′0″
23℃	0.009 358	42″	4′20″	17′20″	1 h 9′21″	7 h 13′30″	28 h 53′20″
24℃	0.009 142	41″	4′14″	16′56″	1 h 7′46″	7 h 3′30″	28 h 13′20″
25℃	0.008 937	40″	4′8″	16′38″	1 h 6′16″	6 h 54′0″	27 h 36′20″
26℃	0.008 737	39″	4′3″	16′11″	1 h 4′44″	6 h 44′50″	26 h 59′0″
27℃	0.008 545	38″	3′58″	15′50″	1 h 3′22″	6 h 35′50″	26 h 24′0″
28℃	0.008 36	37″	3′52″	15′29″	1 h 1′58″	6 h 27′26″	25 h 49′20″
29℃	0.008 18	36″	3′47″	15′10″	1 h 0′39″	6 h 9′0″	25 h 16′10″
30℃	0.008 007	35″	3′43″	14′50″	59′22″	6 h 11′0″	24 h 14′0″

【仪器与设备】

25 mL 吸管、电热板、分析天平、铝盒、铜筛（直径 6 cm，孔径 0.25 mm）、大漏斗（直径 12 cm）、磁蒸发皿（50 mL）。

【操作步骤】

（1）样本处理

称通过 1 mm 筛孔的土壤 10~20 g（黏、壤质土称 10 g，砂壤质土称 20 g），倒入塑料杯中，用量筒取 60 mL 0.5 mol/L NaOH，先加少许于土中，使成糊状后，停置 0.5 h，然后用与比重计法相同的方法研磨（如果土壤含有机质、钙质较多，则应在分散前进行除有机质、钙的处理）。

（2）筛分的处理（粗砂的测定）

在一个 1000 mL 量筒上置一漏斗，漏斗上置一个 0.25 mL 孔径的筛，将悬液倾于筛上，用软水洗涤，使小于筛孔的土粒全部流入量筒中。

将筛上的粗砂粒洗至已知质量的小磁蒸发皿中，在砂浴电热板上蒸发至干，称重，则为 3~0.25 mm 之间的砂粒含量（粗砂）。

（3）沉降和吸样（<0.01 mm 土粒含量测定）

将经过上述筛分的悬液。加水至 1000 mL 刻度，测悬液温度，用特制搅拌棒上下到底地轻轻搅拌 15 次(1 min)。

先将 25 mL 吸管与多向吸耳球连接。在吸管下端 10 cm 高度处用记号笔划一记号,按< 0.01 mm 所需时间前 30s 把吸管小心地放入悬液中,下达到吸管刻划记号处,到指定时间吸取悬液。将吸出的悬液注入已知质量的磁蒸发皿中,先在电热板蒸至将干,然后烘干,称重(W)。同样方法也可测定其他粒径的土粒含量。

【结果计算】

$$<0.01\ 粒径土粒\% = \frac{W \times \dfrac{1000}{25}}{烘干土重} \times 100 \qquad (4\text{-}5)$$

注:在计算结果中,应减去所加入 NaOH 的质量。

根据计算得到的结果,即可确定土壤质地名称。

4.1.3　激光粒度仪法

【测定意义】

目前,常用的土壤机械组成分析测定方法是吸管法和比重计法,无论采用吸管法还是比重计法,都是以司笃克斯定律为基础,吸管法操作步骤繁琐而准确度较高,比重计法简便而准确度较差,两者都比较耗时,特别是需要测定粒径小于 0.001 mm 土粒时,耗时更多,且该部分土粒由于布朗运动的存在,不符合司笃克斯定律,导致误差比较大。随着科学的发展和新技术的出现,土壤机械组成的测定方法也越来越多,激光粒度分析仪法(laser light scattering)(以下简称激光法)就是较新的一种。激光法广泛地应用于化工、地质、医药、食品、磨料等领域,也有人将其用于土壤和泥沙的机械分析。本实验将介绍激光法进行土壤机械组成分析。

【方法与原理】

1. 激光粒度分析仪测量

基本原理是根据颗粒能使激光产生散射这一物理现象测试粒度分布的。当光束遇到颗粒阻挡时,一部分光将产生散射现象,如图 4-1 所示。散射光的传播方向将与主光束的传播方向形成一个夹角 θ。散射理论和实验结果证明,θ 的大小与颗粒的大小有关,颗粒越大,产生的散射光的 θ 角就越小;颗粒越小,产生的散射光的 θ 角就越大。进一步研究表明,散射光的强度代表该粒径颗粒的数量。根据瑞利散射定律,粒子直径减至 1/10,散射光强减弱至 1/100 万。

为了有效地测量不同角度上的散射光的光强,需要运用光学手段对散射光进行处

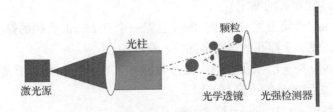

图 4-1　激光粒度分析仪测量基本原理

理。在所示光束中的适当位置上放置一个富氏透镜，在该富氏透镜的后焦平面上放置一组多元光电探测器，这样不同角度的散射光通过富氏透镜就会照射到多元光电探测器上，将这些包含粒度分布信息的光信号转换成电信号并传输到电脑中，通过专用软件用米氏(Mie)散射理论对这些信号进行处理，就会准确地得到所测试样品的粒度分布了。

在实际计算中，由于不同的激光粒度分析仪使用的光电探测器设有不等有效环，如英国 MS 2000 型共有 96 个有效环、BT2002、9300-H 共有 76 个有效环(有效环越多，分辨率越高)，也就是将测量颗粒直径范围分成 96 个(或 76 个)小区间。再进行比较复杂的转换才能得到泥沙颗粒大小的分布。

2. 仪器结构与主要性能指标

以 MS 2000 型激光粒度分析仪为例。

(1)仪器系统的组成

①主机(光学元件)，标志为 MasterSizer2000。主机用来收集测量样品内粒度大小的原始数据。

②附件(进样器)，标志为 Hydr02000G(普通湿法)。附件唯一的目的就是将样品分散混匀充分并传送到主机以便于测量。

③计算机和 Malvern 测量软件，Malvern 软件可定义、控制整个测量过程，并同时处理测量的粒度分布数据、显示结果并打印报告。

(2)仪器主要性能指标

①单量程检测范围 0.02~2000 μm 的颗粒直径，无需更换镜头。

②检测速度快 扫描速度 1000 次/s。任何粒度分布在此范围之内的固体、液体样品，都可以在 30s 内完成光路校正、背景扣除、取样(6000 次)、数据处理、报告生成等全部操作。

③真正的激光衍射方法 完全符合 1997 年颁布的 ISO 13320 激光衍射方法粒度分析国际标准。

④MS 2000 具有 SOP (standard operation programme)功能 即标准操作规程。在软件的指引下完成设置和自动操作，消除人为操作误差和外部环境影响误差。所以 SOP 特别适合跨地域的质量控制，为不同试验室的试验数据对比带来了方便。在水利行业，可保证各泥沙室的颗粒分析在相同控制参数下完成，使资料更具一致性。

⑤高度智能化 MS 2000 采用最先进的模块化设计思想，干、湿进样器转换方便。当进样器与主机连接时，软件自动识别干法或湿法进样器。当操作者遇到问题或对仪器操作不熟悉时，可以通过软件提示功能解决问题。

⑥结果报告形式多样 可提供粒度分布数据、图形、平均值、中数粒径、峰值等大量信息。根据用户要求，粒度可自由分级，自由修改报告界面，增加所需内容。所有操作无需重新编程。所得数据和图形可和 Windows 应用软件(如 Microsoft Word，Excel)动态连接。

⑦MS 2000 具有远程故障诊断功能。

【仪器与设备】

实验所用的激光粒度分析仪型号是 MS 2000，测量基本参数：搅拌器速率是 2500 r/min，遮光度范围为 10%~20%，样品颗粒群较细时，也可小于 10%；反之可大于 20%。如果该值太高，则可能出现颗粒层叠的多重散射甚至不透光而无法测量；如果太低，则检测不到足够的信号，精度就会受到影响。

【测定步骤】

1. 土壤样品制备

样品制备包括过筛（去杂质）、反凝剂分散（同吸管法）等。称经处理的待测样品 10.00 g，设 2~3 个重复，加蒸馏水和分散剂（根据土壤酸碱性将相应的分散剂 10 mL）浸泡 2 h，煮沸，沸腾持续 1 h，冷却静置 12 h。然后，将去离子水加入加样池，进行去除背景值工作；再把分散后的土样洗入激光粒度分析仪的加样池中，执行测量命令进行测量，最后获得土壤样品粒径为 0.02~2000 μm 的颗粒粒径分布结果。

2. 开机、关机及预热

开机顺序：附件（如 Hydr02000MU 等）→仪器主机。

关机顺序：仪器主机→附件。

仪器开机后一般要求预热不少于 20 min。

3. 测量

（1）启动测量程序和建立测量文件

双击 MasterSizer2000 图标启动测量程序，在 Measurement Data 目录下建立存放原始测量数据的文件（其后缀为 .mea）。

（2）新建 SOP（标准操作程序）

测量有手动和 SOP 两种方法。河流泥沙一般使用 SOP 进行测量。新建 SOP 过程如下：

点击图标"配置"→"新建 SOP"→"下一步"→"Hydr02000MU"→"下一步"→在该处有 3 个项目需要设置：

①模型一般选择"通用"。

②分散剂名称选择"water"。

③点击"物质"→"添加"→把名称后的"新样品物质"换成"悬沙或床沙等"，填折射率参数，填吸收率参数，按"确定"后返回→"下一步"→填写样品名称、来源、类型等→"下一步"→选择"输出模板"→"下一步"→填写测量时间（背景时间相同）、测量快照（背景快照相同），也可设置遮光度、洁净度超常报警限制→"下一步"→泵（搅拌器）速、超声强度设置→"下一步"→每个样循环测量 3 次并创建平均结果，延迟 3~5s→点击"完成"→保存后缀为 .SOP 的文件即完成新建 SOP 过程。

（3）编辑或另存 SOP 文件

当新建一个后缀为 .SOP 文件以后，下次测量同一测站同类样品的不同测次沙样时，仅需对样品标记进行改动即可，其操作步骤如下：点击图标"配置"→"现有 SOP"→选择要修改的 SOP 文件名→打开"标记"—对"样品名称"中的测次和相对水深等内容进行修改→完成后按"确定"保存。如果不同测站或样品种类不同，操作步骤与前面相同，只是保存时另存文件名即可。

（4）使用 SOP 测量

完成 SOP 设置后，点击图标"测量"一启动 SOP：系统自动对光、测量背景、加入试样至合理的遮光度范围、测量样品、显示测量结果、点击"关闭"等，根据信息提示逐步进行，即完成一个样品的测量并自动保存结果。

完成一个样品的测量后，必须用干净水清洗循环系统，清洗不少于 3 次。

（5）手动测量

手动一般用于一次性测量，也可在正式测量前感觉一下样品，在图标"测量"目录下启动"手动"，其他操作步骤与 SOP 测量基本相同。

【结果输出】

1. 结果数据的合理性检查

当一个样品测量完成后，应对其测量结果进行合理性检查，主要内容有结果图形、拟合与残差、重现性等。理想的结果图形应该是圆滑单峰图形。残差值一般宜小于 2%。

一个样品一般重复测量 3 次，取平均值作为测量结果，如重现性差则要剔除不正常的结果或重新取样测量。

2. 结果输出

（1）设置用户粒度分级（粒径级划分）

点击编辑菜单→用户粒度分级→添加或删除→生成粒度分级→保存。

（2）创建平均结果

有 2 种方式，一种在 SOP 中事先设置好，测量完成后自动创建平均结果；另一种在测量完成后选择相关的测量记录，单击右键→创建平均结果→输入新名→保存即可。

（3）结果输出

结果数据的合理性检查完成后，可用模板的方式输出测量参数和数据等内容。

【注意事项】

（1）仪器使用前要充分预热，待系统稳定后再进行测定。

（2）样品分析要彻底，否则测定的黏粒含量偏低。

（3）仪器参数要设置合理，尤其是扫描速度要快，可提高数据的准确性和可重复性。

（4）池体中的液体即将排干时，即可加入纯净水继续循环后排放，直至将进样系统完全清洗干净，中间不可停顿。

（5）分析用水和样品制备激光粒度分析仪需用较多的洁净水来稀释样品和清洗样品池等，一般将自来水存放 24 h，把过多的气体释放后即可作为分析用水。

4.2　土粒密度、容重测定

4.2.1　土粒密度测定

【测定意义】

土粒密度是指单位容积土壤固体土粒的烘干质量（不包括土壤空气和水分），单位为 g/cm³。早期文献中常用比重一词，其准确含义是指土粒的密度与标准大气压下 4 ℃时水的密度之比，又叫相对密度。一般情况下，水的密度取 1.0 g/cm³，故比重在数值上与土粒密度相等，但量纲不同。土粒密度（或比重）可以反映土壤固相组成，也可用于计算土壤的孔隙度。

【仪器与设备】

比重瓶（50 mL）、天平、皮头滴管、烧杯、热源（如砂浴或电热板）。

【方法与原理】

采用比重瓶法，将已知质量的土壤样品放入蒸馏水中，加热完全除去空气后，求出由土壤固相代换出的液体（水）的体积，以烘干土质量（105 ℃）除以体积，即得土壤比重。

【操作步骤】

(1)称取约 5 g（精确至 0.001 g）土样，装入铝盒，105 ℃烘箱中烘至恒重，称重，计算吸湿水含量。

(2)把比重瓶注满去除空气的蒸馏水，塞上毛细管塞，擦干瓶外壁，称重，即瓶、水总重（W_w），之后倒掉 1/2 的水。

(3)称取过 1 mm 筛的风干土样约 10 g（精确至 0.001 g），通过吸湿水含量将风干土重样折算成烘干土质量（W_s）。通过小漏斗将土样装入比重瓶中，水和土的体积约占比重瓶的 1/3~1/2 为宜。

(4)缓缓摇动比重瓶，使土粒充分浸润。将比重瓶放在电热板或砂浴上煮沸 5~7 min（从沸腾时算起）。煮沸过程中应不断摇动比重瓶，以便去除水和土壤中的空气。煮沸完毕，冷却至室温，用去除空气的蒸馏水（蒸馏水煮沸后冷却的水）沿瓶壁将比重瓶液面加至瓶颈，用手指轻轻敲打瓶壁，使残留土中的空气逸尽，黏附在瓶壁的土粒沉入瓶底（若液面飘浮有泡沫，可用细铁丝略微搅动浮沫，使悬浮在液面的细土粒或细根旋入液中）。

(5)静置冷却，加水至瓶口，塞上毛细管孔塞子，瓶中多余的水即从毛细管中溢出，用干滤纸擦去毛细管塞子顶端溢出的水珠及瓶外壁的水渍，准确称重，即瓶、水、土总质量（W_{sw}）。

若测定的土壤含水溶盐或较多的活性胶体时，土样应先在 105 ℃烘干，并用非极性液体（例如，汽油、煤油、苯、甲苯、二甲苯）代替水溶液，用真空抽气法驱逐土样及液体中的空气。抽气过程要保持接近 1 个大气压的负压，经常摇动比重瓶，直至无气泡逸出为止，其余步骤同上。

【结果计算】

$$d = \frac{烘干土重}{土壤排开水的体积} = \frac{d_w \times W_s}{W_w + W_s - W_{sw}} \tag{4-6}$$

式中　d——土壤密度（g/cm³）；

　　　d_w——该温度下水的密度（g/cm³）；

　　　W_s——装入比重瓶的土壤烘干质量（g）；

　　　W_{sw}——装入土壤和水的比重瓶的质量（g）；

　　　W_w——装满水的比重瓶质量（g）。

式中的烘干土重，可由测定时称得的铝盒重（W_0）、铝盒+风干土质量（W_1）及烘干后铝盒+烘干土质量(W_2)求得风干土吸湿水含量，再将风干土折算为烘干土质量。

$$风干土吸湿水含量(\%)=\frac{吸湿水质量}{风干土质量}\times100=\frac{W_1-W_2}{W_1-W_0}\times100 \qquad (4\text{-}7)$$

$$烘干土质量(g)=风干土质量(g)\times(100-风干土吸湿水含量\%)/100 \qquad (4\text{-}8)$$

表 4-6 不同温度下水的密度(g/cm^3)

温度（℃）	密度	温度（℃）	密度	温度（℃）	密度
8.5~9.5	0.9998	21.5	0.9979	31	0.9954
10~10.5	0.9997	22	0.9978	31.5	0.9952
11~11.5	0.9996	22.5	0.9977	32	0.9951
12~12.5	0.9995	23	0.9976	32.5	0.9949
13	0.9994	23.5	0.9974	33	0.9947
13.5~14	0.9993	24	0.9973	33.5	0.9946
14.5	0.9992	24.5	0.9972	34	0.9944
15	0.9991	25	0.9971	34.5	0.9942
15.5~16	0.999	25.5	0.9969	35	0.9941
16.5	0.9989	26	0.9968	35.5	0.9939
17	0.9988	26.5	0.9967	36	0.9937
17.5	0.9987	27	0.9965	36.5	0.9935
18	0.9986	27.5	0.9964	37	0.9934
18.5	0.9985	28	0.9963	37.5	0.9932
19	0.9984	28.5	0.9961	38	0.993
19.5	0.9983	29	0.996	38.5	0.9928
20	0.9982	29.5	0.9958	39	0.9926
20.5	0.9981	30	0.9957	39.5	0.9924
21	0.998	30.5	0.9955	40	0.9922

4.2.2 土壤容重的测定

【测定意义】

　　土壤容重是用来表示单位原状土壤固体的质量，是衡量土壤松紧状况的指标。容重大小是土壤质地、结构、孔隙等物理性状的综合反映，因此，容重与土壤松紧度、孔隙度有密切关系。测定土壤容重可以反映土壤的松紧状况，并为计算土壤孔隙度提供必要的数据。土壤容重也是计算单位面积上一定深度的土壤质量和计算土壤水分、养分含量必不可少的数据。

　　土壤孔隙性是土壤的重要物理性质之一。单位体积的土壤中孔隙所占的百分数称为土壤总孔隙度。土壤总孔隙度包括毛管孔隙和非毛管孔隙，孔隙度是量度土壤孔隙多少的指标。土壤孔隙度一般不直接测定，而是由土壤比重和容重计算得来的。

　　测定土壤容重的方法有环刀法、蜡封法、水银排出法、填砂法、γ-射线法等。蜡封法和水银排出法主要测定一些呈不规则形状的黏性土块或坚硬易碎土壤的容重。填砂法比较复杂又费时，除非是石质土壤，一般大量测定都不采用此法。γ-射线法需要特殊仪器和防护设施，不易广泛应用。因此，我们介绍的是常用的环刀法，此法操作简便，结果比较准确，能反映田间实际情况。

【仪器与设备】

(1)环刀：用无缝钢管制成，一端有刃口，便于压入土中。环刀容积一般为 100 cm³。刃口一端的内径为 5.04 cm，无刃口一端的内径比刃口一端略大 1 mm，高为 5.01 cm。

(2)钢制环刀托：上有两个小孔，在环刀采样时，空气由此排出。

(3)削土小刀(刀口要平直)、小铁铲、木槌、天平(1/100)。

【方法与原理】

利用一定容积的环刀切割未搅动的自然状态的土壤，使土样充满其中，烘干称量后计算单位体积的烘干土质量，即容重。本法适用于一般土壤，对坚硬和易碎的土壤不适用。

【操作步骤】

采样前，事先在各环刀的内壁均匀地涂上一层薄薄的凡士林，逐个称取环刀质量，精确至 0.1 g。选择好土壤剖面后，按土壤剖面层次，自上至下用环刀在每层的中部采样。先用铁铲刨平采样层的土面，将环刀托套在环刀无刃口的一端，环刀刃口朝下，用力均衡地压环刀托把，将环刀垂直压入土中(切勿左右摇晃和倾斜，以免改变土壤的原来状况)。

如土壤较硬，环刀不易插入土中时，可用木槌轻轻敲打环刀托，待整个环刀全部压入土中，且土面即将触及环刀托的顶部(可由环刀托盖上之小孔窥见)时，用铁铲把环刀周围土壤挖去，在环刀下方切断，并使其下方留有一些多余的土壤。然后用小刀削平环刀两端的土壤，使土壤容积一定。在操作过程中，如发现环刀内土壤亏缺或松动，应弃掉重取。同时在同层取样处，用铝盒采样，测定土壤含水量。

将装有土样的铝盒烘干称重(精确至 0.01 g)，测定土壤含水量。或者直接从环刀筒中取出土样测定土壤含水量。

【结果计算】

$$土壤容重\ d_a = \frac{烘干土重}{土壤体积} = \frac{m}{V} = \frac{m}{V(1+\theta_m)} \tag{4-9}$$

式中　d_a——土壤容重(g/cm³)；

　　　m——湿土质量(g)；

　　　V——环刀体积，通常为 100 cm³；

　　　θ_m——土壤含水量(质量含水量)(%)。

4.3　土壤微形态观察

【测定意义】

通过本试验，掌握土壤薄片的制作方法；通过土壤薄片的微形态观察，了解土壤主要组成部分的微形态特征和鉴定特点；了解通过图像处理方法对土壤结构进行定量化的过程和方法。

利用土壤微形态学的研究手段可了解原状土壤各组成部分的垒结状况和土壤孔隙的空间信息等的微观状况，获得更加丰富的土壤性状信息。

【方法与原理】

土壤微形态学是关于显微水平上(即肉眼不能清楚分辨)的土壤组分、物象及垒结的描述和判读，是日益重要的定量化的一门土壤科学分支。土壤微形态观察是利用偏光显微镜观察土壤薄片中各种微形态特征的方法。扫描电子显微镜和电子探针等超微技术现在也有了较大的发展，成为土壤微形态观察的重要内容。

土壤结构是指土壤各组成部分和土壤孔隙的空间组成和排布。研究土壤一般物理和化学方法是对粉碎的土壤样品进行分析或化验，只能获得土壤物理组成和含量等方面的信息；而对各组成部分和土壤孔隙的空间信息，即土壤结构的认识，只能来源于对原状土的研究。土壤微形态鉴定恰恰是迄今在微观尺度上对原状土壤进行研究的最有效方法，也是研究土壤微结构的最有效方法。

采集原状土样，经过去除水分、浸渍和固化等过程处理之后，磨制土壤薄片。在偏光显微或电子显微镜下，观察土壤薄片中的土壤组成和土壤结构(土壤孔隙、土壤团聚体和土壤垒结等)，并可通过拍照、扫描和其他图像处理方法，获得土壤结构和定量化信息。

【仪器与设备】

库比纳盒由不锈钢制成，上下均有盖，盒的一棱边用铜插销锁住，便于卸取土样并减少扰动。一般有 15 cm×8 cm×5 cm 和 8 cm×6 cm×3.5 cm 两种，也可以根据需要定制。由于库比纳盒成本较高，一般也可根据需要选择采样工具，如纸质标本盒、环刀等，采集松散土样时也可以用烧杯。另外，在采样过程中还需要锋利小刀、剪刀、钢锯条等工具来切削土块和剪断根系。

实验室内还需要配备偏光显微镜、烘箱、干燥器、真空干燥器、铁丝网、切割机、磨片机、载玻片、盖玻片等仪器和工具。

【试剂】

丙酮、不饱和聚酯树脂、过氧化苯甲酰、邻苯二甲酸二丁醛、环氧树脂、三乙烯四胺。

【操作步骤】

1. 采集原状土样

(1)选择采样点

由于土壤结构具有高度的变异性，且土壤薄片制作量一般较小，所以采样点的选择应该尽量具有代表性。

(2)确定采样位置

不同采样深度、不同土壤发生层次具有不同的土壤组成和结构特征，所以采样位置应该根据研究目的来确定，而且每个采样点应尽量保持一致，以具有可比性。例如，以土壤发生为目的的研究应该根据土壤发生层来确定采样部位，在各个发生层和发生层的过渡带采样；研究不同耕作措施下土壤结构的变化则应该根据耕作层次来采样。

（3）样块采集

研究土壤发生特征时一般取土壤垂直面；研究土壤结构特征时也可采集土壤水平面，获取各个方向上的结构特征。

用库比纳盒采样时，首先在选定的部位上按盒子大小画出轮廓，削去周围土壤，剪断与周围联系的根系。卸去库比纳盒的上、下盖，用力将库比纳盒缓慢压入，直至盒内填满土壤且稍有高出，用刀修整外表面并加盖；然后再用刀切入盒的背面，将盒轻轻取出，修整并加盖。最后写上标记，标明方位，做好记录。

土样采集之后，用棉花或其他松软物质将土样固定，尽量减少扰动，小心运回实验室。

2. 制作土壤薄片

（1）去除水分

由于浸渍土样所用的树脂和水不能互溶，所以在浸渍前必须去除土样中水分。常用的方法是烘干法，如在 80 ℃下烘干 12 h。烘干法虽然简单易行，但是在烘干过程中，土壤孔隙、有机质和低熔点矿物等会发生变化，改变了原状土的结构状况。在应用土壤微形态方法研究土壤结构时，现在一般认为应用丙酮替代法驱除水分对土壤结构影响较小。

丙酮替代法有纯丙酮替代、逐渐增加丙酮浓度替代和通过丙酮蒸气替代等形式。丙酮蒸气法：把去掉盖子的库比纳盒中的潮湿土样放在含有 100 mL 1.0%丙酮溶液干燥器的金属网上，在溶液和土样之间有几厘米的距离，以便使溶液和土样不接触。放置 3 d，然后用 2.0%的丙酮溶液代替 1.0%的溶液。再用 4%、8%、14%、20%、30%、40%、50%、60%、70%、80%、90%、100%浓度的丙酮溶液依次替代，直至丙酮取代全部水分，但该过程过于繁琐，时间较长。

（2）土样的浸渍和固化

浸渍和固化是制备土壤薄片最关键的环节。过去采用的浸渍剂有加拿大树胶和松香等天然树脂，但由于价格昂贵且效果不好现已不用。现在主要应用不饱和树脂和环氧树脂，各个实验室根据自己的情况采用不同的方法。中国科学院南京土壤研究所土壤微形态实验用不饱和聚酯树脂制作出了符合要求的土壤薄片，其浸渍和固化方法如下。

①浸渍剂的配制　可选用 198#、196#不饱和聚酯树脂，每 100 mL 树脂加入 0.6 mL 过氧化苯甲酰与邻苯二甲酸二丁酯的糊状液（质量比 1∶1）作催化剂，并不断搅拌使均匀混合。如样品较致密，搅匀后再加 80 mL 丙酮作稀释剂，配制成 100∶80 的不饱和聚酯树脂丙酮溶液。

②浸渍操作

a. 松散土样：将样品放入浸渍容器置于真空干燥器内。沿浸渍容器边缘缓缓注入浸渍剂至样品高度的 1/2 处。然后减压，使树脂充分渗入。减压程度因室温而异，不要超过苯乙烯的饱和蒸气压（不饱和聚酯树脂含有约 30%的苯乙烯）。待样品减压抽气至表 4-7 中压强时，维持 15 min。然后再加入树脂至浸没样品。继续减压抽气，直到基本不产生气泡为止。这时树脂已充分渗入样品孔隙中。

b. 致密土样：应将这种样品置于高型浸渍容器中，浸渍时沿容器边缘徐徐注入稀释浸渍剂至相当于 3 个样品厚度的高度处。由于不饱和聚酯树脂-丙酮溶液十分稀，可以很快渗入样块中。盖上表面皿，放置5~7 d，使丙酮逐渐挥发逸出，不饱和聚酯树脂随之取代丙酮原来在样品孔隙中所占据的位置。最后再减压抽气，使不饱和聚酯树脂进一步浸透样品，待减压抽气至表4-7时，维持10 min即可。

表4-7 不同室温时浸渍样品的减压抽气程度

室温(℃)	苯乙烯的蒸气压(Pa)	样品减压抽气程度(Pa)
0	173. 319(1. 3 mmHg)	—
10	346. 637(2. 6 mmHg)	533. 288(4 mmHg)
20	653. 278(4. 9 mmHg)	7499. 932(6 mmHg)
25	879. 925(6. 6 mmHg)	1066. 567(8 mmHg)
30	1173. 234(8. 8 mmHg)	1333. 220(10 mmHg)
33	—	1599. 864(12 mmHg)
35	—	1866. 508(14 mmHg)
40	2026. 494(15. 2 mmHg)	—

③浸渍样品的固化 采用热固化法，把浸渍后的样品放入烘箱，按50 ℃ 3 h，60℃ 1h，70 ℃ 2 h，80 ℃ 2 h的升温顺序加热，即可固化。固化后令其在烘箱内自然冷却至室温后取出。

(3)磨制土壤薄片

首先将土样的一面进行切片、磨光和抛光，将该面黏到载玻片上。然后将土样在切割机上切薄至1 mm以内，在磨片机上磨片至30pm左右并抛光，最后黏上盖玻片，土壤薄片制作完成。

黏片剂可采用环氧树脂，黏结牢固，可以上切片机。固化剂宜采用三乙烯四胺，可室温固化而且低毒。配制方法：先在每100 g环氧树脂中加10 g邻苯二甲酸二丁酯，再加入固化剂，用量因室温而异(表4-8)，加入后用玻璃棒向同一方向或有规律的转换方向缓慢调匀，然后用10 mL丙酮作稀释剂，室温在30~34 ℃时丙酮用量可减少1/2，室温超过35 ℃时可不加丙酮。

表4-8 固化剂的用量

室温(℃)	三乙烯四胺/100 g 环氧树脂	室温(℃)	三乙烯四胺/100 g 环氧树脂
<20	12	30~34	0. 8
21~25	11	>35	0. 6
26~29	10		

3. 偏光显微镜的使用方法

偏光显微镜是土壤微形态鉴定的基础工具。晶体光学和光性矿物学是土壤矿物鉴定的理论基础，详细可参阅相关书籍。偏光显微镜的使用方法如下。

(1)基本原理

物理学试验早已证明，光是一种电磁波，波长范围大致是390~770 nm，波长由长至短，相应的颜色依次是红、橙、黄、绿、蓝、青、紫。电磁波振动方向和传播方向垂直，所以光波是横波。

根据光波的振动特点不同，可以分为自然光和偏振光（偏光）。从一切实际光源发出的光波，一般都是自然光，如太阳光、灯光等。自然光是由无数方向横振动合成的复杂混合光波，其振动特点是：在垂直传播方向的平面内，各个方向上都有等振幅的光振动。在垂直光波振动方向的某一固定方向上振动的光波，称平面偏振光，简称偏振光或偏光。

自然光经过反射、折射、双折射及选择吸收作用可以转变为偏光。使自然光转变为偏光称为偏光化作用。土壤微形态鉴定中，主要应用偏光，研究的仪器主要是偏光显微镜，其中装置有使自然光转变为偏光的偏光镜（起偏镜）。偏光显微镜通常是根据选择吸收作用（偏光片）或双折作用（尼克尔棱镜）产生偏光的原理制成的。自然光通过偏光镜后即转变成振动方向固定的偏光。在偏光显微镜下可以观察矿物的多重性质，后面再作介绍。

（2）偏光显微镜的构造和使用

偏光显微镜虽然型号很多，但基本构造大致相同。一般包括：

镜座：支持整个显微镜的全部，其外形为具有立体柱的马蹄形。

镜臂：一个弯曲臂，下端与镜座相连，上端连接镜筒。

反光镜：为具有平、凹两面的小圆镜，可以任意转动，以便对准光源，把光线反射到显微镜的光学系统中，使用时得所需的亮度。

下偏光镜（起偏镜）：由偏光片制成。反光镜反射或灯光源的自然光波通过下偏光镜之后，变成振面固定的偏光。一般以符号"PP"表示下偏光镜的振动面方向。

锁光图：位于下偏光镜之上，用以控制光线的通过量。

聚光镜：位于锁光圈和载物台之间，可以把下偏光镜透出的平行偏光高度汇聚成锥形偏光束。

载物台：为一个可以水平转动的圆形平台。周围有刻度，并附有游标尺，可以直接同载物台转动角度。

镜筒：镜筒上端插目镜，下端装物镜。

物镜：是决定显微镜成像性能的重要因素。其价值相当于整个显微镜的1/2。一般附有放大倍率不同的几个物镜。

目镜：显微镜的放大倍率等于目镜放大倍率与物镜放大倍率的乘积。

上偏光镜（分析镜）：结构与下偏光镜相同。但是其振动面方向通常与下偏光镜振动面方向垂直。一般以符号"AA"表示上偏光镜的振动面方向。

勃氏镜：位于目镜与上偏光镜之间，是一个小的凸透镜，可以推入和推出。

除上述主要部件外，偏光显微镜还有一些附件：

①测定颗粒大小及矿物百分含量的附件，有物台微尺、机械台、六轴计积台等。

②测定矿物光率体半径及光程差的附件，有石膏试板、云母试板、石英楔、贝瑞克补色器等。

（3）偏光显微镜的使用

①装卸镜头

装目镜：将选用的目镜插入镜筒，并使目镜十字丝位于东西、南北方向。

装卸物镜：显微镜型号不同，物镜的装卸方式不同，一般有：弹簧夹型、转盘型或螺丝口型。装卸时应注意观察。

②调节照明（对光） 装上目镜及中倍物镜后，轻轻推出上偏光镜及勃氏镜，打开锁光圈。轻轻转动反光镜对准光源泉，直至视域最明亮为止。

③调节焦距（准焦） 调节焦距是为了使薄片中的物像清晰可见，步骤如下：完成装卸镜头和调节照明后，将薄片置于载物台中心并夹紧。注意必须使薄片的盖玻片朝上，否则不能准焦。

从侧面观察、转动粗准焦螺旋，使镜筒下降或载物台上升，至镜筒下端的物镜与载物台上的薄片比较靠近为止。

从目镜中观察，转动粗准焦螺旋，使镜筒缓缓上升或使载物台缓缓下降，至视域内物像基本清楚，再转动微动调焦螺旋，直至视域内物像完全清晰为止。

注意：绝不能用眼睛看着镜筒内面下降镜筒或上升载物台，因为这样容易压碎薄片并损坏物镜。

4. 土壤结构微形态特征的观察和描述

（1）土壤结构体

①土壤结构类型 由于样品小或基块太大，在土壤薄片中不一定经常观察到结构体，但是可以结合野外土壤研究确认土壤结构类型。在显微水平下可以观察到四种土壤结构类型：球状（颗粒状、团粒状）、块状（棱角和次棱角块状）、片状（片状、透镜状）和棱柱状。

②团聚体的发育度 从微形态的观点来看，团聚体的发育度被划分为：

a. 强发育的：土壤物质被划分为许多小单元，每一个小单元完全被孔隙包围。

b. 中度发育的：土壤物质被划分为许多小单元，至少其 2/3 的二维表面积被面状裂隙所包围，或者基块间相互连接的宽度小于基块直径的 1/3。

c. 弱发育的：土壤物质被划分为许多因为部分面积被面状孔隙所包围而分割的小单元。许多冲积物上新形成的土壤及水稻土心（底）土的结构级别属弱发育。

③团聚体的粗糙度 这是团聚体的一个重要特征，因为在解释它们对土壤发生以及指示不同饱和状态下运动是非常有用的。一般采用表面粗糙度的三级分类进行简单描述：

a. 粗糙：表面凹槽深度大于宽度。

b. 波状起伏：表面以宽浅起伏占优势。

c. 平滑：表面很少或没有凹凸不平现象。

④团聚体的丰度 在描述团聚体时，丰度可分两个方面说明：团聚体在整个薄片中的比例；不同类型团聚体间的相对比例。

（2）土壤孔隙

①孔隙的类型 有几种根据形态划分孔隙类型的尝试。Stoops（2003）从微形态学观点分 4 种不同孔隙类型：堆叠孔隙（简单型、复合型、复杂型）、孔洞、孔道状孔隙（孔道）和囊状孔隙（囊孔）、面状孔隙。

②孔隙的形状 形状的精确计算需要先进行复杂的处理。由于通过土壤薄片获得的

二维图像与三维的实际形状常常不一致，因此，通过二维的土壤薄片推断孔隙的形状要相当谨慎。

③孔隙的大小 由于孔隙形状的极不规则，孔隙大小的确定也没有较完善的方法。一般用微（micro）、中（meso）、大（macro）、极大（nega）等前置词来形容。

④孔隙的丰度 每一个薄片都需要做下面的估计：所有的孔隙空间占薄片的百分比；各种孔隙类型的比例占总孔隙空间的比例；估计孔径大小的分布。

⑤孔隙的粗糙度和平滑度 这种特性是从 3 种水平来描述。由于粗物质和细物质的随机排列，使得孔隙壁产生或多或少细微的变化；由于粗粒使得孔隙壁的不规则超出一定比例；土壤物质中孔隙穿过土壤的线，一般区分面状孔隙；土壤物质中沿着直线分布的和沿之字形分布的面状孔隙，再解释面状孔隙的发生与土粒大小。

⑥孔隙的定向格式 孔隙能展现定向格式，可以使用下列基本和相对定向格式描述：

a. 基本定向格式：强度定向的、中度定向的、弱度定向的。

b. 相对定向格式：不相关的、垂直的、平行的、倾斜的、水平与垂直的。

⑦孔隙的分布格式 可采用下列基本和相对的分布格式类型

a. 基本分布格式：随机的、簇状的、带状的。

b. 相对分布格式：垂直的、平行的、倾斜的、放射的和同心圆的。

5. 土壤薄片的摄像和照片处理

土壤薄片的直接观察获得的是直观的、定性的信息，定量的土壤结构信息要通过薄片照片的处理来获得。现在一般的光学显微镜都配置有照相系统，可以直接获得薄片在显微镜下的照片；有些还可以同计算机相连，将数字图片直接传输到计算机中。具体方法要根据设备而定，不再详述。

土壤薄片照片经过图像处理过程获得的土壤结构信息一般局限于土壤孔隙。首先将照片进行二值化处理，然后利用图像处理软件或 GIS 软件对孔隙数量和大小进行统计，获得土壤孔隙形态、大小和数量等的定量化信息。

观察结果记录于表 4-9 中。

表 4-9 实验观察记录表

目镜放大倍数			
物镜放大倍数			
土壤结构体	结构类型	团聚体的发育度	团聚体的粗糙度及丰度
土壤孔隙			

【注意事项】

(1) 做好土壤样品的浸渍和固化，以保证切片的顺利进行。

(2) 偏光显微镜的使用一定要严格按操作规程进行。

4.4 土壤团聚体测定

【测定意义】

土壤团聚体是土壤结构的基本单位，指土壤所含的大小不同、形状不一，有不同孔隙度和机械稳定性和水稳性的团聚体总和。土壤结构性是一项重要的土壤物理性质，指土壤中的单粒和复粒(包括结构体)的数量、大小、形状、性质及其相互排列状况和相应的孔隙状况等的综合特性。

土壤结构性的好坏，也反映在土壤孔性方面，它是孔性的基础。土壤团聚体是由胶体的凝聚、胶结和黏结作用而相互联结形成的土壤原生颗粒组成的。通常把粒径>0.25 mm的称为大团聚体，而<0.25 mm者称为微团聚体。团聚体可分水稳性及非水稳性两种。水稳性团聚体大多是钙、镁、腐殖质胶结起来的团聚体，在水中振荡、浸泡、冲洗而不易崩解，仍维持其原来的结构，称为水稳性团聚体。非水稳性团聚体放入水中后，迅速崩解为组成土块的各颗粒成分，不能保持原结构状态，称为非水稳性团聚体。一般的团聚体测定都是根据团聚体在静水或流水中的崩解情况来识别它的水稳性程度。

土壤团粒结构状况是鉴定土壤肥力的指标之一，有良好团粒结构的土壤，不仅具有高度的孔隙度和持水性，而且具有良好的透水性，水分可以沿着大孔隙毫无阻碍地渗入土壤，从而减少地表径流，减轻土壤受侵蚀程度。由于团聚体内存在毛管孔隙，各团聚体间又存在通气的大孔隙，土壤微生物的嫌气、好气过程同时存在，不仅有利于微生物的活动，而且增加了速效养分含量，并且能使有机质等养分的消耗减慢。所以有良好团粒结构的土壤在植物生长期间能很好地调节植物对水分、养分、空气、温度的需要，以促进作物获得高产。可见，土壤结构性具有一定的生产意义，土壤结构状况通常是由测定土壤团聚体来鉴别的。

土壤团聚体组成测定方法，目前主要有人工筛分和机械筛分法两种。

【方法与原理】

土壤团聚体组成的测定方法，主要依据不同大小直径的筛子对土壤样品进行筛分，然后统计不同粒径大小的土壤颗粒的相对含量。筛孔的直径一般人为设定。根据筛分动力分为人工筛分法和机械筛分法；根据水稳性处理方法，分为干筛和湿筛。

【仪器与设备】

(1)团粒分析仪：主要部件是马达、振荡架、铜筛、白铁水桶等。马达和振荡器：要求振荡架能放4套铜筛，由马达带动，上下振荡速率为30次/min上下运动，距离约为3.3 cm。

(2)铜筛4套：在大量分析时，可备8套，轮流交换使用，每套铜筛的孔径为5 mm、3 mm、1 mm、0.5 mm、0.25 mm，铜筛高4 cm，直径13 cm。

(3)白铁水桶：高31.5 cm，直径19.5 cm，共4个，漏斗及漏斗架各1个，直径比铜筛稍大些。

(4)铝盒或蒸发皿、电热板等。

【操作步骤】

取自野外采集来的原状土样，将其中大的土块按其自然裂隙轻轻剥开，使其成为直径约 10 mm 的团块，放在纸上风干，风干后用四分法取样。为了保证样品代表性，可以将样品筛分为三级：即 5 mm、5~2 mm、2 mm，然后按其干筛百分数比称取样品，配成 50 g，供湿筛用。

将孔径为 5 mm、3 mm、1 mm、0.5 mm、0.25 mm 的筛组依次叠好，孔径大的在上。将已称好的样品置于筛组上。将筛组置于团粒分析仪的振荡架上，放入桶中，向桶内加水达一定高度，至筛组最上面一个筛子的上缘部分，先浸泡 3 min，开动马达，振荡时间为 30 min。

将振荡架慢慢升起，使筛组离开水面，等水淋干后，用水轻轻冲洗最上面的筛子（即孔径为 5 mm 的筛子），把留在筛子上的 5 mm 的团聚体洗到下面筛子里，冲洗时应注意不要把团聚体冲坏，然后将留在各级筛上的团聚体洗入铝盒或称量皿中。

将铝盒中各级团聚体放在电热板上烘干，然后在室内放置一昼夜，使呈风干状态，称重（精确至 0.01 g）。

【结果计算】

$$各级团聚体百分数(\%) = \frac{各级团聚体的烘干质量(g)}{烘干样品质量(g)} \times 100 \tag{4-10}$$

$$总团聚体含量百分数 = 各级团聚体的总和 \tag{4-11}$$

$$各级团聚体占总团聚体的百分数(\%) = \frac{各级团聚体百分数}{总团聚体百分数} \times 100 \tag{4-12}$$

【注意事项】

(1) 田间采样时要注意土壤湿度，不宜过干或过湿，最好在不黏锹、经接触而不易变形时采取。

(2) 采样时，一般耕层分两层采，要注意不使土块受挤压，以尽量保持原状。最好采取一整块土壤，剥去土壤表面直接与铁锹接触而变形的部分，均匀地取内部未变形的土样（约 2 kg），置于封闭的木盒或白铁盒内，运回室内。

(3) 室内处理时，将土块剥成小于 1 cm 直径的小土块，弃去粗根和石块，土块不宜过大或过小，剥样时应沿土壤的自然裂隙而轻轻地剥开，避免受机械压力而变形，然后将样品放置风干 2~3 d，至样品变干为止。

(4) 机械筛分法取样时，注意风干土样不宜太干，以免影响分析结果。

(5) 在进行湿筛时，应将土样均匀地分布在整个筛面上。

(6) 将筛子放到水桶里去时，应轻放慢放，避免冲出团聚体。

(7) 因为有时实验室所用的 5 mm 和 2 mm 铜筛其孔间排列不够紧密，所以往往有小于该孔径的团聚体留在筛上，因此应在振荡后再轻轻冲洗一下。

4.5　土壤坚实度(硬度)测定

【测定意义】

　　一般把外物楔入单位体积土壤时所用的力称为土壤坚实度，而把外物楔入土壤时单位面积上所受的力称为土壤硬度。土壤坚实度(或硬度)是土壤对外界垂直穿透力的反抗力，这种反抗力的大小反映了土壤孔隙状况及土粒间结持力的大小，土壤硬度与土壤容重有密切的关系，一般同一土壤的容重值越大，在其含水量等其他条件相同时，其硬度值往往也越大。土壤坚实度直接关系到耕作阻力、作物出苗及根系伸长发育，对于土壤水分入渗、保持和供应以及土壤通气性也有影响，同时间接影响土壤养分转换、运输和土壤热特性指标。因此，测定土壤坚实度(或硬度)对于了解土壤肥力状况是非常重要的。

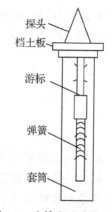

图 4-2　土壤坚实度仪示意

　　在不同的作物栽培阶段，随着农田管理措施和土壤物理状况的变化，不同时段的土壤硬度值不同。土壤硬度值太高不利于作物根系的生长发育。

【方法与原理】

　　土壤坚实度仪有时也称为土壤硬度计。普通土壤硬度计或坚实度仪由探头、挡土板、弹簧、具有刻度的套筒和指示游标 5 部分构成(图 4-2)。探头有圆柱形和圆锥形。现以圆锥开探头为例，说明测定与计划原理。设圆锥的角为 25°，根据几何学上的锥体高度和截面积的关系，可以依下列公式从圆锥探头的入土深度求出入土部分的圆锥探头截面积：

$$S = \pi r_2 = \pi d^2 \tan^2\theta = \pi d^2 \cdot \frac{R^2}{D^2} \tag{4-13}$$

式中　d——圆锥探头的入土深度(cm)；

　　　　S——圆锥的截面积(cm²)；

　　　　r——入土部分的圆锥探头截面半径(cm)；

　　　　R——圆锥体探头的半径，为 1.1 cm；

　　　　D——圆锥体探头的高度，为 5 cm。

　　而入土部分的圆锥探头的体积为：

$$V = \frac{1}{3}S \cdot D = \frac{1}{3}\pi d^3 \cdot \frac{R^2}{D^2} \tag{4-14}$$

式中　V——入土部分圆锥探头的体积。

　　由于圆锥体的 R 和 D 是固定和已知的，因此只要测得入土深度 d，土壤受压截面积 S 和压缩体积 V 便可根据式(4-13)、式(4-14)算出：

$$S = \pi \frac{R^2}{D^2} \cdot d^2 = 0.144 d^2 \tag{4-15}$$

$$V = \frac{1}{3} \pi d^3 \cdot \frac{R^2}{D^2} = 0.048 d^3 \tag{4-16}$$

仪器弹簧有粗、细两种规格，同为压缩 50 mm 时，所需的力分别为 98N 和 49N，弹簧压缩的距离可由探头入土深度计算出，当探头入土 d cm 时，两种弹簧所受的力分别为：

$$F_1 = (50-d) \times \frac{98}{50} \tag{4-17}$$

$$F_2 = (50-d) \times \frac{49}{50} \tag{4-18}$$

式中 F_1——压缩粗弹簧所需的力；

F_2——压缩细弹簧所需的力。

以压缩单位体积土体所需的力来表示土壤坚实度：

$$P_v = \frac{F}{V} \tag{4-19}$$

$$P_s = \frac{F}{S} \tag{4-20}$$

以探头入土后单位面积上的阻力表示土壤坚实度，则式(4-19)中 P_v 以压缩单位土体所需的力表示的土壤坚实度(N/cm^3)。

式(4-20)中 P_s 以探头入土时单位面积上的阻力表示为土壤坚实度，又称土壤硬度(N/cm^2)。式(4-19)、式(4-20)中的 F 则可以是 F_1 或 F_2，根据选用的弹簧而定。

根据以上原理设计的坚实度仪或硬度计可以方便地测出土壤坚实度和土壤硬度。

【仪器与工具】

土壤硬度计(TYD-1 型)，小土铲等。

【操作步骤】

(1)根据土壤情况选用合适的弹簧和探头，安装好仪器后先检查仪器标尺，在筒内弹簧未受压时读数应为零。现在质量好的硬度计(图 4-3)不需要更换探头和弹簧，其仪器测定范围可以满足一般土壤硬度的测定。

(2)选好测点，清除土面上的石砾及杂物，把仪器于土面上。一手握住仪器外壳，用垂直于土面的力把仪器按向土面，使探头入土直至外壳下端的挡土板刚好与土面相接。如测定剖面不同层次的土壤硬度值，可在挖掘到不同土壤层次处进行测定，同时测定不同层次的土壤水分含量作参考。

图 4-3 土壤硬度计

(3)读取标尺指针所指示的入土深度值，将入土深度值代入上述公式计算土壤坚实度值或硬度值。现在多数硬度计能直接指示土壤硬度的读数。

(4)如有可能,同时用 TDR 测定土壤含水量或取土壤样品带回实验室用烘干法测定土壤水分含量。

实验数据记录于表 4-10 中并计算。

表 4-10 实验数据记录表

重复	土壤硬度计读数	土壤层次	土壤含水量
(1)			
(2)			
(3)			
(4)			
…			
平均值			
变异系数			

【注意事项】

(1)测定土壤坚实度需要多点测定,求其平均值作为该测点的坚实度,一般表层土壤要求测定 40~50 个重复,如土壤各点坚实度数值相差不大,则测 20~30 个重复即可。心土层和底土层测定值变异性小,10 次重复可获得满意结果。

(2)土壤含水量、容重的变化对土壤坚实度测定值影响很大,测定时应同时测定和记载土壤含水量、容重、耕层厚度等项目。

4.6 土壤结持性分析

土壤结持性直接影响土壤的物理性质和耕性。土壤的耕性是指土壤的物理结持性在耕作条件下的综合表现,它不仅影响农业机具的工作效率和耕作质量,还会影响农作物的小苗和根系发育。本实验着重学会测定土壤可塑性、黏着性、黏结性,并了解改善土壤耕性的途径和选择土壤宜耕期的原则。

土壤的可塑性、黏结性、黏着性和膨胀性是直接影响着土壤耕性,体现在对耕作质量、耕作难易和宜耕期方面的影响。

4.6.1 土壤可塑性测定

【测定意义】

土壤在湿润状态下,可被外力改变成各种形状,当外力作用停止后,仍能保持其形变的性质,称为塑性,土壤塑性只能在一定的湿润范围内才具有,土壤过干或过湿时都不具有塑性,当土壤刚出现塑性时的含水量称为塑性下限,塑性开始的含水量称为塑性上限。由塑性上限到塑性下限之间的土壤含水量的差数,称为塑性批量数和塑性值。

【方法与原理】

土壤可塑性测定主要是测定土壤的塑性下限和塑性上限,实际上是测定土壤开始具有塑性和失去塑性时的土壤含水量值。土壤塑性下限可用滚搓法测定，塑性上限可用人工法和流限仪法测定。测定土壤塑性的方法很多，但都不够完善。常用的方法为滚搓，由于是手工操作，容易产生人为误差。

【仪器与设备】

(1)手工法

需要的仪器与工具：天平(感量 0.01 g)、铝盒、烘箱、干燥器、毛玻璃板、蒸发皿、小刀等。

(2)锥式流限仪

①不锈钢精制的圆锥体 顶角 φ 为 30°，锥体高 25 mm，距圆锥尖端 10 mm 处有环形刻度线，锥体上端有一手柄；

②平衡球 用直径 3 mm 之弧形钢丝，两端各连一直径为 19~20 mm 的金属球，两球质量相等，圆锥体和平衡球的总质量为 76 g±0.2 g；

③盛土杯 金属或玻璃的，内径 40 mm，高 25 mm；

④底座 木质，高 100 mm(图 4-4)。

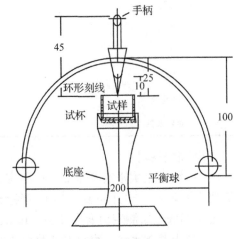

图 4-4 瓦氏锥式流限仪简图(mm)

【操作步骤】

1. 塑性下限的测定

(1)操作步骤

取均匀(过 2 mm 筛孔)风干土 20~30 g，放于蒸发皿中，加适量水，同时用手充分混合至土壤能形成长方形土块为止。然后用湿布盖上，静置过夜。

取上述部分土样，用手捏成团，然后在玻璃板上搓成 3~5 mm 粗的土条，若此土条自行断裂成 6~12 mm 长的土段，则此时土壤样品的含水量即为塑性下限。否则需加水或加土调节土壤含水量。加水时应少量多次。取上述断开之土段样 15 g，用烘干法测土壤含水量(下塑限)。

(2)注意事项

①如果经制备的样品水分稍多，可放在空气中晾干，但不可掺入风干土，晾干到样品不黏手并能捏成团。不能用烘干土做试样。

②滚搓时要均匀施压，用手掌滚搓，要沿一个方向滚搓，以免产生中空现象(对低塑性土而言)造成硬壳(对高塑性土而言)。

③开始搓滚时可稍加压力，待接近 3 mm 时只加轻巧的微压力。

④在滚搓到直径 3 mm 时发生裂缝，断裂的土条，应立即放入铝盒称重，防止水分蒸发。

⑤每做完一个样品，应揩净毛玻璃片，避免相互产生影响。

⑥如土条在任何含水量情况下，始终在直径>3 mm 时就断裂，则认为该土样无塑性。

2. 塑性上限的测定

测定土壤塑性上限的方法分为手工法和锥式流限仪法两种。

（1）手工法操作步骤

取风干土 20~30 g 于蒸发皿中，加水充分混合使其近浆状。将该土样在蒸发皿中做成饼状，压紧，使中部厚 10 mm，然后用小刀在饼状体中部开一小沟，使成 V 字形，上口宽 10 mm，下口宽 1 mm。

将蒸发皿置于一手中，由另一手自下而上敲击手腕 3 下，如果切沟被填平 2/3，此时土壤含水量为塑性上限，如果切沟填平不足 2/3，说明水分少，需加水调节；反之，说明水分多，需加土调节。

用烘干法测此时土壤水量即塑性上限。

（2）锥式流限仪法操作步骤

取过 0.5 mm 筛孔的风干土 50 g 左右加水调至糊状，置于干燥器（无吸湿剂）中过夜。过夜后的土样用小刀分层装入盛土杯中，注意勿使土中含有气泡，最后用刀刮除多余的土样，直至土面与杯中平齐，但不能用刀在上面反复涂抹或敲击，以免产生水析现象。

测定前应检查圆锥仪是否平衡，然后拭净平衡锥，涂一薄层凡士林于锥体上，手提锥体上端的手柄，使锥体垂直于盛土杯中土样的中心，轻放锥体任其自由沉入土中，如锥体在 15s 内沉入土样 10 mm（至锥体刻度），则表示此时土样中的含水量正好是土壤塑性上限（流限），取出部分土样，用烘干法测其含水量，如果锥体约经 15s 后下沉深度小于 10 mm 或大于 10 mm，则说明土壤中的含水量小于或大于塑性上限。小于或大于塑性上限时，均应重新加水调制土样，反复测定，直至达到标准为止。

注意事项：①在将锥体垂直于土面时，应由它自重下落，不要施加任何外力，以防人为误差。②锥体沉入土中深度以土面与锥体接触线至锥尖的垂直距离为准。③流限仪底座应置于稳固桌面上。实验证明，试验时台面板轻微的振动也将会引起很大误差。④若样品过湿，应在空气中调拌，使水分蒸发，切忌用掺入风干土样混合调拌的方法。⑤每次测定后，锥体必须涂抹凡士林。⑥本方法适用于有机质<5%的样品，若有机质含量为 5%~10%的仍可应用，但需记录备考。

【结果计算】

$$塑性值（\%）=塑性上限（\%）（流限）-塑性下限（\%）（塑限） \qquad (4-21)$$

【注意事项】

（1）敲击手腕时，应均匀用力，且不同样品间应尽量一致。

（2）其他参照土壤塑性下限测定。

4.6.2　土壤黏着性测定（设计型实验）

【测定意义】

土壤黏着性是指土壤在一定含水量范围内具有的黏附外物的性能。土壤对机具发生黏附时，将增加耕作阻力，造成耕作困难。土壤黏着性的强弱用黏着力表示。

【方法与原理】

利用称量法，将湿土块黏贴在天平一侧的金属圆盘上，另一侧添加铁砂，当土块脱离金属圆盘时所需的铁砂质量即为该土块对该金属圆盘的黏结力。方法简单，测定结果可反映一定条件下的土壤黏着力的大小。

【仪器与设备】

天平式土壤黏着仪(由 1/100 工业天平改制而成,天平感量 0.01 kg)、瓷蒸发皿(直径 11 cm)、铝盒、刮土刀、烘箱、干燥器、凡士林、铁砂或细砂。

【操作步骤】

测定土壤黏着性是用改制的天平进行的,其构造如图 4-5 所示。取风干土(过 1 mm 筛选)若干份,每份重 30 g,分别置于金属盘中,根据计算分别加入适量的纯净水,使其含水量约为 5%、10%、15%、20%、25% 分别搅拌均匀,于干燥器(无干燥剂)中静置 24 h,将土样放入黏着仪右侧的铁盒中,用刮土刀将土样制成大于 10 cm² 的土方,并将表面刮平。

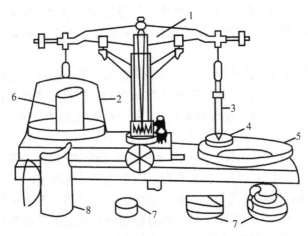

图 4-5　用 1/100 天平改制的土壤黏着仪

1. 天平臂　2. 秤盘　3. 长度能调节的金属杆　4. 金属板(面积为 100 cm²)

5. 铁盒(盛土样)　6. 铝盒或杯子(盛铁砂)　7. 砝码　8. 盛铁砂壶

将金属圆盘擦干净、落下与土壤光平面接触,加砝码 200 g,使金属圆盘与土面充分接触 30 s,然后取下砝码,固定金属杆长度,用铁砂(或细砂)缓缓地倾入左边天平盘的铝盒中,直至右侧金属圆盘刚刚离开土样表面为止,称取大铝盒中铁砂或细砂的质量,每种含水量的黏着力试验均应重复 3 次。

【结果计算】

数据记录于表 4-11 并计算。

$$土壤黏着性 = \frac{沙质量(g) \pm 天平校正值}{金属圆盘面积(cm^2)} \quad (4\text{-}22)$$

【注意事项】

(1)测试土壤不能为砂质土,因其没有黏着性。壤质土、黏质土较易测定。

(2)金属圆板上不能沾染油污或其他东西,否则会影响其与土壤之间的黏着力。

表 4-11　数据记录

含水量	重　复		
	Ⅰ	Ⅱ	Ⅲ
5%			
10%			
15%			
20%			
25%			
30%			

4.6.3　土壤黏结性测定

【测定意义】

土壤黏结性是土壤在一定含水量范围内，土粒间的分子引力(包括内聚力和水膜引力)使土粒黏结在一起的性质，它使土壤具有抵抗破碎和分散的能力。黏结性强弱用黏结力表示。

【方法与原理】

采用机械压碎法，测量土壤破碎时承受的压力，计算单位土块面积上所承受的压力即为土壤黏结力。

【仪器与设备】

天平、铝盒、烘箱、小刀、干燥器。

【测定步骤】

1. 标准样本的制备

取原状土切成土愉。无结构的土壤，取过 1 mm 筛孔的风干土数份，分别加水，使其分别含有几种不同含水量(但都应在可塑性范围内)，调匀后放在无吸湿剂的干燥器中，放置 24 h，使土粒均匀吸水，制成同样大小土块。另取这样的土块 3 块，放在 105 ℃烘箱中烘干，供测定最大黏结力用。

2. 测定土壤黏结力

将原状土块或人工制作的土块，放在面积大小与之相同、有方形突起的板下，往板上加重物，直至土块破裂为止，土块破裂时负荷的重力为土块所能承受的压力，压碎土块后，立即将土壤放入铝盒，测含水量。

【结果计算】

$$土壤黏结力(kg/cm^2) = \frac{P}{S} \tag{4-23}$$

式中　P——土块破碎时的负荷重量(kg)；

　　　S——土块面积(cm^2)。

【注意事项】

(1)过于黏重的土壤干时黏结力很大，适当减少土块面积，在较大负荷下容易破碎。

(2)防止土块压碎时，土粒飞溅。

4.6.4 土壤膨胀性测定

【测定意义】

膨胀使土壤容积增大，自然条件下，土壤的胀缩主要是由于土壤含水量和温度变化导致干湿和冻融交替引起的。土壤膨胀的程度主要取决于土壤的质地、黏粒矿物的类型，有机质的数量、代换性阳离子的种类和土壤溶液浓度。本实验可了解测试土壤膨胀的手段及土壤膨胀收缩过程中土体变化趋势。膨胀过程的速率主要取决于土壤吸水速率。

【方法与原理】

土壤的膨胀能引起体积、质量及其他物理常数的改变，因此可用不同的方法：①体积的改变；②吸收液体的数量；③膨胀压力等进行研究。本实验是根据土壤吸水后采用瓦氏膨胀仪直接测定土壤体积的增量。

【仪器与设备】

测试土壤膨胀的装置如图4-6所示。其主要组成部分为千分表、金属活塞、透水石片、土环、培养皿和铁架台等。

其他仪器与工具包括环刀(或带套环的取土)、土容重取土器、天平、小刀、烧杯、培养皿、细线、石蜡等。

【测定步骤】

(1)最好使用原状土，但在田间要采取多个重复，使用处理过的土样则按要求的容重(一般是 1.30 g/cm³ 或 1.35 g/cm³)的程序装土。

(2)用 5 cm 取土环刀或取土钻中的铜环(直径约 5 cm)取土。先将环刀或铜环及其配套的有孔和无孔盖在台秤上称重，准确至 0.1 g。在田间按取容重土样的要求取原状土。

小心削去用推土器从环刀或铜环中推出的一部分土壤，使环刀或铜环内盛有 1~4 cm 厚的原状土壤。黏重的土壤在环内留土样可稍少些，以膨胀后土样不溢出为原则，用处理过的土壤时，可按规定的容重称出 4 cm 高的土样，均匀装入铜环内。

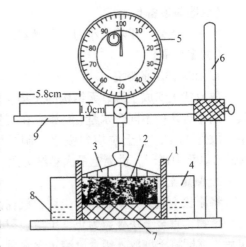

图 4-6　瓦氏膨胀仪结构

1. 环刀　2. 土样　3. 带孔活塞板　4. 盛水盒
5. 千分表　6. 支架　7. 透水石　8. 水　9. 推土器

(3)将盛有原状土样的环刀或铜环，用有孔盖盖在底部，上部盖上无孔的盖在台秤上称重，然后将有孔的一端放入培养皿中的烧结石英瓷盘上或透水石上。

(4)取下环刀或铜环的上盖，小心将活塞顶杆朝上放入环中，使活塞能自由升降，将千分表先放在固定夹上，调节千分表的顶针与活塞顶杆轻轻接触，最后固定千分表夹，记录千分表最初的读数。

(5)向培养皿中陆续加水，使水面与透水石或石英烧结板相平。分别经 0 min、2 min、5 min、10 min、20 min、40 min、60 min、90 min、120 min、180min 记录千分表读数。

(6)土样充分膨胀后，取下千分表和活塞，盖上无孔盖。用干毛巾擦干环刀或铜环外表，在台秤上称重，然后按常规法，在 105 ℃恒温箱中烘干测定充分膨胀后土样的含水量。

(7)从烘干缩成土块的土样上，用小刀切割一小块(5~10 g)。用事先已在分析天平称过，已知质量的细线(长约 30 cm)将小土块捆住，在分析天平上称量准确至 0.1 mg。

(8)在烧杯中低温熔化石蜡。温度不宜过高，以不要有强烈挥发为好。将小土块淹没在石蜡中，然后迅速提出。应做到石蜡层膜不厚，石蜡没有浸入土体为好。悬挂至冷却。

(9)将包有石蜡的土块悬挂在分析天平上，分别在空气中和蒸馏水中称重。

【注意事项】

(1)环刀内壁要保持光滑，不宜使用内壁生锈或变形的环刀。

(2)从环刀中推出部分土壤时，不要使用土柱破碎，破坏土壤原始结构。

(3)将环刀放置在透水石时，不要放置颠倒，应保持底土在下，这样有利于土壤毛管充分吸水，使土壤膨胀。

(4)在蜡封膨胀后的干土块时，不宜使石蜡层太厚，也不宜在液态石蜡中浸泡，使石蜡浸入土壤孔隙中，这都会导致测定的容重值误差加大。

4.7 土壤孔隙分析(综合实验)

【测定意义】

土壤是一个极其复杂的多孔体系，由固体土粒和其间孔隙组成。土壤孔隙是容纳水分和空气的空间，是物质和能量交换的场所，也是植物根系伸展和土壤动物、微生物活动的地方。土壤孔隙包括非活性孔、毛管孔隙和通气孔隙。非活性孔(又叫无效孔)是土壤中最细微孔隙，这种孔隙几乎总是被土粒表面的吸附水所充满。毛管孔隙，具有毛管作用，水分可借助分子间作用力保持贮存在该类孔隙中，其保存水分可被植物吸收利用，并且把靠毛管力保持的最大的土壤含水量成为田间持水量。通气孔隙，毛管作用弱，是水分和空气的通道，经常被空气所占用，所以又称为空气孔隙。土壤孔隙大小和数量与土壤松紧度和土壤保水通气能力密切相关。主要介绍土壤总孔隙度、无效孔隙度、毛管孔隙度和空气孔隙度的分析计算。

【方法与原理】

土壤总孔隙度依据土壤容重和土粒相对密度(比重)来计算。其他各类孔隙计算，利用各类孔隙(无效孔隙、毛管孔隙)被水填充时，水分质量与水的密度来求算。

【仪器与设备】

环刀(带上下盖)及配套环刀柄、锤子、剖面刀、干燥器、烘箱。

【操作步骤】

(1)土粒相对密度和土壤容重的测定：详见 4.2 所述。

（2）田间持水量测定：详见 5.2.2 所述。

（3）土壤最大吸水量测定

称取风干土样 5~10 g 2 份，置于已知质量的铝盒中，将铝盒和土样放入干燥器内，干燥器底部盛有 200~300 mL 10% 的硫酸或饱和硫酸钾溶液，用凡士林密封干燥器，用真空泵将干燥器内空气抽出，将干燥器置于恒温处。每隔 3 d 称铝盒和土样总质量，直至恒重。然后将铝盒按照 4.3.1 步骤测定土壤水分。计算此时土壤含水量。

【结果计算】

$$土壤总孔隙度 P(\%) = \left(1 - \frac{土壤容重}{土粒相对密度}\right) \times 100 \tag{4-24}$$

$$无效孔隙度 P_2(\%) = \frac{最大吸湿量 \times 容重}{1.50} + \frac{0.5 \times 最大吸湿量 \times 容重}{1.25} \tag{4-25}$$

其中前一项代表紧结合水所占的孔隙度，1.50 为紧结合水的平均密度；后一项代表近紧结合水的松结合水所占的孔隙，1.25 为其水的平均密度。

$$土壤毛管孔隙度 P_1(\%) = 土壤田间持水量\% \times 土壤容重 - 无效孔隙度 \tag{4-26}$$

$$土壤空气孔隙度 P_3(\%) = P - P_1 - P_2 \tag{4-27}$$

复习思考题

1. 测定土壤机械组成时土壤样品的分散处理的原则是什么？

2. 土壤颗粒分级系统中国际制、中国制、卡钦斯基制、美国制之间的异同是什么？

3. 对比激光粒度分析仪法和其他方法的优缺点。

4. 激光粒度分析仪法进行土壤颗粒组成分析的关键步骤是什么？

5. 在田间取原状土样如何选点并采集？

6. 简述土壤结构微形态观察的主要步骤。

7. 什么是塑性上、下限和塑性值？

8. 土壤可塑性与土壤耕性的关系如何？

9. 影响土壤黏着性的因素是什么？

10. 影响土壤黏结性的因素是什么？土壤黏结性对土壤耕性有怎样的影响？

11. 绘制吸水时间与湿胀容积变化（%）间的曲线，试解释其原因。解释为什么土样烘干后能形成土块，并说明石蜡法求其容重或容积的原理。

第 5 章

土壤水分、空气和热特性分析

　　本章介绍了土壤水分含量和水分常数、土壤水能态分析，土壤通气性和土壤热容量、导温和热扩散特性分析。在分析方法上，土壤水分含量测定介绍了烘干法、中子测水仪法和时域反射仪(TDR)法；土水势采用张力计法等。

5.1　土壤自然含水量测定

　　土壤水分大致分为化学结合水，吸湿水和自由水 3 类。自由水是可供作物利用的，吸湿水是土粒表面分子力所吸附的单分子水量，只有在转变为气态时才能摆脱土粒表面分子力的吸附，而化学结合水却要在 600~700 ℃时才能脱离土粒。

　　在进行土壤物理化学性质分析时，需要在 105 ℃下烘干，测定风干土样吸湿水的含量，并以烘干土为基数表示，而不以风干土重为基数表示。这是因为大气湿度是变化的，所以风干土的含水量不恒定，故一般不以此值作为计算含水量的基础。

5.1.1　烘干法

【方法与原理】

　　将风干土样放在 105~110 ℃烘箱中烘至恒重。失去的质量即为水分质量。在此温度下，土壤吸湿水可被蒸发，而化学结合水则不致被破坏，一般土壤有机质也不致分解。

【仪器与设备】

　　烘箱或红外线干燥箱、铝盒、天平(质量 0.01 g)。

【操作步骤】

　　称取土样 5 g，放入已知重量的铝盒(W)中，在分析天平上称重(W_1)；放入烘箱中，敞开盒盖，在 105 ℃±2 ℃下烘干 6~8 h，取出后加盖。放在干燥器中冷却至室温(约需 30 min)，立即称重(W_2)。必要时重复烘干 2~3 h，冷却后称重，直至前后两次称重之差不超过 3 mg 即为恒重。

【结果计算】

　　(1)以烘干土为基数的水分百分数

$$土壤质量含水量(\%) = \frac{W_1 - W_2}{W_2 - W} \times 100 \tag{5-1}$$

式中　　W——铝盒质量(g)；

　　　　W_1——铝盒+湿土质量(g)；

W_2——铝盒+干土质量(g)。

(2)将风干土重换成烘干土质量

$$烘干土质量(g) = \frac{风干土质量}{1+土壤质量含水量} \tag{5-2}$$

5.1.2　中子测水仪法

【测定意义】

测定土壤水的方法很多,目前广泛使用中子测水仪(也称测氢仪,neu-tron moisture meter,NMM)在田间进行土壤水分的测量。本实验目的在于掌握中子测水仪的使用方法和田间标定中子测水仪校正曲线的方法,并了解该仪器的优缺点。

【方法与原理】

物理学上习惯分别将能量为 10^6、10^3 和 10^{-2} eV 的中子称为快中子、慢中子和热中子。在土壤中快中子与各种原子在连续碰撞中,能量逐渐损失,转变为慢中子和热中子。快中子随机散布在中子源(探头)周围,被一些物质吸收,形成持常密度的热中子云球,包围仪器的探头。中子源一定时,热中子云的持常密度取决于中子源的放射率及土壤的原子组分。探头附近的热中子云球密度主要随土壤中氢原子数量而变化,而影响热中子云球密度变化的氢原子主要存在于土壤水分子中。土壤固体组分可以认为基本不发生变化,这样就能根据测定所得氢的数量间接测出土壤的容积含水量(%),其关系式如式(5-3)。

$$\theta_v = b\,\frac{R_s}{R_{std}} + j \tag{5-3}$$

式中　θ_v——土壤一定时间内的中子仪计数(反映土壤中氢的数量);

R_{std}——在水中或标准吸收剂(探头屏蔽体)中与 R_s 相同时间内的中子仪计数;

R_s——中子仪标准计数,而 R_s/R_{std} 称为中子仪计数比率,利用中子仪计数比率可以消除由于周围环境以及仪器本身带来的实验系统误差,b、j 为工作方程常数。公式(5-3)是中子仪的校正曲线方程,是 θ_v 与 R_s/R_{std} 的线性回归方程。

中子仪计数来自土壤中热中子与探测器反应。探头中子源周围形成持常密度的热中子云球后,热中子与探测器发生反应而最终产生电脉冲,被计数器接收记录并显示出来(图5-1)。

优点:用中子测水仪测定土壤水可以做到长期定点;不破坏土壤剖面,还可以克服由于土壤变异性给田间取土烘干法带来的采样差异,因而可以得到一个土壤剖面上长年准确的土壤含水量资料。

【仪器与设备】

中子测水仪是由探头、计数器及一些附件组成的。

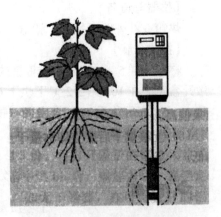

图 5-1　中子测水仪测定示意

（1）探头

包括快中子源、热中子或慢中子检测器和光电倍增管。快中子放射源有镅—铍源（^{241}Am-Be）或镭-铍源（Ra-Be），它们的半衰期分别为 458 年和 86 年，平均能量为 5 MeV。热中子检测器有的用 BF3 管，有的用 6Li 玻璃闪烁体。光电倍增管是用来放大电信号的。

（2）计数器

用来接收和记录电脉冲信号，大多以数字显示，也有可直接显示出土壤容积含水量的。

（3）附件

包括聚乙烯或其他材料的屏蔽体，连接探头与计数器的电缆线（兼作定位线缆）。此外，还有埋设在田间的铝合金或其他材料制成的硬质测管。

中子测水仪的型号很多，结构大致相同，但有的配置微电脑可以贮存中子仪校正曲线，直接读出所需单位的含水量如容积含水量、水深（mm）等。中子探头直径有大有小，从 5 cm、4 cm 到更小。有的仪器还备有电源，可同时用来测定土壤的容重。

【测定步骤】

（1）安装测管：选择供试土壤的代表性地段用直径与测管外径相当的土钻垂直钻孔，钻孔深度依测管长短而定，一般稍深于测管长。要求测管最后露出地面 10 cm。钻孔完成后，将测管用力按入钻孔中，有时测管很难一次按到预定位置，可将测管慢慢拔出，再用土钻清理孔中土壤，直到预定深度。管壁必须与周围土壤紧密接触。测管材料可选铝合金或其他硬质管材。内径比探头直径稍大（2 mm），探头在管内能自由垂直升降。测管底部应密封防水渗入，埋好测管后，用橡胶塞等物将管口封闭好，使内壁保持干燥。

（2）充电：新到的仪器或使用时间很长的仪器必须查看电源是否正常，充电不少于 15 h。

（3）熟悉仪器上的功能键：取出仪器后，必须按仪器说明书熟悉仪器各部位电钮开关和功能键的功能。

（4）检查仪器：打开电源，将自检与测定选择键开至自检挡，再分别开至自检 I、II，如显示屏上得出的最终数字与仪器说明书一致，则仪器正常。

（5）检查高压电源：将自检键开至测定挡，再轻按左上角测定键，此时仪器高压接通（显示屏右上角液晶点消失为标志），若电压不足显示屏下红灯亮，应给仪器充电，再检查电压否则更换电池（一般充电 15 h 后，可读 3000 个每次 1 min 的读数）。

（6）检查计数时间选择键与计数次数选择键：先将计数次数键选择在 1 次挡上，依次选择计数时间 16s、32s、64s 时间挡。按测定键，若在规定时间内停止计数，且显示值基本一致（仪器自动显示计数时间为 8s）。这时认为时间挡为"正常"。将时间挡再次选到 16s。选择 4 次计数次数挡，按测定键，仪器显示 4 次计数后停止计数。再选择 N 次挡，仪器应连续计数。

（7）读取标准计数 R_{std_1}：在测点正式测土壤中子计数之前，应先读取标准计数 R_{std}。取出仪器后重复前面 4，5 项，然后放置在一聚乙烯圆块（仪器本身配有）上。选择 N 次计数挡，16s 计时挡，轻按测定键，连续读取 10 个计数。往往开始读数不甚稳定。因此，应从两三个计数以后开始计数。最后取连续 10 个计数的平均值，即 R_{std1}（LNW-50A 型仪器计数稳定性好，计数偏差一般不大，可以不必进行检验，直接求平均即可得到 R_{std}）。

（8）测定土壤的中子计数

①清洁测管　去掉管盖，用捆在竹竿（或铁杆）一端的海绵块或其他物质擦拭管壁，为避免损坏探头，还可以用一个假探头（与仪器探头直径、长短相同的铁管制成）进行升降检查。

②读取计数　将仪器垂直放置在测管上，将探头降至应测土层深的位置（从电缆线上读得深度或事先用定位夹固定电缆线位置）。轻按测定键，读取 3 个计数。依次按应测深度放下探头连续计数（一般 16s 读数连续取 3 个值，32s 读数取 2 个值，64s 读数只需读一个值，但应和标准计数时间相同）。测后盖紧管口。

③标准计数读数　测完全部测管后，再重复第 7 项，测得 R_{std2}。R_{std1} 和 R_{std2} 的平均值为标准计数 R_{std}。

【结果计算】

用中子测水仪法测得的土壤容积含水量实际上是根据中子仪工作方程式（5-3）计算出来的。因此工作曲线方程直接影响到测定含水量结果的准确性。

【注意事项】

（1）热中子在土壤中还不断与土壤中各种原子发生核作用，直到被吸收。其中 Fe、B、Li、Cl 等元素对热中子的吸收容量大，这些元素在土壤中的含量过高时，就会吸收较多的热中子，降低热中子云的密度，影响测定含水量的准确性。

（2）中子测水仪测得的含水量是以源为中心，半径 20 cm 土体的加权平均容积含水量，距源越近，权重越大。故测距通常在 20 cm 以上。由于这一缘故，限制了其对不连贯土壤剖面（如对土表、不同质地土层的界面、湿润锋、地下水界面等情况）的准确测定。实践中要采用专门的校正方法解决，或避开上述情况或通过其他测水方法解决。

（3）中子测水仪不能用于表层 20 cm 的土壤含水量，因为该土壤有机质含量较高，会导致测定误差较大。

（4）中子测水仪属于放射性仪器，放射源对人体健康和环境都有一定的危害，应妥善保管，并需到当地公安局登记备案，需要有指定的交通工具进行运输，严禁私自携带、拆卸、销毁、遗失等，凡违反《危险品管理条例》，依法要受到处罚。

（5）田间作业时，操作人员应注意与仪器保持 30 cm 以外的距离。

5.1.3　时域反射仪法

【测定意义】

时域反射仪（TDR）是利用土壤中的水和其他介质介电常数之间的差异及时域反射测试技术研制出来的仪器，具有快速、便捷和能连续观测土壤含水量的优点。现在市场上有多种满足不同用户的 TDR 设备。

【方法与原理】

TDR 可以直接测量土壤或其他介质的介电常数，介电常数又与土壤水分含量有密切关系，土壤含水量即可通过模拟电压输出被读数系统计算并显示出来。测量土壤含水量时，金属波导体被用来传输 TDR 信号，工作时产生一个 1GHz 的高频电磁波，电磁波沿着波导体传输，并在探头周围产生一个电磁场。信号传输到波导体的末端后又反射回发射源。传输时间在 10ps~2ns。TDR 技术使得土壤水分的测量变得更为准确和方便。

【仪器与设备】

以加拿大生产的 ESIC-ESIMP-917 为例，包括 MP-917 主机、电源/通信电缆和电池充电器、长度为 30 cm 的探针(PRB-C，1 号探针)、TK-917 工具箱。

【测定步骤】

(1)利用电源/通信电缆和充电器(输出 13V，700~1000 mA)对仪器充电 12~20 h。田间测定时，可以不再使用电源/通信电缆。

(2)使用引导钻杆与探针助推器在田间选定位置预备探针孔。用引导钻杆打孔，保证岩石、砾石不致阻碍探针的插入。必须使用引导钻杆为所有插入探针预钻孔，直接将探针插入土壤中而不损坏探针或不形成畸形孔，一般是不可能的。首先用手用力将引导钻杆插入土壤中，直到其无需扶持而能竖直。引导钻杆应尽可能垂直插入，以保证当其被助推器全部插入土壤中时不会沿着亚表层不连续前进。

(3)用助推工具或手插入探针进入预备探针孔，任何耽搁插入将会使水分浸润孔壁或者填充孔。

(4)将仪器与探针用测定电缆连接。

(5)设定探针类型：

①关闭 MP-917 仪。

②启动 MP-917 之前按住 MODE 钮，或者启动仪器时将 TIME DELAY/MOISTURE 开关置于 TIME DELAY 位，使仪器进入模式选择状态。

③MP-917 将在 NANOSEC/MOISTURE 窗口最左半部分显示当前操作模式，通过面板可改变探针类型，选择模式"0"表示单独使用 MP-917，模式"1"表示在有内部数据采集器采集下使用 MP-917，按下 MODE 钮，依次显示模式"0"或"1"，按下 MEASURE/DISPLAY 钮即可选定其中之一。一旦选定模式"0"或"1"，MP-917 将在 NANOSEC/MOISTURE 窗口右半部显示目前探针类型数字，显示正确则进行下一步；否则，按 MODE 钮显示探针类型数字，该数字可从贴于探针顶部的标签或下表中找出。

④一旦需要的探针类型数字显示出来，则可按下 MEASURE/DISPLAY 钮，认可并储存之。

⑤当前探针设置保存在贮存器中，直至选择新型号的探针。

(6)确定将 TIME DELAY/MOISTURE 开关置于 MOISTURE 位，进入待机("闲置")状态，NANOSEC/~6 MOISTURE 窗口的短杠在闪烁表示闲置状态。

(7)按 MEASURE/DISPLAY 钮开始测定，这时窗口的两半部分的灰线交替闪烁，表明已问讯探针，约 10s 后，在 NANOSEC/%MOISTURE 窗口显示倒计时，从"9"开始。

(8)当测定完成时，在 SEG # 窗口出现"1"，第一段的含水量百分数显示在 NANOSEC/% MOISTURE 窗口。本实验中，使用的探针只有 1 段，故 SEG#窗口仅显示"1"。如果打开电源后，按 MEASURE/ DISPLAY 前，将 TIME DELAY/MOISTURE 开关置于 TIME DELAY 位,则显示段的传播时间(ns)。湿度测定结果实质上是一样的。

(9)重新按 MEASURE/DISPLAY 钮开始下一次测定。

(10)当探针读数完毕,可将开关拨至 OFF(向下)位,切断电缆与探针的连接。这时探针可拔出来,也可不拔出。TDR 的探针设计考虑到了恶劣环境下的长期使用。

【结果计算】

土壤容积含水量直接从仪器上读取。

【注意事项】

(1)不可用铁锤或其他未经认可的推进工具来插入引导钻杆或探针。如果用铁锤敲击引导钻杆,金属碎片可能会伤害眼睛。用未经认可的其他物体推插探针,可造成永久性损坏。

(2)测定窗口急骤闪烁表明电压不足,有两种可能迹象:在测定时,如果电池电压降至允许极限,则所有数字都闪烁,应当中止测定并充电;如果电池电压太低而不足以启动测定,"闲置"显示中所有段都闪烁出现,则任何测定都必须先充电;如果探针的某一段只是部分地插入土壤,或完全暴露在空气中,那么 SEG#窗口显示一个负数,且数字闪烁,而测定数字不闪烁。负数的产生归于空气与土壤介电常数的不同。不会因为探针暴露于空气中或只是部分插入土壤中测定而损坏仪器,但当探针只是部分插入土壤时,不会给出正确读数;SEG#窗口的中心数字上端闪烁,而测定数字不闪烁,表明读数溢出范围,把探针置于水中,就会出现这种情况,将探针置于水中进行读数并不损坏仪器。读数溢出范围也可能因为正在使用已损坏的探针或者探针类型选择不正确,当探针置于空气或土壤时显示溢出范围,应将 TIME DELAY/MOISTURE 开关置于 TIME DELAY 位,用校准探针测试仪器,如果校准探针读数正常,则可能是探针存在问题。

(3)使用和保管 TDR 的工作人员上岗前应接受技术培训,熟练掌握使用和一般的维修及保管方法。

(4)TDR 正式使用前应与性能稳定的其他仪器进行同期对比观测,或同取土用烘干法来进行对比观测,当有系统误差时应予以校正。

(5)TDR 探头由测针和测管组成,测管长度可根据观测要求设置,测管可用硬质塑料管,测针长度各异,但两测针之间应保持平行。

(6)TDR 测出的含水量为探针长度间土层的平均容积含水量。

5.2　土壤水分常数的测定

5.2.1　萎蔫系数测定

【测定意义】

萎蔫系数(permanent wilting point)又称凋萎系数,是指作物发生永久凋萎时的土壤含水量。此时所含的水分形态为全部吸湿水和部分膜状水。不同土壤由于质地、结构、腐殖质含量的差异,其萎蔫系数也不同;不同作物和同一作物不同生育阶段其萎蔫系数存在一定的差异。

【方法与原理】

凋萎系数的测定一般有两种方法：一是间接测定法；二是直接测定法。

1. 间接测定法

根据不同土壤质地和水分常数计算求得。通常用最大吸湿水含量乘以一个系数而得。若土质偏砂乘以1.34、壤质乘以1.5、黏质乘以2.0，有人建议乘以1.5即可。这种计算法只能求得其近似值，不能反映作物本身的多样性。

2. 直接测定法

也叫生物测定法，直接进行植物生长试验求出凋萎系数。

(1)测定幼苗的凋萎系数，即当幼苗发生永久萎蔫时，测定其土壤的含水量即为幼苗的凋萎系数。这种方法能较准确地反映不同作物的特点，但不能反映作物在不同发育阶段的特殊性。

(2)测定作物孕蕾开花阶段的凋萎系数。

【仪器与设备】

木箱(内放湿锯木末，使箱内水汽饱和)、作物种子、温度计。

【试剂配制】

营养液：2.8 g磷酸氢铵[$(NH_4)_2HPO_4$]、3.5 g硝酸钾(KNO_3)、5.4 g硝酸铵(NH_4NO_3)溶于1 L水中。

【测定步骤】

(1)装土：将通过2 mm孔径的风干土均匀装满烧杯(杯高6~7 cm，直径4~5 cm，杯中插入直径0.5 cm，长为8 cm的玻璃管，以便浇水时空气由此排出。每一样品重复4次)。

(2)浇水(或营养液)：用塞有棉花的漏斗均匀滴加水，浸湿土壤(空气可由玻璃管排出)。

(3)准备幼苗：在装土前几天，选好所需种子(如大麦种子)，着手开始催芽，发芽3~4 d后即可使用。

(4)种植：在湿润的土表下2 cm处种入5~6粒已发芽的种子，盖土后称重记载，杯口用厚纸盖住，以免土表蒸发(以后每杯选留3株)。

(5)培育：将杯放在光线充足处(避免烈日直射)，待幼苗生长到与杯口齐平时，杯口用蜡纸封住，纸上有孔，幼苗即可由此长出。纸与杯壁接合处封上石蜡，然后在蜡纸上盖一薄层石英砂，防止土表蒸发，排气的玻璃管口用棉花塞上。

(6)观察、管理：在生长过程中，每天早、中、晚观察室温和生长情况，并每隔5~6 d称重一次(如杯内水分蒸发过多，可进行第二次灌水)。当第二片叶子长得比第一片叶子较长时，证明幼苗根已分布于杯内的整个土体，此时可进行试验(也可最后灌一次水)。然后将杯移到没有阳光直射处，直到第一次凋萎(叶子下垂)。

当植株出现凋萎后，将杯子移入木箱内，经一昼夜观察，如凋萎现象消失，即把杯放回原处，待凋萎现象再次出现后，再把杯子置入箱内，如此反复观察，直到植株不再复原，就可认为幼苗已达到永久凋萎。

(7)取样分析去除石蜡、土表2 cm的土层、植株及根系，参照测定土壤吸湿水的方法，测定杯中土壤的含水量即为萎蔫系数。

【结果计算】

$$土壤萎蔫系数(\%)=\frac{萎蔫点土样重-烘干样品重}{烘干样品重}\times100 \qquad (5-4)$$

【注意事项】

(1) 装填的土壤不要过于疏松，最好接近田间土壤容重值，这样更有参考价值。

(2) 种植的苗数要适当，不能过多或过少。

5.2.2　田间持水量的测定

【测定意义】

土壤在灌水或降雨后所能保持毛管悬着水的最大量称为田间持水量。此时土壤中含有全部紧结合水和松结合水，团聚结构土壤中包括团聚体内和团聚体间的毛管悬着水。在萎蔫系数以上，田间持水量以下的土壤水分对植物虽是有效的，但有效程度不同。一般常用占田间持水量的百分数来表示土壤含水量，这样就比较容易了解此时的土壤含水量对植物的有效程度。

田间持水量一般都直接在田间用围框淹灌法测定。田间测定有困难时，也可采取原状土样在室内用威尔科克斯(Wilcox)法测定，其结果常比田间实测值小 2%~3%，然而其方法不如田间测定简便，故仍被采用。此外也有以土壤水吸力为 0.3bar 时的土壤含水量代替田间持水量，但仍以田间测定为准。

【方法与原理】

在自然状态下，用一定容积的环刀(一般为 100 cm³)取土，到室内加水至毛管全部充满。取一定量湿土放入 105 ℃ ±2 ℃烘箱中，烘至恒重。水分占干土重百分数即为土壤田间持水量。

【仪器与设备】

天平(1/100)、环刀(100 cm³)、削土小刀(刀口要平直)、烘箱、铝盒、干燥器、滤纸、铁锹、小锤子、滴管等。

【操作步骤】

方法一：

(1) 用环刀在野外采原状土(环刀用法见土壤容重测定)，带回室内，上下垫上滤纸，放水中饱和一昼夜(水面比环刀上缘低 1~2 mm，勿使环刀上面淹水)。

(2) 同时，将在相同土层中采集、风干并通过 1 mm 筛孔的土样装入另一环刀中。装土时要轻拍击实，并稍微装满些。

(3) 将已被水饱和装有湿土的环刀底盖(有孔的盖子)打开，连同滤纸一起放在装风干土的环刀上。为使接触紧密，可用砖头压实(一对环刀用三块砖压)。

(4) 经过 8 h 吸水过程后，从上面环刀(盛原状土)中取土 15~20 g，放入已知质量(W_0)的铝盒，立即称重(W_1)。然后放入 105 ℃烘箱中烘干，称重(W_2)，计算其含水量，此值即接近该土壤的田间持水量。

方法二：

在田间选择挖掘的土壤位置，用土刀修平土壤表面，按要求深度将环刀向下垂直压入土中,直至环刀筒中充满土样为止,然后用土刀切开环刀周围的土样,取出已充满土的环刀,细心削平刀两端多余的土,并擦净环刀外围的土,将筒内的土壤无损失带入室内。在环刀底端放大小合适滤纸2张,用纱布包好后用橡皮筋扎好。放在玻璃皿中,玻璃皿中事先放2~3层滤纸,将装土环刀放在滤纸上,用滴管不断地滴加水于滤纸上,使滤纸经常保持湿润状态,至水分沿毛管上升而全部充满达到恒重为止。取出装土环刀,去掉纱布和滤纸,取出一部分土壤放入已知重量的铝盒内称重,放入 105~110 ℃烘箱中,烘至恒重,取出称重。

本实验须进行 2~3 次平行测定,重复间允许误差±1%,取算术平均值。

【结果计算】

(1)田间持水量计算:同土壤自然含水量。

(2)旱田土壤相对含水量(%)=$\dfrac{土壤含水量}{田间持水量}×100$

5.2.3 饱和持水量的测定

当所有孔隙充满水时,土壤中所能保持的全部水分称为饱和持水量(全持水量),它包括了土壤中所有类型的水分。只有地下水上升或表面淹水的情况下,土壤才会出现这种情况。土壤在达到全持水量时,对植物是有害的,它造成了嫌气条件。

【仪器与工具】

环刀(100 cm³)、削土小刀(刀口要平直)、小铁铲、木槌、纱布、大烧杯、天平。

【操作步骤】

(1)利用环刀自野外采取自然状态的土样,连同土样一起放在盛水的大烧杯中或水槽中,使水面与环刀内的土面保持同一高度,放置 24 h,直至土壤表面出现水为止。

(2)然后取出环刀,迅速擦去外部附着的水,将环刀中土样倒出,仔细混合,取出一部分均匀土样 10~20 g,放入已知质量(W_0)的铝盒,称重(W_1)。然后放入 105 ℃烘箱中烘干,称重(W_2),计算其含水量,此值即为该土壤的饱和持水量。

【结果计算】

(1)饱和持水量:同土壤自然含水量。

(2)水田土壤相对含水量(%)=$\dfrac{土壤含水量}{饱和持水量}×100$

5.3 联合测定土壤容重、水分、饱和含水量和孔隙度(综合实验)

【测定意义】

该方法适用于土壤容重、水分、饱和含水量和孔隙度的联合测定与计算,具有较强的综合性和实用性,该方法能省去重复操作,具有快速、省时等特点。

【仪器与设备】

环刀(100 cm³)、削土小刀(刀口要平直)、小铁铲、木槌、纱布、大烧杯、天平(感量0.01 g)。

【测定步骤】

(1)称取环刀质量 m_1。

(2)用环刀取野外原状土，称出环刀和原状土质量 m_2。

(3)将环刀连同土样一起放在盛水的大烧杯中或水槽中，使水面与环刀内的土面保持同一高度，放置 24 h，直至土壤表面出现水为止。取出环刀，迅速擦去外部附着的水，称其质量 m_3。

(4)取事先干燥铝盒称重 W_0。

(5)从环刀中取出均匀土样 10~20 g 于铝盒中，称取铝盒和湿土质量 W_1。

(6)将装有湿土的铝盒放入 105 ℃烘箱中烘 12~24 h，使其烘干，称重 W_2。

【结果计算】

(1)饱和含水量
$$a(\%) = \frac{水分重}{烘干土重} \times 100 = \frac{W_1 - W_2}{W_2 - W_0} \times 100 \tag{5-5}$$

(2)干土重
$$b(g) = \frac{m_3 - m_1}{a+1} \times 100 \tag{5-6}$$

(3)容重
$$c(g/cm^3) = \frac{b}{100} \tag{5-7}$$

(4)含水量
$$d(\%) = \frac{m_2 - m_1 - b}{b} \times 100 \tag{5-8}$$

(5)孔隙度
$$e(\%) = \frac{m_3 - m_1 - b}{100} \times 100 \tag{5-9}$$

式中　W_0——铝盒质量(g)；

　　　W_1——铝盒和湿土质量(g)；

　　　W_2——铝盒和干土质量(g)；

　　　m_1——环刀质量(g)；

　　　m_2——环刀和原状土质量(g)；

　　　m_3——环刀和土壤饱和时的质量(g)。

5.4　土水势的测定

【测定意义】

土壤吸持水分的各种力统称为土壤水吸力。它表示土壤水在承受一定吸力的情况下所处的能态。运用土壤水吸力，可以更好地反映土壤水分对于植物的有效性，而不受土壤差异的影响。因此，用土壤水吸力来指示灌溉排水比用土壤含水量更能反映土壤水分的有效程度。

测定土壤水吸力的方法很多，常用的有张力计法、压力膜法、水柱平衡法、离心法等。张力计法虽然只能测定<0.85bar 的吸力值，但因其能直接在田间定点测量土壤水分的能量状况，并可用来指示作物的丰产灌溉，所以得到相当广泛的应用。

【仪器与设备】

张力计、开孔土钻(直径略小于陶土管的直径)、刮土刀、注射器、大号注射针。

【方法与原理】

土壤张力计由陶土管、真空表和集气管几部分组成。陶土管是仪器的感应部件，具有许多细小而均匀的孔隙，它能透过水及溶质，但不能透过土粒及空气。真空表是张力计的指示部件，一般用汞柱或真空表来指示负压值。集气管为收集仪器里面的空气之用。

测定时，将充满水分并密封的张力计插入土中，根据土壤水分状况的不同，真空表指示出相应的数值。一般有以下几种情况：

(1)陶土管周围土壤水分没有达到饱和时，土壤具有吸水能力，将仪器中的水分从陶土管中吸出，使仪器内产生一定的真空度，真空表指示出负压力，直到土壤吸水力与仪器中负压力相等为止，此时真空表指示的负压力等于土壤吸力。

(2)土壤水分饱和时，土壤吸力为零，真空表指示为零。

(3)土壤水分过饱和或陶土管在地下水以下时，仪器指示出正压力，根据土壤中出现正压力的部位，可算出临时渍水或地下水的深度。

当忽略了重力势、温度势和溶质势，又因为土壤水的压力势远远小于大气压，可计为零，而仪器内无基质(土壤)，故基质势为零，则土壤水的基质势可由仪器所示的压力(差)来量度。

土壤水的吸力与土壤水的基质势在数值上是相等的，只是符号相反。一般情况下以土壤水基质势为负值，土壤水吸力为正值。

土壤张力计只能测定 0.85bar 以下的土壤水吸力，也就是比较湿润的土壤湿度范围。

【操作步骤】

1. 测定前的准备工作

土壤张力计在使用前必须进行排气。排气的方法是将集气管的盖子打开，并使仪器倾斜，徐徐注入煮沸后冷却的无气蒸馏水，此时可见到陶土管上有水珠出现，说明管道畅通。如果发现水不容易注入，可用细铁丝疏通，直至整个仪器中充满水为止。塞上装有大号注射针的胶塞，然后进行抽气，真空表的指针可升至 600 mb 或更高。轻轻振动仪器，在真空表、陶土管和连接管中会有气泡逸出。待气泡集中到集气管后，将陶土管浸入无气蒸馏水中，使仪器指针恢复到零。取出陶土管继续抽气，按上述步骤反复进行数次，真空表的指针可达 850 mb 以上，最后没有发现小气泡聚集到集气管中，说明仪器系统内空气已经除尽，可供使用。

2. 仪器的安装和观测

在需要测定的田块中选择有代表性的点，用直径与陶土管相同的薄壁金属管(或土钻)开孔至待测深度，然后将仪器插入孔中。为了使陶土管与土壤接触紧密，开孔后可撒入少量碎土于孔底，并灌水少许，然后插入仪器，再用细土填入空隙中，并将仪器上下移动几次，使陶土管与周围的土壤紧密接触，最后再填上其余的土壤。

仪器安装好以后，可在周围作适当的保护，但应注意不要过多地扰动与踏实附近的土壤，以免影响测定结果的可靠性。

仪器装好以后，一般需经 0.5~24 h 才能与土壤吸力达到平衡，平衡之后，即可进行观测读数。平衡时间的长短，不仅取决于陶土管的导水率，还取决于土壤的导水率。

平衡后即可进行观测读数。为了避免温度造成的误读数时，可轻轻敲打真空表，以消除读数盘内的摩擦力，使指针指到应有的刻度。一般读数应在早晨 6：00~7：00，以免土壤温度和仪器温度有过大的差异。需作定点观察时，不要改变仪器的位置。仪器在使用期间需作定期检查，主要是排除仪器中过量的空气，如果发现集气管中空气的容量在 2 mL 以上时，应重新充水排气；当温度降至冰点时，要将仪器撤回，以免冻坏。

【零位校正及结果计算】

埋藏在土中的陶土管和地面真空表之间有一段距离，在仪器充水的情况下陶土管便产生一个静水压力。真空表的读数实际上包括了这一静水压力在内。因此，要准确地测出陶土管所处深度的土壤吸力，就需消除这一静水压力，即作零位校正。

由于真空表本身可能存在一定误差，因此，可用实测的方法测量零位校正值。方法是将已除过气的张力计垂直浸入水中，使水面位于陶土管中部，此时真空表的读数即为零位校正值。用测量值减去零位校正值，即为测定点的土壤实际吸力。

土壤水吸力（mb）= 真空表的读数 - 零位校正值

土壤水势（mb）= -（真空表的读数 - 零位校正值）

一般在测量表层土壤吸力时，因仪器较短，零位校正值很小，可忽略不计。

【注意事项】

（1）土壤水吸力与土壤含水量之间并非单值函数，用张力计测量的吸力值来换算土壤含水量时存在一定的误差。因此，用张力计法只能粗略地估算土壤含水量。

（2）土壤张力计的测量范围为 0~850 mb，与作物凋萎时的吸力值 15 bar 相比，测量范围较小，一般仅适合于比较湿润的土壤。如果需要测量的范围超过 850 mb 时，可选用其他测定方法。

（3）国际单位制压强（压力）的单位为帕斯卡（Pa）。不同单位间的换算关系如下：

1 Pa = 1 N/m^2；

1 标准大气压 = 760 mmHg = 1.013×10^6 Pa；

1 mb = 10^{-3} bar = 9.869×10^{-4} 标准大气压 = 0.075 01 cmHg。

5.5　土壤水特征曲线的测定（设计型实验）

【测定意义】

土壤水特征曲线是土壤水管理和研究最基本的资料，是非饱和情况下，土壤水分含量与土壤基质势之间的关系曲线。完整的土壤水特征曲线应由脱湿曲线和吸湿曲线组成，即土壤由饱和逐步脱水，测定不同含水量情况下的基质势，由此获得脱湿曲线；另外，土壤可以由气干逐步加湿，测定不同含水量情况下的基质势，由此获得吸湿曲线。这两条曲线是不重合的，人们把这种现象称为土壤水特征曲线的滞后作用。通常情况下，由于吸湿曲线较难测定，且在生产与研究中常用脱湿曲线，所以本书中仅只讨论脱湿曲线的测定。

土壤水特征曲线反映了非饱和状态下土壤水的数量和能量之间的关系，如果不考虑滞后作用，通过土壤水特征曲线可建立土壤含水量和土壤基质势之间的换算关系。这样做有时会带来一定的误差,但在大多数情况下,一场降雨或灌溉后,总是有很长时间的干旱过程,在这种情况下,由脱湿曲线建立的两参数之间的换算关系有一定可靠性。

如果将土壤孔隙概化为一束粗细不同的毛细管。在土壤饱和时,所有的孔隙都充满水,而在非饱和情况下,只有一部分孔隙充满水。通过土壤水特征曲线可建立土壤基质势与保持水分的最大土壤孔隙的孔径的函数关系,由此可推算土壤孔径的分布。必须指出,由于我们将土壤孔隙概化为一束粗细不同的毛细管,与实际土壤孔隙不完全相同,因此称为实效孔径分布。

土壤水特征曲线的斜率反映了土壤的供水能力,即基质势减少一定量时土壤能释放多少水量,这在研究土壤与作物关系时有很大作用。

【方法与原理】

目前,负压计法是测量土壤水吸力最简单、最直观的方法,而时域反射仪(TDR)是测量土壤体积含水率的最常用、最便捷的方法之一。

1. 负压计

负压计由陶土头、腔体、集气管和真空(负压)表等部件组成(图 5-2)。陶土头是仪器的感应部件,具有许多微小而均匀的孔隙,被水浸润后会在孔隙中形成一层水膜。当陶土头中的孔隙全部充水后,孔隙中水就具有张力,这种张力能保证水在一定压力下通过陶土头,但阻止空气通过。将充满水且密封的负压计插入不饱和土样时,水膜就与土壤水连接起来,产生水力上的联系。土壤系统的水势不相等时,水便由水势高处通过陶土头向水势低处流动,直至两个系统的水势平衡为止。总土水势包括基质势、压力势、溶质势和重力势。由于陶土头为多孔透水材料,溶质也能通过,因此内外溶质势相等,陶土头内外重力势也相等。非饱和土壤水的压力势为零,仪器中无基质,基质势为零。因此,土壤水的基

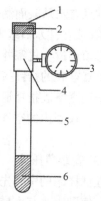

图 5-2　负压计结构
1. 盖子　2. 橡皮塞　3. 真空表
4. 集气管　5. 塑料管　6. 陶土管

质势便可由仪器所示的压力(差)来量度。非饱和土壤水的基质势低于仪器里的压力势,土壤就透过陶土头向仪器吸水,直到平衡为止。因为仪器是密封的,仪器中就产生真空,这样仪器内负压表的读数就是土壤的吸力。土壤水吸力与土壤水基质势在数值上是相等的,只是符号相反,在非饱和土壤中,基质势为负值,吸力为正值。

2. TDR

土壤水分对土壤介电特性的影响很大。自然水的介电常数为 80.36,空气介电常数为 1,干燥土壤为 3~7。这种巨大差异表明,可以通过测量土壤介电性质来推测土壤含水量。时域反射仪以一对平行棒(也叫探针)作为导体,土壤作为电介质,输出的高频电磁波信号从探针的始端传播到终端,由于终端处于开路状态,脉冲信号被反射回来。通过电磁波沿探针来回传播的时间可以计算土壤表观介电常数,介电常数与土壤含水量之间的函数关系而得到土壤含水量。

对相同的土壤在不同的土壤湿度条件下测量一系列(土壤含水量 θ,土壤水吸力 S)的值,便可绘制土壤水分特征曲线,然后用 $S(\theta)$ 经验公式拟合观测数据。

【实验材料和仪器】

蒸馏水、装土容器(底部有孔)、负压计、便携式 TDR(TDR300，图 5-3)。

图 5-3　TDR300 土壤水分仪

【操作步骤】

(1)土样的准备

在带孔的容器底部铺上一层普通滤纸，然后将采集的土样分次分层地装入，一般分 6 层装填，每次装入约 1/6 总质量的土样，每层铺平后夯实土样。填装完毕后，刮平土壤表面，加水使土壤湿润(接近田间持水量)，静置 24 h。

(2)仪器的准备

在使用负压计之前，为使仪器达到最大灵敏度，必须把仪器内部的空气除尽。打开集气管的橡皮塞，将负压计倾斜，注入蒸馏水，注满后将负压计直立，让水将陶土头润湿，并见有水从表面滴出。再将仪器注满蒸馏水，用干布或吸水性能好的纸从陶土头表面吸水(或在注水口塞入一个插有注射针头的橡皮塞，用注射器进行抽气，抽气时注意针尖必须穿过橡皮塞并伸入仪器内部，同时用左手顶住橡皮塞，不让其松动漏气)。此时可见真空表的指针指向 40 kPa，并有气泡从真空表内逸出，逐渐聚集在集气管中。拔出塞子让真空表指针退回零位。继续将仪器注满蒸馏水，仍用上述方法进行抽气，重复 3~4 次，仪器内的空气便可除尽，塞好橡皮塞并盖好集气管盖，将陶土头浸在蒸馏水中备用。

(3)安装负压计

在试样罐的中心先用小土钻钻一土孔，孔径略小于陶土头直径，然后将负压计垂直插入，使陶土头与土样紧密接触，将周围填土捣实(切勿踩实)。仪器安装好 24 h 后，便可进行数据采集。

(4)土壤在室内自然蒸发脱湿，土壤含水量减少。每日读取并记录一次数据(负压 S，单位 kPa)，直至负压表的读数接近最大量程 85 kPa。

(5)将便携式 TDR300 的探头垂直插入待测土壤(探针完全插入)测量土壤含水率。每日测量一次，读取数据并记录(体积含水率 θ，单位为 cm^3/cm^3)。

(6)实验结束后将负压计取出，清洗干净。

【注意事项】

负压计在使用过程中，须定期检查集气管中的空气容量，如果空气容量超过集气管容积的 1/2，必须重新补满水，补水时不要拔出仪器，也不要摇动仪器，只要缓缓拧开盖子，用蒸馏水灌满，再加盖和塞密封。若在操作过程中，陶土管与原来接触的土壤松动，应在附近重新打孔安装。一般来讲，如安装前仪器中的空气基本除净，且土壤的湿度在仪器的测量范围内，则可以连续维持 10~25 d，不必重新加水。

【数据处理】

将所有人分为 20 个组(每组 3~4 人)进行实验，依次于 20 日内测量 20 组(土壤含水量 θ，土壤水吸力 S)数据并记录于表(5-1)：

表 5-1　土壤含水量和水吸力数据记录表

时间	土壤含水量 θ	土壤水吸力 S
Day 1		
Day 2		
Day 3		
Day 4		
⋮		
Day 19		
Day 20		

将土壤含水量 θ 和土壤水吸力 S 绘制成散点图，然后用 $S(\theta)$ 经验公式拟合。

$$S = A\theta^b \tag{5-10}$$

$$S = \frac{A(\theta_s - \theta)^n}{\theta^m} \tag{5-11}$$

(1)采用 Excel 自带的趋势线分析(幂函数)对公式(5-10)进行拟合，要求绘制拟合曲线，给出公式以及拟合度 R^2。

(2)采用公式(5-11)拟合相对复杂，可利用 Matlab 等数据处理软件，不做要求。

5.6　土壤渗透性的测定

【测定意义】

当土壤被水饱和后，土壤中的重力水在重力影响下而向下移动的性能称渗透性，渗透性对降水和灌溉水进入土壤及在土中的贮存，以及对地表径流的产生有重要影响。

【仪器与设备】

环刀($100~cm^3$)、量筒($10~mL$ 和 $100~mL$)、烧杯、大漏斗及架、托盘、石蜡、钟表。

【操作步骤】

(1)用环刀采取田间原状土带回室内，浸入水中，保持水面与环刀口平齐，但勿使水淹到环刀上口的土面，砂土浸 $4\sim6~h$，壤土浸 $8\sim12~h$，黏土浸 $2~h$。

(2)到预定时间取出环刀，去掉盖子，上面套上一个空环刀，先用胶布封好连接口，再用熔蜡黏合，严防接口处漏水，然后将接合的环刀放在大漏斗上，漏斗下放烧杯。

(3)向空环刀内加水，使水面比环刀口低 $1~mm$，即水层 $5~cm$。

(4)从漏斗滴出第一滴水开始记时间，以后每隔 $5~min$ 更换烧杯，并分别量渗水量 Q_1，Q_2，…，Q_n，同时记录水温，在整个渗透过程中应保持 $5~cm$ 的水层。

(5)试验持续至单位时间渗出水量相等为止，共约 $60~min$。

【记录和计算】

(1)记录内容及记录格式见表 5-2 所列。

测定地点：　　　　　　　　渗透面积(S，m^2)：

土壤及土层：　　　　　　　水层厚度(h，cm)：

采土深度(L, cm)：　　　　　　　水温(T,℃)：

表 5-2　实验数据记录表

开始滴水时间(min)	自开始滴水后不同时间内的渗水量(mL)												T(℃)	v	渗透系数	
	5	10	15	20	25	30	35	40	45	50	55	60			K_T	K_{10}

（2）上述水分渗透性是在水分饱和的土壤中进行的，故可应用达西（Darcy）定律的公式来计算土壤渗透性。

$$Q = K_T \frac{H}{L} \times S \times t \times \frac{1}{10}$$

$$K_T = \frac{Q}{S \times t} \times \frac{L}{H} \times 10 \tag{5-12}$$

$$v = \frac{Q}{S \times t} \times 10$$

式中　Q——渗透量（mL）；

K_T——T ℃下的渗透系数（mm/min）；

H——水层厚度（cm）；

v——渗透速度（mm/min）；

L——渗透路程（cm）；

S——渗透面积（cm^2）；

t——时间（min）。

在计算 K_T、V 值时是取 Q 的恒定或接近恒定值来计算的。

（3）将 K_T（mm/min）换算成 10 ℃时的渗透系数

$$K_{10} = \frac{K_T}{0.7 + 0.03T} \tag{5-13}$$

5.7　土壤温度与热参数测定

5.7.1　土壤温度测定

【测定意义】

土壤温度高低直接影响土壤微生物的活动强度、养分释放的速率，进而影响植物生长。因此，土壤温度的测定对了解土壤状况以及对农业生产都有很大的实践意义。它有助于确定作物最适宜的播种期、移栽期以及预防寒冷霜冻等气象灾害。土壤温度高低取决于土壤接受的太阳辐射的多少，同时也与土壤导热率(K_q)，土壤热容量(C_q)和热扩散率(D_q)等土壤的热性质密切相关。

【方法与原理】

1. 地温计法

测定土壤温度的温度计一般也称为地温计，传统的地温计为水银温度计。通常使用的地温计有定时温度计、最高温度计和最低温度计等。定点观测上层土壤温度时，一般采用不同长度的曲管地温计来定期观测土壤上层(5~20 cm)的温度，而定点观测较深层的土壤温度用直管地温计，通常将不同长度的直管地温计分别安装在不同深度(如20 cm、40 cm、60 cm 等层次)的土壤中。为了快速测定土壤温度，可用插入式地温计，它能较快地测出田块的土壤温度。随着温度传感技术的发展，现在电子温度计日益普及，其精度比水银温度计高，且直接数字显示，使用更加方便。本实验采用插入式数字显示电子温度计(图5-4)。

图 5-4　插入式数字显示电子温度计

2. 自动监测法

利用温度传感器，将土壤温度变化转化为电信号，由数据采集仪采集，并按一定采样频率自动观测土壤温度变化。这种土壤自动监测法省时省力，能够方便、准确地反映土壤温度变化规律，已成为土壤温度监测的主要方式。

土壤温度自动监测设备的关键部件是温度传感器(又称为温度探头)。测量土壤温度的温度传感器种类很多，选择温度传感器时应考虑其灵敏性、稳定性、精确性、适应范围、易用性和成本高低等因素。目前在土壤研究中普遍使用热电偶温度传感器来监测土壤温度变化。

3. 热电偶原理(Seebeck 效应)

将两种不同金属的两端相互连接，当两个节点存在温度差时，二者之间产生电动势，电路中出现电流。接点间温差越大，产生的电动势越高。对两种特定的金属而言，温差与电动势之间存在固定的函数关系。因此，只要确定了电路中电动势的大小，就可以算出两个接点间的温差。如果指定了其中一个接点的温度(参考温度)，就可以得知另一个接点的温度。参考温度可由数采仪提供(如 CS123X 数采仪的参考温度由一个铂电阻温度计提供)。

热电偶输出电压 E(mV)与温度 T(℃)的关系并非简单的线性关系，大多可用一元二次函数表示：

$$E = a + bT + cT^2 \tag{5-14}$$

式中　a，b，c——与热电偶类型有关的常数；

　　　E——由 bT 项(b 为 Seebeck 常数)决定。

传感器对温度变化的反应速度用时间常数 t 来表示。时间常数定义为当环境温度变化某一尺度时，传感器感应63.2%的变化尺度所需时间。对于给定传感器，其 t 值的大小受其材料、大小、热特性以及所处环境影响。

4. 利用热电偶测量土壤温度时应注意

热电偶灵敏性和寿命受湿度、酸碱度等影响，要防止其受到酸碱腐蚀；热电偶线的直径大小对测定有影响，直径越大，响应时间数越大，对大多数土壤研究，直径 0.51 mm 的热电偶线即可。可以用细热电偶线做成热电偶接点，然后再将其连接在同类型的较粗的热电偶线上。

【仪器与设备】

传统方法多用不同型号的温度计测定土壤温度，本实验使用插入式数显温度计。自动监测包括温度传感器——热敏探头、导线、数采仪（CS12X）等。测定范围-40~60 ℃，精度 0.5 ℃。

【操作步骤】

1. 田间土壤温度测定

（1）测定土壤耕作层的温度一般可在不同深度上（5 cm、10 cm、15 cm、20 cm 处）进行，如有特殊要求可按需要确定。

（2）地段的选择。如果观测地段位于比较平坦的地方，可以在该地段上选 2~3 cm^2 的面积用来测定土壤温度。如果观测地段位于坡地上，也应选出 3 块与上述面积同等的地段，这些地段必须分布在坡地的上部、中部和下部。观测最好在每天的 15：00 或其他时间进行，但每天必须在同一时间进行观测。如果观测地段距离站址很远，可以每两天进行一次观测。如果定点观测，应至少设 3 个重复，求取平均值。

（3）即时测定土壤温度时，将插入式地温计垂直插到所需要的土壤深度中，5 min 后立即读数并记录。同一地点至少应测定 3 个重复，以减少土壤变异对温度测定的影响。

2. 土壤温度自动监测

利用热敏探头和数采仪组成的自动地温监测系统可连续监测土壤温度。

（1）温度传感器的校准

多数温度传感器不需要标定，如果需要标定，可将传感器放置于 1：1 的冰水混合物中，其读数应该为±0.01 ℃。在将数采仪和热敏探头安装在田间之前，应在室内将系统（软件和硬件）全部连接并测试。热敏探头的精度一般为 0.5 ℃，在分析作物生长和发育时，土壤温度精度在±1 ℃即可，而如要计算土壤热通量，测定精度则必须达到±1 ℃。

（2）监测点数与频率

土壤表层温度变异大，需要增加监测的点数，相应需要较多的热敏探头。深层土壤温度变异较小，需要热敏探头数较少。

土壤温度的取样频率决定于观测变量的变化频率以及传感器的特性。如果不考虑传感器本身的滞后效应，则取样频率至少应达到所观测变量频率的 2 倍。

（3）田间安装

①监测地点选择 监测地点要具有代表性，一般选择田块的中间部位，不要选择在田边、水渠边或有遮蔽、覆盖物、污染物的地方。观测地点尽可能远离公路、居民区等受人为因素干扰大的地方，同时要保障仪器的安全性。

②埋设热敏探头 安装热敏探头前用防水标签标记探头。挖两个长×宽×深 = 20 cm×

20 cm×30 cm 的小坑(挖出的土壤分层放好)，从地表开始测量安装深度，并利用事先打好孔的木板确定热敏探头在土壤剖面上安装的位置。将装在铜管中的热敏探头分别埋在 5 cm、10 cm、15 cm 和 20 cm 深度，然后分层回填土壤，保证热敏探头和土壤有良好的接触；至少将 20 cm 以上的探头引线埋入土壤，避免热传导带来的误差；保持土壤固有的层次结构和容重等特性，尽量减小土壤水热特性的变化。

③连接数采仪和探头　其连接引线最好穿过 PVC 管，埋入土壤底层，以避免田间管理，耕作以及动物对引线的破坏。

④接通电源前，设定好取样频率，连续监测土壤温度的昼夜变化。利用数采仪采集温度数据。每 10 min 测定一次，30 min 时，计算平均数并输出数据，共采集 24 h。

【注意事项】

(1)观测时间要固定准确，只有同一时刻测定的土壤温度才具有可比性。

(2)在土壤严重冻结或土壤干燥开裂的情况下要防止一些玻璃地温计被损坏。

(3)测定土壤表面温度时，要保持探头与土壤表面接触良好；尽量使用微型热电偶以减小探头对地面能量平衡的影响，而且为了降低辐射热传输，一般将探头上盖一薄层土(若干毫米)。

5.7.2　土壤导热率测定

【测定意义】

土壤导热率影响土壤热量传递的快慢，进而影响土壤热量在土体内的传输和土壤温度状况，是土壤重要的热参数。本实验的目的是用实验室方法测定土壤导热率。

【方法与原理】

在室内采用土壤内插入加热棒，使土壤升温。测定土壤温度随时间的变化，根据下列方程求解土壤导热率。热导率的单位为 J/(cm·s·℃)。在稳态情况下，土壤热通量为：

$$q = K_q \left[(T_1 - T_0)/r \cdot \ln(r_0/r_1) \right] \tag{5-15}$$

加热器圆柱的几何学半径 $r=r_0$，此处温度高于 $r=r_1$ 处的温度，热源泉发出热的热通量应为：

$$q = \frac{I^2 R}{\pi r L} \tag{5-16}$$

式中　I——通过加热器的电流强度(A)；

　　　R——加热器工作电阻(n)；

　　　r——加热器半径；

　　　r_1——加热器中心到温度计 $I(T_1)$ 处的半径；

　　　L——加热器长度。将式(5-16)代入式(5-15)得：

$$K_q = \frac{I^2 R}{2\pi r L} \cdot \frac{r\ln(r_1/r_0)}{T_1 - T_0} \tag{5-17}$$

图 5-5 是测定土壤热导率的装置简图。通过均质土壤的稳态辐射热流可以在图中直径 50 cm、高 40 cm 的铁筒传输，加热器为 100 W 圆柱形加热器。在土壤同一深度，安

置若干根温度计。

【仪器与设备】

(1)金属圆筒(直径 50 cm，高 40 cm)。

(2)温度计若干支。

(3)100W 圆柱形电加热器。

(4)石棉布。

【操作步骤】

(1)取直径 50 cm、高 40 cm 金属圆筒，底部铺上石棉布作隔热层，根据加热器高度设计土层高度，将加热器放置圆筒中心，按一定容重加入风干土样。在土样上面再铺上一层石棉布。

(2)距中心加热器中 5 cm、10 cm、15 cm 和 20 cm 处插入温度计。

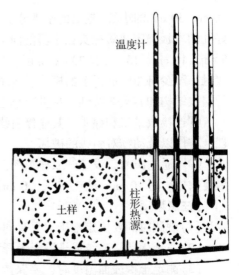

图 5-5　土壤热导率装置简图

(3)通电使加热器加热土壤。

(4)记录温度计的温度直到土壤中热流为稳态流(各温度计温度不随时间而变化)。

(5)稳态情况下，量取通过加热器的电流强度 I 和工作电阻 R。

(6)量取加热器的高度 L 和半径 r。

(7)根据公式(5-11)计算 K_q 值。

数据记录于表 5-3 中并计算。

表 5-3　实验数据记录表

观测位置(cm)	稳定温度 T(℃)	导热率 K_q[J(cm·s·℃)]		
		Ⅰ(5~10 cm)	Ⅱ(5~10 cm)	Ⅲ(5~10 cm)
5				
10				
15				
20				

【注意事项】

(1)风干土的填装要均匀，容重值尽量接近田间值。

(2)插入温度计时要小心，防止折断，并使插入土柱心土层，插入深度保持一致。

5.7.3　土壤热容量测定

【测定意义】

土壤热容量是重要的土壤热参数，其大小受土壤物质组成影响，新鲜土壤的热容量主要取决于土壤含水量的大小，而土壤固相热容量基本保持不变，主要受土壤的固相组成和结构特性影响。土壤气体组成对土壤热容量的影响可以忽略。准确测定土壤固相的热容量有助于研究土壤热运动规律。

【方法与原理】

采用量热法测定，测定绝热条件下，土壤与温水混合过程中从温水中吸收的热量

(忽略容器本身吸收和放出的热量),并且忽略因搅拌做功转变的热量等于温水冷却释放的热量,来计算土壤热容量。

$$C_w(T_{w1}-T_{w0})m_w = C_2(TT_{w0}-T_{w1})m_s \tag{5-18}$$

式中　C_w,C_s——水和土壤的质量热容量[J/(g·℃)];

T_{w1}——温水温度(℃);

T_{w0}——平衡系统中温度(℃);

T_{w1}——土壤最初温度(℃);

m_s——水的质量与土壤的质量(g)。

【仪器与设备】

(1)量热器:量热器在市场上有定型产品,有 1 L、0.5 L 等规格。量热器由隔热筒和隔热筒内的金属圆筒(由薄金属片制成)及金属圆筒内的搅拌器与温度计组成。

(2)热敏电阻温度计或其他高精度温度计(精度±0.1 ℃)。

(3)搅拌器、天平等。

【测定步骤】

(1)用天平称 100 g 干砂土(在 105 ℃下烘至恒重),测定其温度,要求精确至 0.2 ℃,可采用热敏电阻温度计测定。

(2)准确取 42~45 ℃温水 200 mL(或 200 g),倒入量热器中,立刻盖上量热器盖,准确量得温度。

(3)把干砂土迅速倒入量热器中,盖好盖后,通过搅拌器搅拌 10~20 min,搅拌时注意不要使水溢,搅拌均匀后量取溶液温度,若测定黏重土壤或有机质含量高的土壤,不能将干土样与水简单混合,因为它们在放入水中时,由于土壤的吸附作用强,而放出吸附热,但可用湿土样来测定,再确定干样的热容量。

【结果计算】

用式(5-12)计算土壤热容量。

【注意事项】

(1)土壤倒入量热器后,要迅速盖好量热器盖,保证量热器密封好,减少测定过程中土壤悬液热量的遗失。

(2)搅拌过程中要防止水溢出。

(3)测定时间不宜过长,尤其在气温很低的冬季。

(4)对于黏质土或高有机质含量土壤,先称取一定量的干土,加入一定量的纯净水,使其呈湿润状态(使其含水量在其萎蔫系数以上),然后再按上述步骤测定。将结果扣除加入水的热容量,即可求得干土的热容量。

5.7.4 土壤热扩散率测定

【测定意义】

土壤热扩散率反映土壤升温的快慢,对农业生产更有指导意义。一般升温快的土壤称为热性土,在早春土壤升温快,而促进作物发育;而升温慢的土壤称为冷性土,在早春土壤温度低,影响农作物的发育。

【方法与原理】

土壤热扩散率可以通过室内实验求取。首先测定实验土壤的热导率和热容量，然后依据下列公式求出：

$$D_q = \frac{K_q}{C_{vq}} \tag{5-19}$$

式中　K_q——导热率；

　　　C_{vq}——容积热容量。

还可以在一维条件下，用下列公式计算：

$$\partial T / \partial t = D_q \frac{\partial^2 T}{\partial Z^2} \tag{5-20}$$

初始边界条件为：

$$T(Z,\ t) = T_0 \quad (t=0,\ Z \geqslant 0) \tag{5-21}$$

$$T(0,\ t) = T_0 \quad (t>0,\ Z=0) \tag{5-22}$$

解方程(5-20)得：

$$[T_s - T(Z,\ t)] / (T_s - T_0) = erf[z/(4D_q t)^{1/2}] \tag{5-23}$$

式中　$erf(x)$——误差函数，根据方程左边部分的计算值从表 5-4 中可以查出 x 的值，再依据如下方程计算：

$$D_q = \frac{Z^2}{4tx^2} \tag{5-24}$$

表 5-4　误差函数表

x	$erf(x)$	x	$erf(x)$	x	$erf(x)$	x	$erf(x)$
0.00	0.0000	0.50	0.5205	1.00	0.8427	1.5	0.9661
0.05	0.564	0.55	0.5633	1.05	0.8624	1.55	0.9716
0.10	0.1123	0.60	0.6039	1.10	0.8802	1.60	0.9763
0.15	0.1680	0.65	0.6420	1.15	0.8961	1.65	0.9804
0.20	0.2227	0.70	0.6778	1.20	0.9103	1.70	0.9838
0.25	0.2768	0.75	0.7112	1.25	0.9229	1.75	0.9867
0.30	0.3286	0.80	0.7421	1.30	0.9330	1.80	0.9891
0.35	0.3794	0.85	0.7707	1.35	0.9438	1.85	0.9911
0.40	0.4284	0.90	0.7969	1.40	0.9523	1.90	0.9928
0.45	0.4755	0.95	0.8209	1.45	0.9597	1.95	0.9942

【仪器与设备】

绝热圆筒(带有金属底)、温度传感器(精度±0.1 ℃)、水槽、冰块等。

【测定步骤】

(1)取风干砂土样，按一定容量均匀填入带有金属底的绝热圆筒内，并在距金属底 2 cm 处放置一个热敏电阻温度计，温度计导线由上部引出，测其温度 T。

(2)将圆筒的金属底部浸没到冰块与水混合体中(即 $T_s = 0$ ℃)，每分钟记录一次温度计的读数 $[T(Z,\ t)]$，延续 20 min。

(3)根据测得的温度值计算 $erf(x)$ 值，从表 5-4 中查出对应的 x 值，再根据公式(5-

19)求出 D_q。

【注意事项】

(1)填充土壤要均匀,否则影响土壤热量的传递。

(2)温度传感器埋设间距要合适,间距太大,温度变化太慢;间距太小,温度传感器温差不明显。

(3)本测定方法不适宜田间自然原状土壤扩散率的测定,其测定结果与田间实际值具有较大的差异。田间土壤热扩散率有很大的空间变异性。

5.8　土壤通气性的测定

【测定意义】

土壤通气性是指土壤空气与大气进行气体交换的性能。气体交换是因空气压力梯度不同,或者因土壤空气各组成分和大气中该成分浓度间的分压差而产生的气体扩散。土壤通气的基本条件是要求土壤有一定数量的非毛管孔隙度。维持土壤适当的通气性是保证土壤空气质量,提高土壤肥力不可缺少的条件。

【方法与原理】

土壤通气仪由以下几部分组成(图 5-6):

(1)容水桶

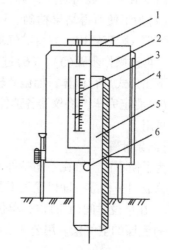

它是由金属薄板制成,是一个坚固不漏水的水桶,在桶中心有一根入土圆管(圆管的半径为 r,面积为 a),它由无缝钢管制成。其一端呈刀口状,可插入土中,空气即从入土管进入土壤,在容水桶的内壁上有两片光滑的薄金属片,其目的是使贮气罩与容水桶保持良好位置和减少摩擦阻力。在容水桶的外壁,有 3 个固定脚架,其目的是使仪器保持平衡。

(2)贮气罩

它是由金属薄板制成,严密不漏气(贮气罩的半径为 R,面积为 A)。贮气罩的外壁上有一片光滑的金属片,贮气罩的顶部有手柄和批量针联杆的固定柱。

图 5-6　土壤通气仪结构
1. 贮气罩手柄　2. 贮气罩　3. 水压机与指针
4. 容水桶　5. 入土管　6. 通气筒

(3)水压计与指针

它装置于标牌箱内,水压计是由"I"型玻璃管与贮水盒组成。在贮水盒内盛有蒸馏水或染色水,玻璃管的一端与贮水盒相连,另一端与大气相通,贮水盒的另一边有一根"II"型通气管,它与入土管相连,在通气管的拐角处有一个通气阀,用它调节气流的出入。在标牌板上有一个指针,它与联杆相连,并固定于贮气罩上,随着贮气罩而移动。在标牌板上还印有 Δh 及 ΔP 的记得度值。

【操作步骤】

(1)向水压计内加水(染色水),使水位高度指针在"0-1"点处附近,并检查指针的情况,使它上下移动自如。

(2)选择具有代表性的测点，保持原状土层，除去土壤表层的石子、草、叶等杂物，并应防止土壤压实。

(3)将容水桶的入土管垂直插入土中，插到欲测的土层深度 L。如土层较硬，应盖上入土管盖，用铁锤轻轻敲击管盖，使入土管进入耕层欲测的土层深度，并把入土管四周的土壤与管壁靠紧，勿使漏气，再放下仪器的固定脚架使仪器保持稳定，然后旋紧固定螺母。

(4)向容水桶内灌水，灌水量约占桶的 2/3(注意：灌水时应将入土管盖好，防止水进入入土管内，待水灌好后，必须拿去入土管盖)，再将贮气罩轻轻放入容水桶内，放入时贮气罩上的金属片应对准容水桶上的缺口，并将指针的连杆与贮气罩顶的固定柱相连。

(5)贮气罩放手前记下水压计内水位高度值 P_1，放手后迅速记下指针所指示的刻度值 h_1、测定时间 t_1 和大气温度 T_1。(注意：在整个测定过程中贮气罩的空气压力 ΔP，应保持稳定，如发现有变化，检查贮气罩、通气阀等部件有否漏气，以便及时补救。)

(6)待贮气罩下降至一定高度后，立即记下指针批量指示的刻度值 h_2、水压计内水位的高度值 P_2、经历时间 t_2 和大气温度 T_2。

(7)为了使所得结果精确、可靠，测定应重复进行 2~3 次，此时，应打开通气阀，让空气进入贮气罩内，并将贮气罩慢慢地向上拉动，待上升到一定高度后，立即旋紧通气阀，再按操作步骤(5)、(6)进行。各次测定结果均应在允许误差范围内，测定完毕即可按下述公式进行计算，如偏差较大或中途发生故障应该重做。

(8)测定完毕，将仪器各部件如黏着土壤、水分和其他脏物，应擦洗干净，后装箱，以备再用。

【结果计算】

为了使不同土壤在不同条件下所测得的通气性指标可以相互比较，有必要把测定结果换算成同一标准。即以通气系数(K)表示之，所谓土壤通气系数，指土壤在大气温度 25 ℃，在单位时间(1 h)内，单位压力(1 达因①)下和单位面积(1 cm²)上通过单位厚度(1 cm)土层的空气量。用公式表示为：

$$Q = \frac{a \cdot \Delta P \cdot \Delta t}{L} \cdot K \tag{5-25}$$

或

$$K = \frac{Q \cdot L}{a \cdot \Delta P \cdot \Delta t} \tag{5-26}$$

式中 K——土壤透气系数；

      Q——通气量(cm³)($Q = \pi R^2 \times \Delta h$, $\Delta h = h_2 - h_1$)；

      a——入土管的面积(cm²)($a = \pi r^2$)；

      L——入土管插入土壤的深度(cm)；

      ΔP——贮气罩内的压力(10^{-5} N·cm⁻²)，即水压计内的水柱高度厘米×980

---

① 1 达因 = 10^{-5} 牛。

$(\Delta P = P_2 - P_1)$；

Δt——测定所经历的时间（$\Delta t = t_2 - t_1$）。

由于空气滞度的影响，在不同温度下所测得的通气速率也不相同。温度越高，滞度越小，透气速率越快，因此为了进一步校正因温度不同而产生的气体滞度相差，可以以某一固定温度的空气滞度作为标准来进行较正，校正公式如下：

$$K = \frac{Q \cdot L}{a \cdot \Delta P \cdot \Delta t} \cdot \frac{\eta_T}{\eta 25℃} \tag{5-27}$$

式中　$\eta 25℃$——以 25 ℃时水汽饱和的空气滞度为标准，$\eta 25℃ = 184.5 \times 10^{-6}$ 泊；

　　　η_T——是在测定时的大气温度（T）水汽饱和的空气滞度，可查表 5-5 得 η_T。

表 5-5　不同温度下水汽饱和的空气滞度（η_T）

温度（℃）	0	5	10	15
滞度（泊）	172×10^{-6}	175×10^{-6}	177×10^{-6}	179×10^{-6}
温度（℃）	20	25	30	35
滞度（泊）	182×10^{-6}	184.5×10^{-6}	187×10^{-6}	189×10^{-6}

上述公式中 $\dfrac{\eta_T}{\eta 25℃}$ 是空气滞度校正系数，在一般温度条件下，可以略去不计，但是夏季和冬季温差较大时，空气滞度不宜略去。

根据实测数据，列表计算。

已知该仪器的 $R = 10$ cm，$r = 3.5$ cm，则土壤通气系数 K 为：

$$K = \frac{Q \cdot L}{a \cdot \Delta P \cdot \Delta t} \cdot \frac{\eta_T}{\eta 25℃} = \frac{3600}{980} \cdot \frac{R^2}{r^2} \cdot \frac{\Delta h \cdot L}{\Delta P \cdot \Delta t} \cdot \frac{\eta_T}{\eta 25℃}$$

$$= 29.99 \frac{L \cdot \Delta h}{\Delta P \cdot \Delta t} \cdot \frac{\eta_T}{\eta 25℃} \tag{5-28}$$

【注意事项】

（1）使用时应检查容水桶、水压计是否漏水，贮气罩、通气阀是否漏气。

（2）入土管入土以后，切忌摇动，防止漏气影响测定结果。

复习思考题

1. 根据所选用的探针类型，读取 TDR 的读数，计算 0～15 cm、15～30 cm 等层次的土壤容积含水量。

2. 利用 TDR 测定土壤含水量有什么优缺点？

3. 影响中子测水仪测试精度的因素是什么？如何进行田间标定？

4. 土壤萎蔫系数的含义是什么？它与作物吸水有何关系？

5. 土壤深度对土壤温度变化有何影响？

6. 在使用土壤通气系数 K 时，应说明哪些是主要影响因素？

第 6 章

土壤化学性质分析

本章介绍了土壤交换性能、酸度(包括土壤活性酸、交换性酸和水解性酸)、缓冲容量分析及酸性土壤石灰需求量计算，土壤氧化还原电位和土壤胶体特性分析，同时介绍了土壤水溶性盐分总量及组成分析。在方法上，土壤阳离子交换量(CEC)按中性、酸性、石灰性和盐碱土分别介绍了测定方法；土壤水溶性盐分组成分析上，除传统方法外，引进了离子色谱法测定土壤离子组成及含量等。

6.1 土壤阳离子交换量的测定

【测定意义】

当土壤用一种盐溶液(如乙酸铵)淋洗时，土壤具有吸附溶液中阳离子的能力，同时释放出等量的其他阳离子如 Ca^{2+}、Mg^{2+}、K^+、Na^+ 等，它们称为交换性阳离子。在交换中还可能有少量的金属微量元素和铁、铝。$Fe^{3+}(Fe^{2+})$ 一般不作为交换性阳离子。土壤吸附阳离子的能力用吸附的阳离子总量表示，称为阳离子交换量(cation exchange capacity，CEC)，其单位为 cmol/kg 表示。土壤的阳离子交换性能是由土壤胶体表面性质所决定，由有机质的交换基与无机质的交换基所构成，有机质的交换基主要是腐殖酸类物质，无机质的交换基主要是黏土矿物。它们在土壤中互相结合着，形成了复杂的有机—无机复合体胶体，所能吸收的阳离子总量包括交换性盐基离子(K^+、Na^+、Ca^{2+}、Mg^{2+} 等)和致酸离子(Al^{3+}、H^+)，两者的总和即为阳离子交换量。通过测定土壤阳离子交换量可以评价土壤保肥供肥能力的指标，为改良土壤和合理施肥提供重要依据。

6.1.1 乙酸铵法(适用于酸性和中性土壤)

【方法与原理】

用 1 mol/L 中性乙酸铵(CH_3COONH_4)反复处理土样，用 NH_4^+ 饱和土壤。再用乙醇洗去多余的 NH_4^+，然后用加固体氧化镁蒸馏法测定土样交换的 NH_4^+。或用 NaCl 溶液再反代换出 NH_4^+，取溶液测定 NH_4^+。由代换的 NH_4^+ 量计算土壤交换量。

【试剂配制】

(1)1 mol/L 中性乙酸铵

称 77.09 g 乙酸铵，溶于 900 mL 水中，用 1:1 氨水或 1 mol/L 乙酸调 pH 为 7.0，加水至 1 L。

(2)0.1 mol/L 乙酸铵

取 1 mol/L 中性乙酸铵，用水稀释 10 倍，配制 2 L。

(3)95%乙醇。

(4)10%NaCl

100 g NaCl 溶于 1000 mL 水中，加浓盐酸 4 mL 酸化。

(5)纳氏试剂

①35 g KI 和 45 g HgI_2 溶于 400 mL 水中，②112 g KOH 溶于 500 mL 水中，冷却。然后将①慢慢加入②中，边加边搅拌，最后加水至 1 L，放置过夜，取上清液贮于棕色瓶中，用橡皮塞子塞紧。

(6)硼酸吸收液(2%)

20 g 硼酸(H_3BO_3)溶于 1 L 水，加 20 mL 混合指示剂，用 0.1 mol/L NaOH 调节 pH 为 4.5~5.0(紫红色)，然后加水至 1 L。

(7)混合指示剂

0.099 g 溴甲酚绿和 0.066 g 甲基红，溶于 100 mL 乙醇。

(8)0.01~0.02 mol/L 标准酸($1/2H_2SO_4$)

0.5 mL 浓 H_2SO_4 加入 1000 mL 水中，混匀。

标定：准确称取硼砂($Na_2B_2O_4$)1.906 8 g，溶解定容为 100 mL，此为硼砂溶液。取此液 10 mL，放入三角瓶中，加甲基红指示剂 2 滴，用所配标准酸滴定由黄色至红色止，计算酸浓度。

(9)铬黑 T 指示剂

0.4 g 铬黑 T 溶于 100 mL 95%乙醇中。

(10)1 mol/L NaOH

40 g NaOH 溶于 1 L 水中。

(11)pH 10 缓冲液

20 mL 1 mol/L NH_4Cl 和 100 mL 1 mol/L $NH_3 \cdot H_2O$ 混合。

(12)氧化镁(固体)

在高温电炉中经 500~600 ℃灼烧 0.5 h，使氧化镁中可能存在的碳酸镁转化为氧化镁，提高其利用率，同时防止蒸馏时大量气泡发生。

(13)液态或固态石蜡。

【仪器与设备】

淋洗装置(自制)、定氮仪。

【测定步骤】

(1)取少量棉花塞进淋滤管下部，塞紧程度调节至水滤出速度为 20~30 滴/min。剪小片滤纸(稍小于管径)放在棉花上。

(2)称取 5.00 g 土样，放入淋滤管内滤纸上，轻摇使土面平整，上面再放一片回形滤纸。淋滤管放在滤斗架上。加入 1 mol/L 中性乙酸铵溶液使液面比管口低 2 cm。

(3)淋滤管下放一个 250 mL 容量瓶承接淋洗液。另取 250 mL 容量瓶，装入 200 mL 中性乙酸铵溶液，剪一个小于淋滤管内径但大于容量瓶口径的滤纸，贴于瓶口，将容量瓶倒立(小心不使溶液流出),瓶口伸入淋滤管内,与管内溶液相接,则瓶口滤纸落下,自动淋洗开始(如瓶口滤纸不下落,可用玻璃棒轻轻拨下)。

(4)淋洗至滤液到 120 mL 时,取正在下滴的淋洗液检查,方法是用白瓷板接滤液 2 滴,加 pH 10 缓冲液 3 滴,加铬黑 T 于滴孔,显红色为有 Ca^{2+},需再淋洗。显蓝色为无 Ca^{2+},可停止淋洗。取出下面容量瓶,用水定容后,供交换性盐基总量和 Ca^{2+}、Mg^{2+}、K^+、Na^+测定。

(5)移去上面的容量瓶,用 0.1 mol/L 乙酸铵淋洗 2~3 次,每次用 15 mL,滤液用三角瓶或烧杯承接。

(6)再用 95%乙醇洗土样每次用 10~15 mL,待滤完后再加。洗 2 次后接取滤液用奈氏试剂检查,如有棕红色沉淀或混浊,需再洗,至滤液无 NH_4^+ 为止(纳氏试剂仅呈浅黄色)。

(7)将淋滤管内土样全部移入开氏瓶,接上定氮蒸馏仪,加 1 mol/L NaOH 5~10 mL,定氮蒸馏,用硼酸溶液接收,标准酸滴定,记取滴定用量或是用乙醇淋洗后,取 250 mL 容量瓶接于淋滤管下口,用 10% NaCl 反淋洗交换,将土样中交换性 NH_4^+ 全部用 Na^+代换出来,至淋洗液中无 NH_4^+ 为止,然后取出容量瓶,用 NaCl 定容。吸取滤液 50 mL,转入开氏瓶,加 1 mol/L NaOH 2 mL,定氮蒸馏。

【结果计算】

如果土壤样品全部蒸馏,则:

$$CEC\ [cmol(+)\ /\ kg] = \frac{c \times (V-V_0)}{m \times 10} \times 1000 \quad\quad (6\text{-}1)$$

式中　c——标准盐酸浓度(mol/L);

　　　V——滴定用标准酸体积(mL);

　　　V_0——空白滴定消耗盐酸标准溶液的量(mL);

　　　m——烘干土壤样品质量(g);

　　　10——将 mmol 换算成 cmol 的倍数;

　　　1000——换算成每千克土壤中的厘摩尔数;

【注意事项】

(1)棉花用量及塞紧程度影响淋洗速度,需仔细调整,如太少太松,淋洗过快,200 mL 淋洗液不够用,不易交换完全。但土粒可能渗漏下去,造成失误。如太紧太多,淋滤过慢,延长实验时间。

(2)倒立容量瓶时,瓶口旋纸片用手指轻轻托住,倒立后再放开手指,纸片应不掉,溶液不漏。用水练习几次后可熟练掌握。

(3)由于个人淋滤速度有差异,不同土样交换性能也有差异,所以完全交换时间会有差异,以检查淋洗液无 Ca^{2+} 为准,一般淋洗液用量 150 mL 左右即可。

(4)用 0.1 mol/L 乙酸铵先洗几次是为了节约乙醇用量。用乙醇洗去多余的乙酸铵,必须严格掌握"洗净程度",如洗不净多余的乙酸铵,则使测定结果偏高。反之,如洗净后还在洗,则可能使一些吸附交换的 NH_4^+ 也被洗去,还会溶解一定的有机质而引起负误差。用纳氏试剂检查只需查有无红色或深黄色即止。如洗至后来,洗涤乙醇检查时纳氏反应颜色增深，就是因为洗涤过头。也可以用异丙醇代替乙醇洗涤。

（5）土样直接蒸馏法和 NaCl 反淋洗液蒸馏法各有优点，直接法步骤较简省，滴定用量较多，但如失败须从头做起。NaCl 反交换蒸馏法，多一个步骤，但取部分溶液蒸馏，如失败还可重取溶液蒸馏。另外，由于交换溶液中成分不像土样复杂，有机质碱解等副作用很小，这方面的误差比土样直接蒸馏法少。

（6）也可以取反淋洗液用纳氏比色法测 NH_4^+ 量，然后计算交换量。

6.1.2 EDTA-乙酸铵盐交换法（适用于酸性、中性和石灰性土壤）

【方法与原理】

用 0.005 mol/L EDTA 与 1 mol/L 乙酸铵的混合液作为交换提取剂，在适宜的 pH 条件下（酸性、中性土壤用 pH7.0，石灰性土壤用 pH8.5），与土壤吸附的 Ca^{2+}、Mg^{2+}、Al^{3+} 等交换，在瞬间形成解离度很小而稳定性大的络合物，且不会破坏土壤胶体。由于 NH_4^+ 的存在，交换性 H^+、K^+、Na^+ 也能交换完全，形成铵离子饱和土。用 95% 乙醇洗去过剩铵盐，以蒸馏法蒸馏，用标准酸溶液滴定，即可计算出土壤阳离子交换量。

【仪器与设备】

同乙酸铵法。

【试剂配制】

（1）0.005 mol/L EDTA 与 1 mol/L 乙酸铵的混合液：称取 77.09 g 乙酸铵（CH_3COONH_4，化学纯）及 1.461 g 乙二胺四乙酸（EDTA，化学纯），加水溶解后一起洗入 1000 mL 容量瓶中，加蒸馏水至 900 mL，以 1:1 氨水和稀乙酸调至 pH7（用于酸性和中性土壤的提取）或 pH8.5（用于石灰性土壤的提取），定容至刻度备用。

（2）其他试剂同乙酸铵法。

【操作步骤】

称取通过 2 mm 筛孔的风干土样 2 g（精确至 0.01 g），放入 100 mL 离心管中，加入少量 EDTA-乙酸铵混合液，用橡皮头玻璃棒搅拌样品，使成均匀泥浆状。再加混合液使总体达 80 mL，搅拌 1~2 min，然后用混合液洗净橡皮头玻璃棒。

将离心管成对地放在粗天平的两盘上，加入混合液使之平衡，再对称地放入离心机中、以 3000 r/min 的转速离心 3~5 min。如不需测定交换性盐基，可将离心管中清液弃去。如酸性、中性土壤需测定盐基组成时，则将离心后清液收集于 100 mL 容量瓶中，用混合液提取剂定容至刻度，作为土壤交换性盐基的待测液。

向载有样品的离心管中加入少量 95% 乙醇，用橡皮头玻璃棒充分搅拌，使土壤成为均匀泥浆状，再加 95% 的乙醇约 60 mL，用橡皮头玻璃棒搅匀，将离心管成对地放置于天平上，加乙醇平衡，再对称地放入离心机中离心 3~5 min，转速 3000 r/min，弃去上清液，如此反复 3~4 次，洗至无铵离子为止（以纳氏试剂检查）。

向离心管中加入少量水，用橡皮头玻璃棒将铵离子饱和土壤搅拌成糊状，并无损地洗入蒸馏管中，洗入量控制在 60 mL。蒸馏前向蒸馏管内加入 2 mL 液体石蜡和 1 g 氧化镁，立即将蒸馏管置于蒸馏装置上密封。以后步骤同乙酸铵法。

【结果计算】

同乙酸铵法。

【注意事项】

含盐分和碱化度高的土壤，因 Na^+ 较多，易与 EDTA 形成稳定常数极小的 Na_2EDTA，一次提取交换不完全，所以需要提取 2~3 次。其他同乙酸铵法。

6.1.3　乙酸钠-火焰光度法(适用于石灰性土壤和盐碱土)

【测定原理】

用 CH_3COONa(pH8.2)处理土壤，使土壤被 Na^+ 饱和，用 95% 的酒精或 99% 的异丙醇洗去多余的 NaOAc，然后以 NH_4^+ 将交换性 Na^+ 交换下来，用火焰光度法测定溶液中的 Na^+，即可计算出土壤阳离子交换量。

【仪器与设备】

离心机(3000~4000 r/min)、火焰光度计、天平(感量 0.01 g)、容量瓶(100 mL)。

【试剂配制】

(1)1 mol/L 乙酸钠溶液：称取 136 g 乙酸钠($CH_3COONa \cdot 3H_2O$，化学纯)，用水溶解并稀释至 1 L。此溶液 pH 为 8.2，否则用稀氢氧化钠溶液或乙酸调节至 pH 8.2。

(2)95% 酒精：同乙酸铵法。

(3)1 mol/L 乙酸铵溶液：同乙酸铵法。

(4)钠标准溶液：称取 2.542 1 g 氯化钠(NaCl，分析纯，经 105 ℃烘 4 h)，用 1 mol/L 乙酸铵溶液溶解，定容至 1 L，即为 1000 mg/L 钠标准溶液，然后再用 1 mol/L 乙酸铵溶液稀释成 3 mg/L、5 mg/L、10 mg/L、20 mg/L、30 mg/L、50 mg/L 标准溶液，贮于塑料瓶中。

【操作步骤】

称取通过 0.25 mm 筛孔的风干土 4.00~6.00 g(黏土 4.00 g，砂土 6.00 g)，于 50 mL 离心管中，加 1 mol/L 乙酸钠溶液 33 mL，使各管质量一致，塞住管口，振荡 5 min，离心弃去清液，重复用乙酸钠溶液提取 4 次，然后以同样方法用 95% 酒精或 99% 异丙醇洗涤样品 3 次，最后一次尽量除去洗涤液。

向上述土样中加入 1 mol/L 乙酸铵溶液 33 mL，用玻璃棒搅成泥状，振荡 5 min，离心，将上清液小心倾入 100 mL 容量瓶中，按同样方法用 1 mol/L 乙酸铵溶液交换洗涤土样 2 次。收集的清液最后用 1 mol/L 乙酸铵溶液定容至 100 mL。与钠标准系列溶液一起用火焰光度计测定溶液中的钠，记录检流计读数，然后，从工作曲线上查得样品溶液中 Na^+ 的浓度，根据样品溶液中 Na^+ 的浓度计算出土样的阳离子交换量。

【结果计算】

$$CEC[cmol(+)/kg] = \frac{p \times V}{m \times 23.0 \times 10^3} \times 100 \tag{6-2}$$

式中　p——从工作曲线上查得样品溶液中 Na^+ 的浓度(mg/L)；

V——测试液的体积(mL)；

m——烘干土壤样品质量(g)；

23.0——钠的摩尔质量(g/mol);

10^3——把 mL 换算成 L 上的除数。

【注意事项】

在洗去多余 CH_3COONa 时,交换性 Na^+ 易水解进入溶液中而损失,所以要掌握好洗的次数。多次洗导致交换性 Na^+ 损失,呈负误差;少洗会因为残留 NaOAc 存在而使结果偏高,呈正误差。一般洗 3 次即可。

6.2 土壤酸度的测定

【测定意义】

土壤酸碱度是土壤的基本性质,也是影响土壤肥力的重要因素之一,它直接影响土壤营养成分的存在形态、转化和有效性。例如,土壤中的磷酸盐在 pH 6.5~7.5 时有效性最大,当 pH>7.5 时,则形成磷酸钙的盐。pH<6.5 时,则形成铁、铝磷酸盐,而降低其有效性。土壤酸碱度与土壤微生物活动也有密切关系,对于土壤中氮素的硝化作用和有机质矿化作用,均有很大影响,因此土壤酸碱度关系到作物的生长和发育。测定盐碱土的酸碱度,可以大致了解是否土壤中含有碱金属碳酸盐和土壤是否发生碱化,可为盐碱土改良和利用提供依据。作物对土壤酸度的要求,虽然不十分严格,但也都有其最适宜的酸碱范围。因此,测定土壤酸碱度,可以为合理布局作物提供科学依据。此外,在土壤农化分析中,土壤 pH 与很多项目的分析方法和分析结果有密切联系,在审查这些项目的结果时,常要参考土壤 pH 值的大小。

我国各类土壤 pH 值变化较大,总体上呈南酸北碱,pH 值变化范围在 4.5~9.0。松嫩平原苏打盐碱土 pH 值有的高达 9.0 以上;黑土 pH 为 6.0~7.0;石灰性土壤 pH 为 7.5~8.5;白浆土呈微酸性,pH 值为 5.0~6.0。

土壤酸度可分为活性酸和潜在酸两类。活性酸是由于土壤溶液的游离 H^+ 而引起的酸性,是土壤酸度的强度因素,通常用 pH 值表示;潜在酸是指存在土壤胶体表面的 H^+ 和 Al^{3+} 所形成的酸性,它是土壤酸度的容量因素。二者构成动态平衡关系。潜在酸可分为两类:第一类是土壤与过量中性盐(KCl、$NaCl$ 或 $BaCl_2$)相互作用,将胶体上大部分的 H^+ 和 Al^{3+} 交换出来,再以标准酸碱滴定溶液中的 H^+,这样测得的酸度称为交换性酸度。可用 pH 值表示,也可用 cmol/kg 表示。第二类是强碱弱酸易水解性盐类(如乙酸钠)溶液与土壤相互作用时所形成的酸度,称为水解性酸,一般均以 cmol/kg 表示。潜在酸的测定,常用作计算酸性土壤石灰施用量的依据。

本实验分别测定土壤活性酸(比色法和电位计法)、交换性酸和水解性酸的含量。

6.2.1 土壤活性酸的测定

土壤活性酸的测定,常用比色法和电位计法,比色法精度较差,误差在 0.5 个单位,常用于野外速测,而电位计法精度较高,pH 误差在 0.02 个单位。

【方法与原理】

采用电位计法测定,用电位计法测定土壤 pH 值时,常以 pH 电极为指示电极,甘汞电极或银—氯化银电极为参比电极，将两极插入土壤浸出液或土壤悬液时，构成一个电池反应，两极之间产生一个电位差，由于参比电极的电位是固定的，因而该电位差的大小决定于试液中氢离子的活度。氢离子活度的负对数即为 pH。因此，可用电位计测其电动势，再换算成 pH，一般可用酸度计直接读得 pH 值。

【仪器与设备】

pH 计、电炉或微波炉、滴定管。

【试剂配制】

(1) pH4.00 标准缓冲液：称取 105 ℃下烘干的苯二甲酸氢钾($KHC_3H_4O_4$) 10.221 g，用水溶解后稀释至 1 L，此液为 0.05 mol/L 苯二甲酸氢钾溶液，贮于塑料瓶内。

(2) pH6.86 标准缓冲液：称取 105 ℃下烘干的 KH_2PO_4 3.44 g 和 Na_2HPO_4 3.55 g。共同溶于水中，定容至 1 L。此液为 0.025 mol/L KH_2PO_4 和 0.025 mol/L Na_2HPO_4，贮于塑料瓶内。

(3) pH9.18 标准缓冲液：称取 3.80 g 硼砂($Na_2B_4O_7 \cdot 10H_2O$)溶于水中，定容至 1 L)(蒸馏水要先除尽 CO_2)。

【操作步骤】

(1) 称取 10.0 g 土样，置于 50 mL 高型烧杯中，加入 25 mL 无 CO_2 蒸馏水，搅动 1 min，使土样充分散开，放置 30 min，此时应避免空气中有氨和挥发性酸。

(2) 将 pH 玻璃复合电极的球部摇入土壤悬液，将悬液轻轻转动，待电极电位达到平衡，读数，测读 pH 值。

性能良好 pH 电极与悬液接触后，能迅速达到稳定读数，但对于缓冲性弱的土壤，平衡时间可能延长，每测定一个样品后，要用水冲洗玻璃电极和甘汞电极。并用滤纸轻轻将电极上吸附着的水吸干，再进行第二样品的测定。每测定 5~6 个样品后，应用 pH 标准缓冲液校正 1 次。

6.2.2 土壤交换性酸度的测定——1 mol/L KCl 交换—中和滴定法

【测定意义】

土壤用一种盐溶液(如 KCl 或 $CaCl_2$)处理，然后用标准碱溶液滴定滤液中的酸获得的总酸度，它包括潜在酸和活性酸。它是土壤酸的容量。测定土壤酸容量的方法很多，有偏碱性的 pH8.2 $Ba(OH)_2$-TEA 法、$Ca(OH)_2$-$Ba(OAc)_2$ 法、$BaCl_2$-TEA 法、中性 NH_4OAc 法及 $CaCl_2$、KCl 等方法。除 $CaCl_2$ 和 KCl 外，都是具有缓冲作用的提取剂。这些提取剂有随缓冲液 pH 升高提取的酸有增大的趋势。由于各方法提取的总酸量不同，有把 $BaCl_2$-TEA 法称为土壤"潜在总酸度"，1 mol/L 中性 NH_4OAc 提取的酸称为交换酸总量，而把 KCl 提取的酸称为"盐可提取的酸度"。KCl 溶液平衡交换或淋洗法由于铝离子不可能为 KCl 完全交换，平衡提取的测定结果即使乘上 1.75 的经验系数，也只能部分地符合某些类型的土壤情况，淋洗法可适用于所有酸性土壤，相对误差在 5% 以下。

【方法与原理】

在酸性土壤中，土壤胶体上可交换的 H^+ 及铝在用 KCl 淋洗时，为 H^+ 交换而进入溶液。

$$\begin{bmatrix} H^+ \\ Al^{3+} \\ 土壤 \\ Ca^{2+} \\ Mg^{2+} \end{bmatrix} + nKCl \Longleftrightarrow \begin{bmatrix} 土壤 \end{bmatrix} 8K^+ + AlCl_3 + CaCl_2 + MgCl_2 + (n-8)KCl$$

同时可溶解的有机胶体及有机胶体上可交换的氢离子也随淋洗而进入溶液。当用标准 NaOH 溶液滴定浸出液时:

$$H^+ + OH^- \longrightarrow H_2O$$

$$R-\overset{\overset{\displaystyle O}{\|}}{C}-OH + OH^- \longrightarrow R-\overset{\overset{\displaystyle O}{\|}}{C}-O^- + H_2O$$

$$Al(OH)_{3-n}^{n+} + nOH^- \longrightarrow Al(OH)_3$$

从标准 NaOH 消耗量可以得到交换酸的含量。

若浸出液中另取一份溶液加入足够的 NaF 时,氟离子与铝络合成 $[AlF_6]^{3-}$,它对酚酞是中性的。制止了 $AlCl_3$ 水解之后,再用标准 NaOH 溶液滴定,所消耗碱的量即为交换性氢离子,两者之差即为交换性铝。

【试剂配制】

(1)1 mol/L 氯化钾溶液

称取 KCl 74.6 g,用蒸馏水溶解并稀释至 1000 mL。

(2)0.2 mol/L 标准碱(NaOH)

称取 NaOH 约 0.8 g,溶于 1000 mL 无二氧化碳蒸馏水中。用邻苯二甲酸氢钾标定浓度。

(3)10 g/L 酚酞

称取酚酞 1 g,溶于 100 mL 乙醇中。

(4)35 g/L NaF 溶液

称取 NaF(化学纯)3.5 g 溶于 80 mL 无二氧化碳蒸馏水中,以酚酞为指示剂,用稀 NaOH 或 HCl 调节至微红色(pH 8.3),稀释至 100 mL,贮于塑料瓶中。

【操作步骤】

称取风干土样(通过 1 mm 筛)5.00 g 放在已铺好滤纸的漏斗内,用 1 mol/L KCl 溶液少量多次地淋洗土样,滤液承接在 250 mL 容量瓶中至近刻度时,用 1 mol/L KCl 溶液定容。

吸取滤液 100 mL 于 250 mL 三角瓶中,煮沸 5 min 赶出 CO_2,加入酚酞指示剂 5 滴,趁热用 0.2 mol/L NaOH 标准溶液滴定至微红色,记下 NaOH 用量 V_1。

另一份 100 mL 滤液于 250 mL 三角瓶中,煮沸 5 min 赶出 CO_2,趁热加入过量 35 g/L NaF 溶液约 1 mL,冷却后加入酚酞指示剂 5 滴,用 0.2 mol/L NaOH 标准溶液滴定至微红色,记下 NaOH 用量 V_2。

同上做空白试验,分别记取 NaOH 用量(V_0 和 V_0')。

【结果计算】

$$土壤交换性铝(1/3Al^{3+}, cmol/kg) = Q_{+,A} - Q_{+,H^+} \tag{6-3}$$

$$土壤交换性酸总量(Q_{+,A}, \ cmol/kg)=\frac{(V_1-V_0)\times c\times t_s}{m}\times 100 \qquad (6\text{-}4)$$

$$土壤交换性 H^+(Q_{+H^+}, \ cmol/kg)=\frac{(V_2-V_0')\times c\times t_s}{m}\times 100 \qquad (6\text{-}5)$$

式中　c——NaOH 标准溶液的浓度(mol/L)；

　　　t_s——分取倍数，250/100=2.5；

　　　m——烘干土样质量(g)。

【注意事项】

(1)淋洗 250 mL 已可把交换性氢、铝离子基本洗出来，若淋洗体积过大或时间过长，有可能把部分非交换酸洗出来。

(2)NaF 溶液用量应根据计算取用：

$$35 \ g/L \ NaF \ 加入量(mL)=\frac{V\times c\times 6}{0.85\times 3} \qquad (6\text{-}6)$$

式中　c, V——滴定交换酸总量时所用 NaOH 的浓度(mol/L)和体积(mL)；

　　　0.85——35 g/L NaF 近似浓度；

　　　6——[AlF_6]$^{3-}$络离子中 Al 与 F$^-$比值；

　　　3——Al^{3+}变为[$1/3Al^{3+}$]基本单元的换算系数。

6.2.3　土壤水解性酸的测定

【测定意义】

水解性酸也是土壤酸度的容量因素，它代表盐基不饱和土壤的总酸度，包括活性酸、交换性酸和水解性酸三部分的总和。土壤水解性酸加交换性盐基，接近于阳离子交换量，因而，可用来估算土壤的阳离子交换量和盐基饱和度。土壤水解性酸也是计算石灰施用量的重要参数之一。

【方法原理】

用 1 mol/L 乙酸钠(pH 8.2)浸提土壤，不仅能交换出土壤的交换性氢、铝离子，而且由于乙酸钠水解产生 NaOH 的钠离子，能取代出有机质较难解离的某些官能团上的氢离子，即可水解成酸。

【试剂配制】

(1)1 mol/L 乙酸钠溶液：称取化学纯乙酸钠($CH_3COONa \cdot 3H_2O$)136.06 g，加水溶解后定容至 1 L。用 1 mol/L NaOH 或 10%乙酸溶液调节 pH 至 8.3。

(2)0.02 mol/L NaOH 标准溶液：同前。

(3)1%酚酞指示剂：同前。

【操作步骤】

(1)称取通过 1 mm 筛孔风干土样 20 g，放在 500 mL 三角瓶中，加 1 mol/L CH_3COONa 约 100 mL，振荡后滤入 150 mL 三角瓶中。

(2)吸取滤液 25.00 mL 于 100 mL 三角瓶中，加酚酞指示剂 2 滴，用 0.02 mol/L NaOH 标准溶液滴定至明显的粉红色，记下 NaOH 标准溶液的用量 V。

注：滴定时滤液不能加热，否则乙酸钠强烈分解，乙酸蒸发呈较强碱性，造成很大的误差。

【结果计算】

$$水解性酸度(cmol/kg) = \frac{V \times c \times t_s \times 100}{m} \tag{6-7}$$

式中　V——NaOH 标准溶液消耗的毫升数(mL)；

　　　c——NaOH 标准溶液的浓度；

　　　t_s——分取倍数；

　　　m——烘干土质量(g)。

如果已有土壤阳离子交换量和交换性盐基总量的数据，水解性酸度也可以用计算求得：

$$水解性酸度 = 阳离子交换量 - 交换性盐基总量$$

式中三者的单位均为 cmol/kg 土。这样计算的水解性酸度比单独测定的水解性酸度更准确。

6.2.4　石灰需求量的测定与计算——0.2 mol/L CaCl₂ 交换—中和滴定法

【测定意义】

酸性土壤石灰需要量是指把土壤从其初始酸度中和到一个选定的中性或微酸性状态，或使土壤盐基饱和度从其初始饱和度增至所选定的盐基饱和度需要的石灰或其他碱性物质的量。由于石灰的加入提高了土壤溶液的 pH 值而使酸性土壤某些原来浓度已达到毒害程度的元素溶解度降低，消除了它们的毒害作用，但若加量太多，往往可把 Fe、Mn 有效度降得过低而使 Fe、Mn 缺乏。因此，应用一种准确、可行的测定方法，测定土壤石灰需要量，指导施用石灰是一种极其有价值的土壤管理措施。

测定土壤石灰需要量的方法很多。田间试验法，利用田间对比试验研究决定石灰施用量，是一种校正实验室测定方法的参比法；土壤—石灰培养法，它是把若干份供试土壤按递增量加石灰，在一定湿度下培养之后测定 pH 的变化，从而决定中和到规定 pH 值的石灰需要量；酸碱滴定法，常用的有交换酸中和法，其中 CaCl₂ - Ca(OH)₂ 中和滴定法模拟了土壤施入石灰时所引起反应的大致情况，同时在测定时由于 CaCl₂ 盐的作用，使滴定终点明显。在国际上还流行一种土壤—缓冲溶液平衡法，简称 SMP 法，它是一种弱酸与其盐组成的缓冲液，能使土壤酸度在比较低而且近于恒定的 pH 下逐渐中和，利用缓冲液的 pH 的变化决定石灰施用量。测定石灰需要量的方法都有其局限性，因此利用测定值指导石灰施用时，必须考虑土壤 Q_+ 和盐基饱和度、土壤质地和有机质的含量、土壤酸存在的主要形式、石灰的种类和施用方法，同时还要考虑可能带来的其他不利影响，例如，土壤微量元素养分的平衡供应等。

【方法与原理】

用 0.2 mol·L⁻¹CaCl₂ 溶液交换土壤胶体上的 H⁺ 和铝离子而进入溶液用 0.015 mol/L Ca(OH)₂ 标准溶液滴定，用 pH 酸度计指示终点。根据 Ca(OH)₂ 的用量计算石灰施用量。

【仪器与设备】

pH 酸度计、调速磁力搅拌器。

【试剂配制】

(1) 0.2 mol/L CaCl₂ 溶液

称取 CaCl₂ · 6H₂O（化学纯）44 g 溶于水中，稀释至 1000 mL，用 0.015 mol/L Ca(OH)₂ 或 0.1 mol/L HCl 调节到 pH 7.0（用 pH 酸度计测量）。

(2) 0.015 mol/L Ca(OH)₂ 标准溶液

称取经 920 ℃灼烧 0.5 h 的 CaO（分析纯）4 g 溶于 200 mL 无 CO₂ 水中，搅拌后放置澄清，倾出上部清液于试剂瓶中，用装有苏打石灰管及虹吸管的橡皮塞塞紧。用苯二甲酸氢钾或 HCl 标准溶液标定浓度。

【操作步骤】

称取风干土（通过 1 mm 筛）10.00 g 放在 100 mL 烧杯中，加入 0.2 mol/L CaCl₂ 溶液 40 mL，在磁力搅拌器上充分搅拌 1 min，调节至慢速，放 pH 玻璃电极及饱和甘汞电极，在缓速搅拌下用 0.015 mol/L Ca(OH)₂ 滴定至 pH 7.0 即为终点，记录 Ca(OH)₂ 用量。

【结果计算】

$$石灰施用量 \; CaO(kg/hm^2) = \frac{c \times V}{m} \times 0.028 \times 2\,250\,000 \times 0.5 \qquad (6\text{-}8)$$

式中 c, V——滴定时消耗 Ca(OH)₂ 标准溶液的浓度（mol/L）和体积（mL）；

       m——风干土样质量（g）；

       0.028——1/2CaO 的摩尔质量（kg/mol）；

       2 250 000——每公顷耕层土壤的质量（kg/hm²）；

       0.5——实验室测定值与田间实际情况的差异系数。

【注意事项】

(1) 搅拌器速度太快会因土壤粒子的冲击损坏玻璃电极，也不利于电极平衡和测定。

(2) 若施用 CaCO₃ 则应改乘 0.05。

(3) 施用的石灰是 CaO 时，作用强烈，所以差异系数小于 1（一般 0.5），当施用的石灰为 CaCO₃ 时，其作用温和，差异系数大于 1（一般选用 1.3）。

6.3 土壤缓冲容量的测定

【测定意义】

大多数土壤都含有碳酸、硅酸、磷酸、腐殖酸、有机酸等弱酸及其盐类，土壤胶体上吸附的盐基离子和致酸离子能通过交换作用被解吸，因此，对进入土壤中的酸性或碱性物质起中和作用，即缓冲作用。不同土壤其缓冲能力差异很大，一般将改变土壤溶液一个 pH 单位所需要的酸量或碱量，称为土壤的缓冲容量。土壤缓冲容量是衡量土壤缓冲能力的指标，以每千克干土加入的酸或碱的厘摩尔（cmol/kg 土）表示，缓冲容量的大小取决于土壤胶体的类型与含量（特别是腐殖质），以及铁、铝氧化物的影响。

土壤缓冲性能使土壤 pH 在自然条件下不致因外界条件改变而剧烈变化，有利于营养元素平衡供应，维持一个适宜的植物生活环境。

【方法与原理】

酸碱滴定实验早已被用来研究土壤的酸碱缓冲性能，通过土壤的酸碱滴定曲线可以对不同土壤的酸碱缓冲性能进行相对比较，但由于滴定曲线是非线性的，不易进行定量比较。目前，土壤缓冲容量的测定并没有统一的标准方法，化学上把衡量缓冲溶液缓冲能力的大小称为缓冲容量(用字母 β 表示)，β 又称缓冲指数，其数学定义为：

$$\beta = db/dpH \quad 或 \quad \beta = da/dpH$$

da、db 分别表示 1 L 溶液中 pH 变化 dpH 单位所需酸或碱的物质的量。

Aitken 和 Moody 研究发现，在 pH4.0~7.0 范围内土壤 pH 与酸碱加入量之间呈直线相关，直线的斜率即为土壤在这一 pH 范围内的 pH 缓冲容量。

【仪器与设备】

恒温振荡器、恒温培养箱、pH 计、pH 玻璃电极—饱和甘汞电极或复合电极、电磁搅拌器、吸管、烧杯、滴定管。

【试剂配制】

(1)0.04 mol/L HCl 标准溶液

取浓盐酸 3.5 mL 倒入 1000 mL 烧杯中，加去离子水至 800 mL，摇匀后转移到 1000 mL 容量瓶，定容至刻度。标定浓度后备用。

(2)0.04 mol/L NaOH 标准溶液

称取 1.6 g NaOH 置于 1000 mL 烧杯中，加少量水溶解，定容至 100 mL 容量瓶，标定浓度后备用。

(3)氯仿。

【操作步骤】

(1)称取 4.0 g 风干土(通过 1 mm 筛)8 份，分别放在 50 mL 烧杯中，加入适量的去离子水(最终去离子水和酸或碱的加入总量为 20 mL，即土液比为 1∶5)，然后分别加入 0.04 mol/L HCl 或 NaOH 标准溶液 0 mL、0.2 mL、0.25 mL、0.5 mL、1 mL、2 mL、4 mL 和 8 mL，摇匀后各加入氯仿 0.25 mL。

(2)在 25 ℃下，恒温振荡 24 h。然后取出悬液，继续在 25 ℃条件下恒温培养 6d，期间每天用力往复摇匀土壤悬液 2 min。

(3)恒温培养结束后，用 pH 计测定土壤 pH。

【结果计算】

$$\beta = \frac{db(da)}{dpH} \tag{6-9}$$

式中　da, db——分别表示 1 L 溶液中 pH 变化；

　　　dpH——单位所需酸或碱的物质的量。

以酸或碱的加入量(mmol/kg 土)为横坐标，以所测得的土壤 pH 为纵坐标，绘制待测土壤的酸碱滴定曲线。观察不同土壤 pH 取值范围内，酸或碱的加入量与土壤 pH 的关系特点。建立某一 pH 范围内酸或碱的加入量(mmol/kg 土)和土壤 pH 的线性方程：

$$Y = a + bX \tag{6-10}$$

式中 Y——酸或碱的加入量(mmol/kg 土);

　　　X——土壤 pH。

若线性方程通过显著性检验,则可由直线的斜率(b)直接计算出土壤在该 pH 范围内的缓冲容量。

实验数据记录于表 6-1 并计算。

表 6-1 实验数据记录表

样品编号	1	2	3	4	5	6	7	8
酸/碱加入量 (mmol/kg)								
土壤 pH								
土壤缓冲容量 (mmol/kg)								

【注意事项】

(1)加去离子水的酸或碱的总量要准确控制,总量为 20 mL。

(2)土壤悬液的总培养时间为 7 d,要求在 25 ℃条件下的恒温培养。

6.4 土壤氧化还原电位(Eh)的测定

【测定意义】

土壤是一个复杂的氧化还原体系,存在着多种有机、无机的氧化、还原态物质。土壤中存在的氧化物质和还原物质之间进行氧化还原反应时所产生的电位称为土壤氧化还原电位 Eh。Eh 是长期惯用的氧化还原强度指标,是反映土壤氧化还原状况及土壤通气性的重要指标。它被广泛地用于评估土壤的氧化还原状况,尤其是用于还原性土壤。通过氧化还原电位的测定可以推断土壤各种养分元素的存在形态,以及是否有产生某些有毒物质的可能。

在还原条件下,有机氮矿化特点是铵态氮积累、硝态氮消失,土壤中磷的有效性提高。测定土壤的氧化还原电位,可以大致了解土壤的通气状况、还原程度以及某些水稻土中是否有硫化氢、亚铁、有机酸等有毒物质的毒害等。一般认为土壤的氧化还原电位在 400 mV 以上为氧化状况,200~0 mV 为中度还原状况,0 mV 以下为强度还原状况。硫化氢毒害,水稻表现黑根、烂秧和死苗。亚铁毒害生理上表现为对磷、钾的吸收障碍,使根老化,抑制根的生长。有机酸的毒害使根的氧化力和养分吸收等生理机能衰退,也影响地上部分的代谢。

【方法与原理】

土壤中的氧化还原反应包括无机体系和有机体系两大类。氧化还原反应过程的实质,是电子得失的反应。它的最简单表达形式为:

$$氧化剂^{+m} + ne^- \Longrightarrow 还原剂^{m-n}$$

通过这种反应过程使化学能和电能之间得以相互转化。测定时用铂电极和甘汞电极构成电池。铂电极作为电路中传导电子的导体。在铂电极上发生的反应或还原态物质的氧化，或者氧化态物质的还原。这个动态平衡视电流方向而定，测定仪器一般采用氧化还原电位计或酸度计，从仪器上读出的电位值，是土壤电位值与饱和甘汞电极的电位差，因此须经换算才能得到土壤的电位值。

由于土壤氧化还原平衡与土壤酸碱度之间有着相当复杂的关系，为使测得的结果便于比较，需经 pH 校正。为统一起见，常校正为 pH 7 时的电位值 Eh。多数土壤每加 1 个 pH 单位，Eh 值要减少 60 mV(30 ℃)，可按此理论值进行换算。但还原性较强的土壤此法也不宜用，此时，最好是将 pH 值与 Eh 值一并列出。

【仪器与设备】

酸度计或其他携带式电位计。

【测定步骤】

在野外测定时，可用某型酸度计或其他携带式电位计。将铂电极和饱和甘汞电极分别与仪器的正负极接线柱相连、选择开关置于+mV 挡。饱和甘汞电极可先插入表土水层或土中，然后把铂电极插入待测部位，平衡 2 min 后读数。如土壤 Eh 值低于饱和甘汞电极的电位值，指针偏向负端，此时可将极性开关改放在−mV 挡，然后再进行读数。如果仪器没有极性开关，可将铂电极接负极，饱和甘汞电极按正极也可。

如果在室内测定，当土壤与大气相接触时，土壤的氧化还原状态容易发生变化，为此采样时应将土样迅速装满铝盒、盖严，并用胶布封好，尽快带回实验室，开盖后将表面土壤用刀刮去，立即插入电极进行测定。如要求精度较高时，可延长平衡时间，以 5 min 的 Eh 值变动不超过 1 mV 为准。

【结果计算】

仪器上读出的电位值，是土壤电位值与饱和甘汞电极的电位差，因此，土壤的电位值(Eh)需经计算才能得到。如以铂电极为正极，饱和甘汞电极(具体电位值见表 6-2)为负极，则：

$$E_{实测} = Eh_{土壤} - E_{饱和甘汞电极}$$

$$Eh_{土壤} = E_{饱和甘汞电极} + E_{实测}$$

如果以铂电极为负极，饱和甘汞电极为正极时，则：

$$E_{实测} = E_{饱和甘汞电极} - Eh_{土壤}$$

$$Eh_{土壤} = E_{饱和甘汞电极} - E_{实测}$$

表 6-2 饱和甘汞电极在不同温度时的电位值

温度(℃)	电位(mV)	温度(℃)	电位(mV)	温度(℃)	电位(mV)
5	257	18	248	28	242
10	254	20	247	30	240
12	252	22	246	35	237
14	251	24	244		
16	250	26	243		

注：现在一般都用复合电极，即参比电极与指示电极都被制成一个电极，外观上仅有一个电极，但它们的实际工作原理不变。

6.5 土壤胶体制作及其特性观察(设计性实验)

【测定意义】

通常把土壤中<0.2μm 的土粒称为土壤胶体,又按物质组成划分为有机胶体(主要是腐殖质)和无机胶体(包括氧化硅类、三氧化物类和层状铝硅酸盐等)。土壤胶体具有巨大的比表面积和表面能;具有带电性、离子吸收代换性能以及分散性、凝聚性、黏结性、黏着性和可塑性等一系列的性质。因此,它是土壤物理化学性质最活泼的部分,土壤的保水保肥性、供肥性、酸碱反应、缓冲性能以及土壤的结构、物理机械性质等,都与土壤胶体有密切关系。

土壤胶体可分为无机胶体、有机胶体和有机无机复合体三大类,了解土壤胶体及凝聚和分散现象及其发生的条件,从而进一步认识土壤胶体与土壤理化性质的关系。

【方法与原理】

该实验需要先提取土壤胶体,然后再观察土壤胶体的凝聚和分散现象。土壤胶体的提取方法是从土壤分析中的吸管法沿袭而来的。即先用化学方法将土壤颗粒充分分散,然后让土粒在一定容积的静水中自由沉降,应用司笃克斯定律计算出分离胶粒降至某一深度所需的沉降时间,用虹吸原理在该时间和深度吸出一定体积的悬液,该悬液即为土壤胶体溶液。

土壤胶体的凝聚和分散现象的观察通常是采用加入阳离子的方法。其原理是:土壤胶体通常是带负电荷的,所产生的负电动电位使土壤胶粒相互排斥,因而在水里能成为分散悬液。但当这种负电动电位降低到土壤胶体之间分子引力大于静电排斥力时,胶体就会相互凝集形成凝胶。所以,向土壤胶体悬液中加入阳离子能促使胶体凝胶。因为土壤胶体的凝聚作用与阳离子的种类和浓度有关,所以向同一土壤胶体悬液加入不同种类和不同浓度的阳离子会产生不同的现象。

【仪器与设备】

电热板或电炉、虹吸装置。每组试管 10 支、试管架 1 个、5 mL 刻度移液管 2 支、研钵一套、1000 mL 高型烧杯 2 个、500 mL 量筒 1 个、250 mL 三角瓶 1 个。

【试剂配制】

固体 NaCl、0.04 mol/L AlCl$_3$、0.05 mol/L CaCl$_2$、0.1 mol/L NaCl、Fe(OH)$_3$、0.1 mol/L NaOH、0.5 或 1.0 mol/L HCl、0.5 mol/L Na$_2$C$_2$O$_4$、Na$_2$SO$_4$(研细的结晶)。

【操作步骤】

(1)无机胶体的提取称取含腐殖质少的黏质土样(通过 2 mm 筛孔)10.00~20.00 g,置于研钵中,加 0.5 mol/L Na$_2$C$_2$O$_4$ 10~15 mL(如为碳酸盐土壤则用 Na$_3$PO$_3$),用研磨棒磨成糊状,使土壤结构全部破碎。将糊状土壤转移至 250 mL 三角瓶中,加蒸馏水至 100 mL,于电热板或电炉上煮沸 10~15 min,注意不时摇动。冷却后,将土液移入 1000 mL 高型烧杯中,在烧杯 11 cm 和 10 cm 高处各做一刻度,加蒸馏水至刻度 11 cm 处,用橡皮头玻璃棒搅拌土液 1~2 min,在停止搅拌前再反方向搅拌数次,以阻止悬液继续旋转,然后静置沉降并计时。按土壤机械分析法查出分离胶粒所需沉降的时间,计时用虹吸法吸出 10 cm 刻度以上的悬液。再加 0.5 mol/L Na$_2$C$_2$O$_4$ 7~8 mL，加蒸馏水至 11 cm 刻度。重复上述步骤直到悬液变清为止。所吸出的悬液即为 Na$^+$ 分散的土壤无机胶体。以比浊法稀释胶液浓度至约为 0.16%，调节其 pH 至 8，备用。虹吸装置如图 6-1 所示。

（2）有机胶体的提取

称取 50 g 通过 2 mm 筛孔的土样（若为碳酸盐土壤，则应先除去 Ca^{2+}，即用 0.5 或 1.0 mol/L HCl 处理数次，至无 CO$_2$ 气泡发生为止，再用蒸馏水洗去 Cl$^-$），将土样放在 1000 mL 烧杯内，加 0.1 mol/L NaOH 溶液 500 mL，搅拌，放置于电热板或电炉上煮沸 30 min，注意不时搅拌。冷却后，加入研细的结晶 Na$_2$SO$_4$ 两小匙，搅拌后静置，使矿质胶体凝聚。过夜，用虹吸法将上部暗色液体吸出，即为有机胶体—钠腐殖质。以比浊法稀释胶液浓度至约为 0.16%，调节 pH 至 8，备用。

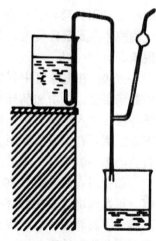

图 6-1　虹吸装置示意

（3）土壤胶体的凝聚和分散

取试管 8 支并编号，4 支各加入无机胶液 5 mL，另 4 支各加入有机胶液 5 mL。将试管分为 4 组，每组无机胶体和有机胶体各一份。前 3 组分别滴加 0.04 mol/L AlCl$_3$、0.05 mol/L CaCl$_2$、0.1 mol/L NaCl，每加一滴后振荡，并观察管中胶液出现凝聚与否，记下各管出现凝聚时所用盐溶液的滴数。

第四组的两管各加入固体 NaCl 0.4~0.5 g，振荡后放置片刻，观察胶液是否凝聚，记录现象于表 6-3 中。

表 6-3　不同处理对土壤胶体凝聚性和分散性的影响

处　　理	发生现象
有机胶体+固体 NaCl	
无机胶体+固体 NaCl	
有机胶体+无机胶体	
有机胶体+Fe(OH)$_3$	
AlCl$_3$ 凝聚的无机胶体+1 mol/L NaOH	
固体 NaCl 凝聚的无机胶体除去上部清液+H$_2$O 5 mL	

取两支试管，各加入有机胶液 5 mL。一支试管加入无机胶液 5 mL，另一支加入 Fe(OH)$_3$ 胶液 5 mL，比较两管中所出现的现象并记录于表 6-3 中。

向用 0.04 mol/L AlCl$_3$ 凝聚的无机胶体中滴加 0.1 mol/L NaOH，每加一滴后随即振荡并观察凝胶有无变化，直至凝胶完全变为溶胶为止。将用固体 NaCl 凝胶的无机胶体的上部清液小心倒去，再加入蒸馏水 5 mL，充分振荡，观察管中凝胶有无变化，记录现象于表 6-3 中。

（4）电泳现象观察（示范）

带电粒子在电场中，受电场的影响而运动。带正电荷的粒子向阴极移动，带负电荷的粒子向阳极移动，这种现象称为电泳。一般条件下，土壤胶体主要是带负电。本实验将观察土壤胶体的带电现象。

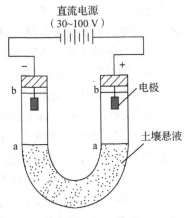

图6-2　电泳仪装置

　　方法：在电泳管中先放一些蒸馏水，加中性盐电解质数滴混合，以增加其导电性。然后把土壤胶体从中间漏斗缓缓放入电泳管中，使蒸馏水在上面，土壤胶体在下面，两者有明显的界面。记下界面的高度，然后接通直流电源(30~100 V)。电泳仪装置如图6-2所示。

　　如所用直流电源为30 V，大约经过2 h以后进行观察，可发现电泳管中胶体——水界面产生移动。电源电压越大，其界面移动越快。注意界面移动的方向，说明原因，并作出结论。

【注意事项】

　　(1)分散土样时，在加热煮沸过程中要不时摇动或用橡皮头玻璃棒搅拌土液，以防土粒在杯底结成硬块影响分散。

　　(2)提取无机胶体时的称样量视土壤质地而定，通常黏土称10.00 g，其他质地的土壤称20.00 g。

6.6　土壤水溶性盐的测定

6.6.1　土壤水溶性盐总量测定

【测定意义】

　　土壤盐渍化是全球旱地和灌溉农田农业生产的重要限制因子。盐渍土由于水溶性盐分含量过高，从而影响了大部分作物生长。土壤水溶性盐含量过高会降低土壤溶液的渗透势，抑制植物对水分的吸收；同时，也会产生离子毒害或营养失调以及由于交换性Na^+含量过高导致土壤的渗透性和耕性恶化。因此，土壤水溶性盐总量是判别土壤盐渍化程度以及植物生长适应性的重要依据。

6.6.1.1　电导法

【测定意义】

　　电导率(EC)是指物体传导电流的能力。因为EC和溶液的总盐浓度密切相关，所以EC通常用于表示溶液的可溶性盐总浓度，尽管EC也受溶液温度以及溶液离子组成的影响。

　　土壤可溶性盐是强电解质，其水溶液具有导电作用。土壤中可溶性盐分的含量可以通过测定土壤浸出液的电导率(EC)来确定。在一定浓度范围内，溶液的含盐量与电导率呈正相关。因此，土壤浸出液电导率的数值能反映土壤含盐量的高低。通过土壤EC的测定，可以直接判别土壤的盐渍化程度以及作物的反映。

　　土壤EC值能反映土壤含盐量的高低，但不能反映混合盐的组成。

【方法与原理】

土壤可溶性盐是强电解质，其水溶液具有导电作用。以测定电解质溶液的电导率为基础的分析方法，称为电导分析法。土壤浸出液的电导率可直接用电导仪测定，将连接电源的两个电极插入土壤浸出液(电解质溶液)中，构成一个电导池。正负两种离子在电场作用下发生移动，并在电极上发生电化学反应而传递电子，因此电解质溶液具有导电作用。

根据欧姆定律，当温度一定时，电阻与电极间的距离 L 呈正比，与电极的截面积 A 呈反比。

$$R = \rho \frac{L}{A} \tag{6-11}$$

式中　R——电阻(Ω)；

　　　ρ——电阻率。

当 $L=1$，$A=1\ cm^2$，则 $R=\rho$；此时测得的电阻称为电阻率 ρ。

溶液的电导是电阻的倒数，溶液的电导率(EC)则是电阻率的倒数。

$$EC = \frac{1}{\rho} \tag{6-12}$$

电导率的单位常用 S/m。土壤溶液的电导率一般小于 1 S/m，因此常用 dS/m 表示。

两电极片间的距离和电极片的截面积难以精确测量，一般可用标准 KCl 溶液(其电导率在一定温度下是已知的)求出电极常数。

$$K = \frac{EC_{KCl}}{S_{KCl}} \tag{6-13}$$

式中　K——电极常数；

　　　EC_{KCl}——标准 KCl 溶液(0.020 00 mol/L)的电导率(dS/m)；

　　　S_{KCl}——同一电极在相同条件下实际测得的电导度值。

不同温度时 KCl 标准溶液的电导度见表 6-4 所列。

表 6-4　0.020 00 mol/L KCl 标准溶液在不同温度下的电导度

温度 (℃)	电导度 (dS/m)	温度 (℃)	电导度 (dS/m)
11	2.043	21	2.553
12	2.093	22	2.606
13	2.142	23	2.659
14	2.193	24	2.712
15	2.243	25	2.756
16	2.294	26	2.819
17	2.345	27	2.873
18	2.397	28	2.927
19	2.449	29	2.981
20	2.501	30	3.036

那么，待测液测得的电导度乘以电极常数就是待测液的电导率。

$$EC = KS \qquad (6\text{-}14)$$

大多数电导仪有电极常数调节装置，可以直接读出待测液的电导率，无须再考虑用电极常数进行计算结果。

土壤 EC 的测定可以是原状土（表观电导率 EC_a）、饱和土浆浸出液（EC_e）、不同土水比（从 $1:1$ 到 $1:5$）的水浸出液（$EC_{1:1}$、$EC_{1:2}$ 和 $EG_{1:5}$）或者是直接从田间土壤中提取的土壤溶液（EC_w）。

表观电导率是目前在农田尺度上研究土壤盐分空间分布时最常用和最可靠的一个测定指标。在田间测定 EC_a 的方法包括：温奈排列法或四电极法、电磁感应法（EM）以及时域反射仪法（TDR）。电磁感应法（EM）是这 3 种方法中使用最普遍的，因为该方法能够实现在大区域上的快速测定，可以降低区域尺度上的变异性。同时，由于 EM 法是一种非接触测量，所以可以用于非常干燥的土壤或石质土的测定。EM38 或者 EM31 在土壤调查方面使用得最普遍。EM38 可以测定垂直 1.2m，水平 0.6m 范围内的土壤 EC_a。移动通讯系统与全球定位系统（GPS）的结合实现了大区域尺度上土壤盐分图的快速获取。从 EM38 获取的 ECa 读数也可以很容易地转换为不同土壤温度、质地和湿度条件下的饱和浸出液电导率值（EC_e）。

土壤浸出液的 EC 传统上被定义为饱和土浆浸出液的电导率（EC_e）。由于 EC 值受土水比的影响很大，所以必须确定一个统一标准，以便不同质地土壤之间能够进行比较。在要确保有足够的浸出液能够满足土壤盐分常规分析的前提下，饱和土浆已经接近最低的土水比。同时，饱和土浆法与水浸出液法（土水比从 $1:1$ 到 $1:5$）相比，其含水量最接近于农田土壤的持水量。对大多数土壤而言，饱和土浆的含水量约是田间持水量的两倍。因此，作物的耐盐性传统上也是用 EC_e 来表示。

饱和土浆法比较耗时，同时对于操作要求较高，因此，越来越多的实验室开始使用水浸出液法（土水比 $1:1$、$1:2$ 和 $1:5$）来测定土壤 EC。但是随着土水比的降低，阳离子代换和矿物的溶解往往会导致土壤 EC 增加，尤其是对于含石膏的土壤，这是因为水的增加导致石膏的溶解量也增加。又如，含碳酸钙的盐碱土，随着水的增加，Na^+ 和 HCO_3^- 的量也增加。研究也表明土壤的 $EC_{1:1}$、$EC_{1:2}$ 与 EC_e 之间有很好的相关性。

土壤 EC_w 的测定在理论上讲是最好的土壤盐度测定方法，因为它最能代表植物根系附近的实际盐度水平。然而，EC_w 并未能广泛应用。主要是因为 EC_w 不是一个单一值，而是随着土壤水分含量的变化而变化；同时获取农田土壤溶液也非常耗费人力和物力。

一般来讲，水土比例越大，分析操作越容易，但对作物生长的相关性差。因此，为了研究盐分对植物生长的影响，最好在田间湿度情况下获得土壤溶液；如果研究土壤中盐分的运动规律或某种改良措施对盐分变化的影响，则可用较大的水土比（$5:1$）浸提水溶性盐。我国采用 $1:5$ 浸提法较为普遍，在此重点介绍 $1:1$、$1:5$ 浸提法和饱和土浆浸提法，以便在不同情况下选择使用。

【仪器与设备】

布氏漏斗（图 6-3）或其他类似抽滤装置、离心机、振荡机、电导仪（图 6-4）、电导电极。

【试剂配制】

（1）0.01 mol/L 氯化钾溶液

称取干燥分析纯 KCl 0.7456 g 溶于刚煮沸过的冷蒸馏水中，于 25 ℃稀释至 1 L，贮

图 6-3 布氏漏斗

图 6-4 电导仪装置示意

于塑料瓶中备用。这一参比标准溶液在 25 ℃时的电阻率是 1.412 dS/m。

(2)0.02 mol/L 氯化钾溶液

称取 KCl 1.4911 g，同上法配成 1 L，则 25 ℃时的电阻率是 2.765dS/m。

【操作步骤】

1. 浸出液的制备

(1)饱和土浆浸出液的制备

本提取方法长期不能得到广泛应用的主要原因是由于手工加水混合难以确定一个正确的饱和点，重现性差，特别是对于质地细的和含钠高的土壤，要确定一个正确的饱和点是困难的。现介绍一种比较容易掌握的加水混合法，操作步骤如下：称取风干土样（过 1 mm 筛）20.0~25.0 g，用毛管吸水饱和法制成饱和土浆，放在 105~110 ℃烘箱中烘干、称重。计算出饱和土浆含水量。

制备饱和土浆浸出液所需的土样重与土壤质地有关。一般制备 25~30 mL 饱和土浆浸出液需要土样重：壤质砂土 400~600 g，砂壤土 250~400 g，壤土 150~250 g，粉砂壤土和黏土 100~150 g，黏土 50~100 g。根据此标准，称取一定质量的风干土样，放入一个带盖的塑料杯中，加入计算好的所需水量，充分混合成糊状，加盖防止蒸发。放在低温处过夜（14~16 h），次日再充分搅拌。将此饱和土浆在 4000 r/min 速度下离心，提取土壤溶液，或移入预先铺有滤纸的砂芯漏斗或平瓷漏斗中（用密实的滤纸，先加少量泥浆湿润滤纸，抽气使滤纸与漏斗紧贴，继续倒入泥浆），减压抽滤，滤液收集在一个干净的瓶中，加塞塞紧，供分析用。浸出液的 pH、CO_3^{2-}、HCO_3^- 和电导率应当立即测定。其余的浸出液，每 25 mL 溶液加 1 g/L 六偏磷酸钠一滴，以防在静置时 $CaCO_3$ 从溶液中沉淀。塞紧瓶口，留待分析用。

(2)1∶1 土水比浸出液的制备

称取通过 1 mm 筛孔相当于 100.0 g 烘干土的风干土，例如，风干土含水量为 2%，则称取 102 g 风干土，放入 500 mL 的三角瓶中，加入除 CO_2 的蒸馏水 98 mL，则土水比为 1∶1。盖好瓶塞，在振荡机上振荡 15 min。

用直径 11 cm 的瓷漏斗过滤，用密实的滤纸，倾倒土液时应摇浑泥浆，在抽气情况下缓缓倾入漏斗中心。当滤纸全部湿润并与漏斗底部完全密接时再继续倒入土液，这样可避免滤液浑浊。如果滤液浑浊应倒回重新过滤或弃去浊液。如果过滤时间长，用表玻璃盖上以防水分蒸发。将清亮液收集在 250 mL 细口瓶中，每 25 mL 加 1 g/L 六偏磷酸钠一滴，储存于 4 ℃冷藏箱备用。

(3)1∶5 土水比浸出液的制备

称取通过 1 mm 筛孔相当于 50.0 g 烘干土的风干土，放入 500 mL 三角瓶中，加入除 CO_2 的蒸馏水 250 mL(如果风干土样的含水量超过 3%时，加水量应加以校正)。

盖好瓶塞，在振荡机上振荡或用手摇荡 3 min。然后将布氏漏斗与抽气系统相连，铺上与漏斗直径大小一致的紧密滤纸，缓缓抽气，使滤纸与漏斗紧贴，分液漏斗先倒少量土液于漏斗中心，使滤纸湿润并完全贴实在漏斗底上，再将悬浊土浆缓缓倒入，直至抽滤完毕。如果滤液开始浑浊应倒回重新过滤或弃去浊液。将清亮滤液收集备用。

如果遇强碱性土壤、分散性很强或质地黏重的土壤，难以得到清亮滤液时，最好用改进的抽滤装置进行过滤(图 6-5)。

上述土壤浸出液也可同时用于土壤水溶性盐的分析测定。

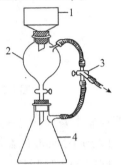

图 6-5 改进的抽滤装置
1. 布氏漏斗 2. 分液漏斗
3. 三通活塞 4. 抽滤瓶

2. EC 的测定

吸取土壤浸出液或水样 30~40 mL，放在 50 mL 的小烧杯中(如果只用电导仪测定土壤 $EC_{1∶5}$ 值，可称取 4 g 风干土放在 25 mm×200 mm 的大试管中，加水 20 mL，盖紧皮塞，振荡 3 min，静置澄清后，不必过滤，直接测定)。测量液体温度，如果测一批样品时，应每隔 10 min 测一次液温，在 10 min 内所测样品可用前后两次液温的平均温度或者在 25 ℃恒温水浴中测定。有些电导仪带有温度传感器(如上海雷磁仪器厂生产的 DDS -308A 型电导率仪)，可自动进行温度校正。测定时可以不必测定液体温度，将温度传感器直接插入浸出液即可。

将电极用待测液淋洗 1~2 次(如待测液少或不易取出时可用水冲洗，用滤纸吸干)，再将电极插入待测液中，使铂片全部浸没在液面下，并尽量插在液体的中心部位。

按电导仪说明书调节电导仪，测定待测液的电导度(S)，记下读数。每个样品应重复 2~3 次，以防偶然出现的误差。

一个样品测定后及时用蒸馏水冲洗电极，如果电极上附着有水滴，可用滤纸吸干，以备测下一个样品继续使用。

【结果计算】

1. 土壤浸出液电导率的计算

$$EC_{25} = 电导度(S) × 温度校正系数(f_t) × 电极常数(K) \quad (6-15)$$

一般电导仪的电极常数值已在仪器上补偿，故只要乘以温度校正系数即可，不需要再乘电极常数。温度校正系数(f_t)可查表 5-5。

粗略校正时，可按每增高 1 ℃，电导度约增加 2%计算。当液温在 17~35 ℃时，实际液温与标准液温 25 ℃每差 1 ℃，则电导率约增减 2%，所以 EC_{25} 也可按下式直接算出。

$$EC_t = S_t × K \quad (6-16)$$

$$EC_{25} = EC_t - [(t - 25) × 2\% × EC_t] \quad (6-17)$$

$$= EC_t[1 - (t - 25) × 2\%]$$

$$= KS_t[1 - (t - 25) × 2\%]$$

表 6-5　电阻或电导之温度校正系数(f_t)

温度(℃)	校正值	温度(℃)	校正值	温度(℃)	校正值	温度(℃)	校正值
3.0	1.709	20.0	1.112	25.0	1.000	30.0	0.907
4.0	1.660	20.2	1.107	25.2	0.996	30.2	0.904
5.0	1.663	20.4	1.102	25.4	0.992	30.4	0.901
6.0	1.569	20.6	1.097	25.6	0.988	30.6	0.897
7.0	1.528	20.8	1.092	25.8	0.983	30.8	0.894
8.0	1.488	21.0	1.087	26.0	0.979	31.0	0.890
9.0	1.448	21.2	1.082	26.2	0.975	31.2	0.887
10.0	1.411	21.4	1.078	26.4	0.971	31.4	0.884
11.0	1.375	21.6	1.073	26.6	0.967	31.6	0.880
12.0	1.341	21.8	1.068	26.8	0.964	31.8	0.877
13.0	1.309	22.0	1.064	27.0	0.960	32.0	0.873
14.0	1.277	22.2	1.060	27.2	0.956	32.2	0.870
15.0	1.247	22.4	1.055	27.4	0.953	32.4	0.867
16.0	1.218	22.6	1.051	27.6	0.950	32.6	0.864
17.0	1.189	22.8	1.047	27.8	0.947	32.8	0.861
18.0	1.163	23.0	1.043	28.0	0.943	33.0	0.858
18.2	1.157	23.2	1.038	28.2	0.094	34.0	0.843
18.4	1.152	23.4	1.034	28.4	0.936	35.0	0.829
18.6	1.147	23.6	1.029	28.6	0.932	36.0	0.815
18.8	1.142	23.8	1.025	28.8	0.929	37.0	0.801
19.0	1.136	24.0	1.020	29.0	0.925	38.0	0.788
19.2	1.131	24.2	1.016	29.2	0.921	39.4	0.775
19.4	1.127	24.4	1.012	29.4	0.918	40.0	0.763
19.6	1.122	24.6	1.008	29.6	0.914	41.0	0.750
19.8	1.117	24.8	1.004	29.8	0.911		

2. 标准曲线法(或回归法)计算土壤全盐量

从土壤含盐量(%)与电导率的相关直线或回归方程查算土壤全盐量(%或 g/kg)。

标准曲线的绘制：溶液的电导度不仅与溶液中盐分的浓度有关，而且也受盐分的组成成分的影响。因此要使电导度的数值能符合土壤溶液中盐分的浓度，那就必须预先用所测地区盐分的不同浓度的代表性土样若干个(如 20 个或更多一些)用残渣烘干法测得土壤水溶性盐总量%；再以电导法测其土壤溶液的电导度，换算成电导率(EC_{25})。以纵坐标为电导率，横坐标为土壤水溶性盐总量(%或 g/kg)，作出曲线或者计算出回归方程。

3. 直接用土壤浸出液的电导率来表示土壤盐渍化程度

美国用土壤浸出液的电导率来表示土壤盐渍化程度，其结果较接近田间情况，并已有明确的应用指标(表 6-6 和表 6-7)。

表6-6 土壤 EC 与土壤盐渍化程度及作物生长关系

饱和土浆浸出液 $EC_e(\text{dS/m})$	土水比1:2浸出液 $EC_{1:2}(\text{dS/m})$	盐渍化程度	植物反应
<2	<0.8	非盐渍化土壤	对作物不产生盐害
2~4	0.8~1.2	轻度盐渍化土壤	对盐分极敏感的作物产量可能受到影响
4~8	1.2~1.6	中度盐渍土	对盐分敏感作物产量受到影响、但对耐盐作物(苜蓿、棉花、甜菜、高粱、谷子)无多大影响
8~16	1.6~3.2	重度盐渍土	只有耐盐作物有收成、但影响种子发芽,而且出现缺苗,严重影响产量
>16	>3.2	极重度盐渍土	只有极少数耐盐作物能生长,如盐生的牧草、灌木、树木等

表6-7 不同质地土壤 $EC_{1:1}(\text{dS/m})$ 与土壤盐渍化程度的关系

盐渍化程度	土壤质地			
	砂土-壤砂土	砂壤土-壤土	粉壤土-黏壤土	粉黏壤土-黏土
非盐渍化	0~1.1	0~1.2	0~1.31	0~1.4
轻度盐渍化	1.2~2.4	1.3~2.4	1.4~2.5	1.5~2.8
中度盐渍化	2.5~4.4	2.5~4.7	2.6~5.0	2.0~5.7
重度盐渍化	4.5~8.9	4.8~9.4	5.1~10.0	5.8~11.4
极重度盐渍化	>9.0	>9.5	>10.1	>11.5

目前国内多采用5:1水土比例的浸出液作电导测定,不少单位正在进行浸出液的电导率与土壤盐渍化程度及作物生长关系的指标研究和拟定。

【注意事项】

(1)土水比例大小直接影响土壤可溶性盐分的提取,因此提取的土水比例不要随便更改,否则分析结果无法对比。

(2)空气中的二氧化碳分压大小以及蒸馏水中溶解的二氧化碳都会影响碳酸钙、碳酸镁和硫酸钙的溶解度,相应地影响着水浸出液的盐分数量,因此,必须使用无二氧化碳的蒸馏水来提取样品。

(3)1:5水土比浸出液浸提(振荡)时间问题,经试验证明,水土作用2 min,即可使土壤可溶性的氯化物、碳酸盐与硫酸盐等全部溶于水中,如果延长时间,将有中溶性盐和难溶性盐(硫酸钙和碳酸钙等)进入溶液。因此,建议采用振荡3 min立即过滤的方法,振荡和放置时间越长,对可溶性盐的分析结果误差也越大。

(4)待测液不可在室温下放置过长时间(一般不得超过1 d),否则会影响钙、镁、碳酸根和重碳酸根的测定。可以将滤液储存于4 ℃条件下备用。

(5)温度对电导率的测定影响很大,要注意测定过程中温度的测量和校正。

6.6.1.2 残渣烘干法

【方法与原理】

测定土壤可溶性盐总量有电导法和残渣烘干法。电导法比较简便、方便、快速；残渣烘干法比较准确，但操作繁琐、费时。另外，水溶性盐总量也可用阴阳离子总量相加计算而得。本节主要介绍残渣烘干——质量法。

残渣烘干——质量法：吸取一定量的土壤浸出液放在瓷蒸发皿中，在水浴上蒸干，用 H_2O_2 氧化有机质，然后在 $105 \sim 110$ ℃烘箱中烘干，称重，即得烘干残渣质量。

【仪器与设备】

振荡机、真空泵、布氏漏斗、电子天平或分析天平、瓷蒸发皿、烘箱、水浴锅。

【试剂配制】

150 g/L H_2O_2 溶液。

【操作步骤】

土壤水溶性盐的测定主要分为两步：

1. 土壤浸出液的制备

制备盐渍土浸出液的土水比例有多种，例如 $1:1$、$1:2$、$1:5$、$1:10$ 和饱和土浆浸出液等。本实验主要使用 $1:5$ 土水比土壤浸出液(参见土壤 EC 的测定)。

2. 盐分总量的测定

用 1/10 000 电子天平称量事先已烘干过的 100 mL 瓷蒸发皿的质量(m_0)。吸取 $1:5$ 土壤浸出液 $20 \sim 50$ mL(根据盐分多少取样，一般应使盐分质量在 $0.02 \sim 0.2$ g)放在 100 mL 瓷蒸发皿内，在水浴上蒸干，不必取下蒸发皿，用滴管沿皿四周加 150 g/L H_2O_2，使残渣湿润，继续蒸干，如此反复用 H_2O_2 处理，使有机质完全氧化为止，此时干残渣全为白色。蒸干后残渣和瓷蒸发皿放入 $105 \sim 110$ ℃烘箱中烘干 4 h，取出冷却，用 1/10 000 电子天平称重，记下质量。将蒸发皿和残渣再次烘干 $0.5 \sim 1$ h，取出放在干燥器中冷却，再称重。直至前后两次质量之差不大于 1 mg，记录蒸发皿和残渣的质量(m_1)。

【结果计算】

$$土壤水溶性盐总量(g/kg) = \frac{(m_1 - m_0) \times t_s}{m} \times 1000 \qquad (6\text{-}18)$$

式中　m——称取风干土样的烘干质量(g)；

　　　m_1——蒸发皿+残渣的烘干质量(g)；

　　　m_0——蒸发皿的烘干质量(g)；

　　　t_s——土壤浸出液分取倍数。

【注意事项】

(1)吸取待测液的数量，应以盐分的多少而定，如果含盐量>5.0 g/kg，则吸取 25 mL；含盐量<5.0 g/kg，则吸取 50 mL 或 100 mL。保持盐分量在 $0.02 \sim 0.2$ g。

(2)加过氧化氢去除有机质时，只要达到使残渣湿润即可，这样可以避免由于过氧化氢分解时泡沫过多，使盐分溅失，因而必须少量多次地反复处理，直至残渣完全变白为止。但溶液中有铁存在而出现黄色氧化铁时，不可误认为有机质的颜色。

（3）由于盐分（特别是镁盐）在空气中容易吸水，故实验中的冷却和称重均应在相同的时间和条件下进行。

（4）结果计算中的土壤质量（m）是指与吸取的待测液数量相对应的烘干土壤质量。

（5）用烘干法测定总盐量（%）时，有下列主要误差来源，在精密分析工作中，应做相应的校正。

①残渣中混杂有少量非盐固体，如硅酸盐胶体和未除尽的有机质等，造成正误差。

②HCO_3^- 在蒸发和烘干过程中，全部变为 CO_3^{2-}：

$$2HCO_3^- = CO_3^{2-} + CO_2 \uparrow + H_2O$$

使质量约损失 1/2，造成负误差，必要时这一误差可在测得的总盐量中加 HCO_3^-（%）/2 予以校正。

③Cl^- 烘干时有部分损失，特别是 Cl^- 多于 Na^+、K^+（以 mmol 计算）时，如：$MgCl_2$ 能变为 $MgO \cdot MgCl_2$ 而致减轻一些质量，造成负误差（因 $2MgCl_2 + H_2O = MgO \cdot MgCl_2 \downarrow + 2HCl \uparrow$）

④当浸出液中含有大量的 SO_4^{2-} 烘干时，所形成的 $CaSO_4 \cdot 2H_2O$ 或 $MgSO_4 \cdot 7H_2O$ 中的结晶水不能完全除尽，致使结果偏高，遇此情况应改为 180 ℃ 烘干至恒重。

⑤称量时可能因吸湿造成正误差。

6.6.2　土壤水溶性盐组成测定

【测定意义】

盐渍土上作物受危害的程度，不仅与土壤总含盐量的高低有关，而且还与盐分组成的类型有关。土壤水溶性盐主要由 8 种阴、阳离子组成，其中 4 种阳离子是 Ca^{2+}、Mg^{2+}、K^+、Na^+，4 种阴离子是 Cl^-、SO_4^{2-}；CO_3^{2-}、HCO_3^-。盐分的离子组成不同，对作物的危害程度也不同。就作物本身而言，不同的作物及同一种作物不同生育期的耐盐能力也不一样。因此，在盐渍土的改良、利用规划、保苗及作物正常生长中，除了要经常和定期测定土壤和地下水中的含盐量以外，还要测定盐分的组成。

6.6.2.1　钙和镁的测定

Ca^{2+} 和 Mg^{2+} 的测定则主要采用原子吸收光谱法。国内 Ca^{2+} 和 Mg^{2+} 的测定中也普遍应用 EDTA 滴定法，它可不经分离而同时测定钙镁含量，符合准确和快速分析的要求。同时，该方法也可以和硫酸根离子的测定（EDTA 间接络合滴定法）配合使用。

1. EDTA 滴定法

【方法与原理】

EDTA 能与许多金属离子如 Mn、Cu、Zn、Ni、Co、Ba、Sr、Ca、Mg、Fe、Al 等配合反应，形成微离解的无色稳定性配合物。但在土壤水溶液中除 Ca^{2+} 和 Mg^{2+} 外，能与EDTA 络合的其他金属离子的数量极少，可不考虑。因而可用 EDTA 在 pH 10 时直接测定 Ca^{2+} 和 Mg^{2+} 的数量。

干扰离子加掩蔽剂消除，待测液中 Mn、Fe、Al 等金属含量多时，可加三乙醇胺掩蔽。1∶5 的三乙醇胺溶液 2 mL 能掩蔽 5~10 mg Fe、10 mg Al 和 4 mg Mn。

当待测液中含有大量 CO_3^{2-} 或 HCO_3^- 时，应预先酸化，加热除去 CO_2，否则用 NaOH 溶液调节待测溶液至 pH 12 以上时会有 $CaCO_3$ 沉淀形成，用 EDTA 滴定时，由于 $CaCO_3$ 逐渐离解而使滴定终点拖长。

当单独测定 Ca 时，如果待测液含 Mg^{2+} 超过 Ca^{2+} 的 5 倍，用 EDTA 滴定 Ca^{2+} 时应先加稍过量的 EDTA，使 Ca^{2+} 先和 EDTA 配合，防止碱化形成的 $Mg(OH)_2$ 沉淀对 Ca^{2+} 的吸附，最后再用 $CaCl_2$ 标准溶液回滴过量 EDTA。

单独测定 Ca 时，使用的指示剂有紫尿酸铵、钙指示剂(NN)或酸性铬蓝 K 等。测定 Ca、Mg 含量时使用的指示剂有铬黑 T、酸性铬蓝 K 等。

【仪器与设备】

磁性搅拌器、半微量滴定管。

【试剂配制】

(1) 4 mol/L 的氢氧化钠

溶解氢氧化钠 40 g 于水中，稀释至 250 mL，贮塑料瓶中，备用。

(2)铬黑 T 指示剂

溶解铬黑 T 0.2 g 于 50 mL 甲醇中，贮于棕色瓶中备用，此液每月配制 1 次，或者溶解铬黑 T 0.2 g 于 50 mL 二乙醇胺中，贮于棕色瓶。这样配制的溶液比较稳定，可用数月。或者称铬黑 T 0.5 g 与干燥分析纯 NaCl 100 g 共同研细，贮于棕色瓶中，用毕立刻盖好，可长期使用。

(3)酸性铬蓝 K+萘酚绿 B 混合指示剂(K-B 指示剂)

称取酸性铬蓝 K0.5 g 和萘酚绿 B 1 g 与干燥分析纯 NaCl 100 g 共同研磨成细粉，贮于棕色瓶中或塑料瓶中，用毕即刻盖好，可长期使用。或者称取酸性铬蓝 K 0.1 g，萘酚绿 B 0.2 g，溶于 50 mL 水中备用，此液每月配制 1 次。

(4)浓 HCl(化学纯，$\rho = 1.19$ g/mL)。

(5)(1+1)HCl(化学纯)

取 1 份盐酸加 1 份水。

(6) pH10 缓冲溶液

称取氯化铵(化学纯)67.5 g 溶于无 CO_2 的水中，加入新开瓶的浓氨水(化学纯，$\rho = 0.9$ g/mL，含氨25%)570 mL，用水稀释至 1 L，贮于塑料瓶中，并注意防止吸收空气中的 CO_2。

(7)0.01 mol/L Ca 标准溶液

准确称取在 105 ℃ 下烘干 4~6 h 的分析纯 $CaCO_3$0.5004 g 溶于 25 mL 0.5 mol/L HCl 中，煮沸除去 CO_2，用无 CO_2 蒸馏水洗入 500 mL 量瓶，并稀释至刻度。

(8)0.01 mol/L EDTA 标准溶液

取 EDTA 二钠盐 3.720 g 溶于无 CO_2 的蒸馏水中，微热溶解，冷却定容至 1000 mL。标定后贮于塑料瓶中，备用。

EDTA 标准溶液的标定：EDTA 标准溶液的浓度，可用 $CaCO_3$ 标准液或锌标准液来标定。

①CaCO₃ 标准液标定法　测定 Ca²⁺、Mg²⁺ 等用的 EDTA 标准溶液，为了减少方法误差，可选用 CaCO₃ 溶液进行标定。

称取 110 ℃ 干燥的 CaCO₃(分析纯)1 g(精确至 0.0001 g)，放入 400 mL 烧杯中，用少量水湿润，盖上表面皿，慢慢加入 0.5 mol/L HCl 25 mL，小心加热促溶并驱尽 CO₂。冷却后定量转移到 500 mL 容量瓶中，用水定容。

吸取上述 Ca²⁺ 溶液 20 mL 于 250 mL 三角瓶中，加 20 mL pH10 的氨缓冲液和少量铬黑 T，用已配制的 EDTA 溶液滴定至溶液由紫红色突变为纯蓝色，记录消耗的 EDTA 标准溶液的体积(V_1)。与此同时做空白试验，记录消耗的 EDTA 标准溶液的体积(V_0)。按下式计算 EDTA 溶液的浓度：

$$C_{EDTA} = \frac{V \times C_{Ca}}{(V_1 - V_0)} \qquad (6\text{-}19)$$

式中　C_{EDTA}——EDTA 标准溶液的浓度(mol/L)；

　　　C_{Ca}——钙标准溶液的浓度(mol/L)；

　　　V——吸取钙标准溶液的量(mL)；

　　　V_1——滴定钙标准溶液所消耗的 EDTA 标准溶液的体积(mL)；

　　　V_0——空白所消耗的 EDTA 标准溶液的体积(mL)。

②锌标准液标定法　称取 0.25 g(精确至 0.0001 g)于 800 ℃ 灼烧至恒量的基准氧化锌放入 50 mL 烧杯中，用少量水湿润，滴加 6 mol/L 盐酸至样品溶解，移入 250 mL 容量瓶中后定容。吸取该溶液 25 mL 置于 250 mL 烧杯中，加入 70 mL 水，用 10% 氨水中和至 pH 7~8 加入 pH 10 的缓冲溶液 10 mL，加铬黑 T 指示剂少许，用配置好的 0.02 mol/L EDTA 标准溶液滴定至溶液由紫色变为纯蓝色，即为终点。同时做空白试验。EDTA 标准溶液的准确浓度可由下式计算：

$$c = \frac{m}{(V_1 - V_0) \times 0.081\,38} \qquad (6\text{-}20)$$

式中　c——EDTA 标准溶液的浓度(mol/L)；

　　　m——氧化锌的质量(g)；

　　　V_1——EDTA 标准溶液的用量(mL)；

　　　V_0——空白试验 EDTA 标准溶液的用量(mL)；

　　　0.081 38——氧化锌的毫摩尔质量(g)。

【测定步骤】

(1)钙的测定

吸取 1∶5 土壤浸出液或水样 10~20 mL(含 Ca 0.02~0.2 mol)放在 150 mL 烧杯中，加(1+1) HCl 溶液 2 滴，加热 1 min，除去 CO₂，冷却，将烧杯放在磁搅拌器上，杯下垫一张白纸，以便观察颜色变化。

给此溶液中加 4 mol/L 的 NaOH 3 滴中和 HCl，然后每 5 mL 待测液再加 1 滴 NaOH 和适量 K-B 指示剂，搅动以便 Mg(OH)₂ 沉淀。

用 EDTA 标准溶液滴定，其终点由紫红色至蓝绿色。当接近终点时，应放慢滴定速度，5~10 s 加 1 滴。如果无磁搅拌器时应充分搅动，谨防滴定过量，否则将会得不到准确终点。记下 EDTA 用量(V_1)。

(2)$Ca^{2+}+Mg^{2+}$含量的测定

吸取 1:5 土壤浸出液或水样 1~20 mL(每份含 Ca 和 Mg 0.01~0.1 mol)放在 150 mL 的烧杯中，加(1:1) HCl 溶液 2 滴摇动，加热至沸 1 min，除去 CO_2，冷却。加 3.5 mL pH 10 缓冲液，加 1~2 滴铬黑 T 指示剂，用 EDTA 标准溶液滴定，终点颜色由深红色到天蓝色，如加 K-B 指示剂则终点颜色由紫红变成蓝绿色，记录消耗 EDTA 的量(V_2)。

【结果计算】

$$土壤水溶性钙(1/2a)含量(cmol/kg) = \frac{c(EDTA) \times V_1 \times 2 \times t_s}{m} \times 100 \qquad (6-21)$$

$$土壤水溶性钙(Ca)含量(g/kg) = \frac{c(EDTA) \times V_1 \times t_s \times 0.040}{m} \times 1000 \qquad (6-22)$$

$$土壤水溶性镁(1/2Mg)含量(cmol/kg) = \frac{c(EDTA) \times (V_2 - V_1) \times 2 \times t_s}{m} \times 100 \qquad (6-23)$$

$$土壤水溶性镁(Mg)含量(g/kg) = \frac{c(EDTA) \times (V_2 - V_1) \times t_s \times 0.0244}{m} \times 1000 \qquad (6-24)$$

式中　V_1——滴定 Ca^{2+} 时所用的 EDTA 体积(mL)；

　　　V_2——滴定 Ca^{2+}、Mg^{2+} 含量时所用的 EDTA 体积(mL)；

　　　$c(EDTA)$——EDTA 标准溶液的浓度(mol/L)；

　　　t_s——分取倍数(土壤浸出液总量/土壤浸出液吸取量)；

　　　m——土壤样品的烘干质量(g)。

【注意事项】

(1)以钙红为指示剂滴定 Ca^{2+} 时，溶液的 pH 应维持在 12~14，这时 Mg^{2+} 已沉淀为 $Mg(OH)_2$，不会妨碍 Ca^{2+} 的滴定。所用的 NaOH 中不可含有 Na_2CO_3，以防 Ca^{2+} 被沉淀为 $CaCO_3$。待测液碱化后不宜久放，滴定必须及时进行，否则溶液能吸收 CO_2 以至析出 $CaCO_3$ 沉淀。

(2)当 Mg 较多时，往往会使 Ca 测定结果偏低百分之几，因为 $Mg(OH)_2$ 沉淀时会携带一些 Ca，被吸附的 Ca 在到达变色点后又能逐渐进入溶液而自行恢复红色。遇此情况应补加少许 EDTA 溶液，并计入 V_1 中，加入蔗糖能阻止 Ca 随 $Mg(OH)_2$ 沉淀，可获得较好的结果。

(3)如有大量 Mg 存在时(Mg:Ca>5)，准确滴定 Ca 则应先加稍过量的 EDTA 使其与 Ca 形成配位化合物，然后碱化，这样就只有纯 $Mg(OH)_2$ 沉淀而不包括 Ca。此后再用 $CaCl_2$ 标准液回滴过剩的 EDTA，由 EDTA 净用量计算 Ca 量。

(4)土壤浸出液中所含 Mn、Fe、Al、Ti 等金属离子的浓度很低，一般可不必使用掩蔽剂，如果 Mn^{4+} 稍多，在碱性溶液中指示剂易被氧化褪色，加入盐酸羟胺或抗坏血酸等还原剂可防止其氧化，如果 Fe、Al 等稍多，它们能封闭指示剂，可用三乙醇胺等掩蔽之。

(5)以铬黑 T 为指示剂滴定 $Ca^{2+}+Mg^{2+}$ 含量时，溶液应当准确地维持在 pH10，pH 太低或太高都会使终点不敏锐，从而导致结果不准确。

(6)由于 Mg—铬黑 T 螯合物与 EDTA 的反应，在室温时不能瞬间完成，故近终点时必须缓慢滴定，并充分摇动，否则易过终点，如果将滴定溶液加热至 50~60 ℃（其他条件同上），则可以用常速进行滴定。

2. 原子吸收分光光度法

【方法与原理】

原子吸收分光光度法是基于光源（空心阴极灯）发出具有待测元素的特征谱线的光，通过试样所产生的原子蒸气，被蒸气中待测元素的基态原子吸收，透射光进入单色器，经分光再照射到检测器上，产生直流电信号，电信号经放大器放大后，就可从读数器（或记录器）读出（或记录）吸收值。在一定的实验条件下，吸收值与待测元素浓度的关系是服从比尔定律的，因此，测定吸收值可求出待测元素的浓度。

【仪器与设备】

原子吸收分光光度计（附 Ca、Mg 空心阴极灯）。

【试剂配制】

（1）50 g/L LaCl$_3$·7H$_2$O 溶液

称 LaCl$_3$·7H$_2$O 13.40 g 溶于 100 mL 水中，此为 50 g/L 镧溶液。

（2）100 μg/mL Ca 标准溶液

称取 CaCO$_3$（分析纯，在 110 ℃烘 4 h）溶于 1 mol/L HCl 溶剂中，煮沸赶去 CO$_2$，用水洗入 1000 mL 容量瓶中，定容。此溶液 Ca 浓度为 1000 μg/mL，再稀释成 100 μg/mL Ca 标准溶液。

（3）25 μg/mL Mg 标准溶液

称金属镁（化学纯）0.100 0 g 溶于少量 6 mol/L HCl 溶剂中，用水洗入 1000 mL 容量瓶中，此溶液 Mg 浓度为 100 μg/mL，再稀释成 25 μg/mL Mg 标准溶液。

将以上这两种标准溶液配制成 Ca、Mg 混合标准溶液系列，含 Ca 0~20 μg/mL，含 Mg 0~1.0 μg/mL。

（4）测定

吸取一定量的 1∶5 土壤浸出液于 50 mL 容量瓶中，加 50 g/L LaCl$_3$ 溶液 5 mL，用去离子水定容。在选择工作条件的原子吸收分光光度计上分别在 422.7 nm（Ca）及 285.2 nm（Mg）波长处测定吸收值。可用自动进样系统或手控进样，读取记录标准溶液和待测液的结果，并在标准曲线上查出（或用回归法求出）待测液的测定结果，在批量测定中，应按照一定时间间隔用标准溶液校正仪器，以保证测定结果的正确性。

【结果计算】

$$土壤水溶性钙（Ca^{2+}）含量（g/kg）= \rho（Ca^{2+}）\times 50 \times t_s \times 10^3/m \qquad (6\text{-}25)$$

$$土壤水溶性钙（1/2Ca^{2+}）含量（cmol/kg）= Ca^{2+}含量（g/kg）/0.020 \qquad (6\text{-}26)$$

$$土壤水溶性镁（Mg^{2+}）含量（g/kg）= \rho（Mg^{2+}）\times 50 \times t_s \times 10^3/m \qquad (6\text{-}27)$$

$$土壤水溶性镁（1/2Mg^{2+}）含量（cmol/kg）= Mg^{2+}含量（g/kg）/0.0122 \qquad (6\text{-}28)$$

式中 ρ（Ca^{2+}）或 ρ（Mg^{2+}）——钙或镁的质量浓度（μg/mL）；

t_s——分取倍数（土壤浸出液总量/土壤浸出液吸取量）；

50——待测液体积（mL）；

0.020 和 0.0122——1/2 Ca^{2+} 和 1/2Mg^{2+} 的摩尔质量(kg/mol);

m——土壤样品的烘干质量(g)。

【注意事项】

(1)待测液的浓度应稀释到符合该元素的工作范围内,测定 Ca、Mg 的灵敏度不一样,必要时必须分别吸取不同体积的待测液稀释后测定。

(2)原子吸收分光光度法测定 Ca^{2+} 和 Mg^{2+} 时所用的谱线波长、灵敏度和工作范围、工作条件,如空心阴极电流,空气和乙炔的流量和流量比,燃烧器高度,狭缝宽度等必须根据仪器型号、待测元素的种类和干扰离子存在情况等通过实验测试来选定。待测液中干扰离子的影响必须设法消除,否则会降低灵敏度,或造成严重误差。测 Ca^{2+} 时主要的干扰离子有 PO_4^{3-}、SiO_3^{2-};SO_4^{2-},其次为 Al、Mn、Mg、Cu 等。Fe 的干扰较小,测 Mg^{2+} 时干扰较少,仅 SiO_3^{2-} 和 Al 有干扰,SO_4^{2-} 稍有影响。Ca^{2+} 和 Mg^{2+} 测定时,上述干扰都可以用释放剂 $LaCl_3$(终浓度为 1000 mg/L)有效地消除。

(3)Mg^{2+} 浓度>1000 mg/L 时,会使 Ca^{2+} 的测定结果偏低,Na^+、K^+、NO_3^- 浓度在 500 mg/L 以上则均无干扰。

6.6.2.2　钾和钠的测定——火焰光度法

【方法与原理】

K、Na 元素通过火焰燃烧容易激发而放出不同能量的谱线,用火焰光度计测定出来,以确定土壤溶液中 K^+、Na^+ 含量。为抵消 K^+、Na^+ 二者的相互干扰,可把 K^+、Na^+ 配成混合标准溶液,而待测液中的 Ca^{2+} 对于 K^+ 干扰不大,但对 Na^+ 影响较大。当 Ca^{2+} 达 400 mg/kg 时对 K^+ 测定无影响,而 Ca^{2+} 在 20 mg/kg 时对 Na 就有干扰,可用 $Al_2(SO_4)_3$。抑制 Ca^{2+} 的激发减少干扰,其他 Fe^{3+} 200 mg/kg、Mg^{2+} 500 mg/kg 时对 K^+、Na^+ 测定皆无干扰,在一般情况下(特别是水浸出液)上述元素未达到此限。

【仪器与设备】

火焰光度计。

【试剂配制】

(1)c=0.1 mol/L 左右的 1/6 $Al_2(SO_4)_3$ 溶液

称取 $Al_2(SO_4)_3$34 g 或 $Al_2(SO_4)_3 \cdot 18H_2O$ 66 g 溶于水中,稀释至 1 L。

(2)K 标准溶液

称取在 105 ℃烘干 4~6 h 的分析纯 KCl 1.9069 g 溶于水中,定容至 1000 mL,则含 K 1000 μg/mL,吸取此液 100 mL,定容至 1000 mL,则得 100 μg/mL K 标准溶液。

(3)Na 标准溶液

称取在 105 ℃烘干 4~6 h 的分析纯 NaCl 2.542 g 溶于水中,定容至 1000 mL,则含 Na 1000 μg/mL,吸取此液 250 mL,定容至 1000 mL,则得 250 μg/mL Na 标准溶液。

将 K、Na 两标准溶液按照需要可配成不同浓度和比例的混合标准溶液(如将 K 100 μg/mL 和 Na 250 μg/mL 标准溶液等量混合,则得 K 50 μg/mL 和 Na 125 μg/mL 的混合标准溶液,贮存在塑料瓶中备用)。

【操作步骤】

吸取 1∶5 土壤浸出液 10~20 mL，放入 50 mL 量瓶中，加 $Al_2(SO_4)_3$ 溶液 1 mL，定容。然后，在火焰光度计上测试(每测一个样品都要用水或待测液清洗喷雾系统)，记录检流计读数，在标准曲线上查出它们的浓度；也可利用带有回归功能的计算器算出待测液的浓度。

标准曲线的制作。吸取 K^+、Na^+ 混合标准溶液 0 mL、2 mL、4 mL、6 mL、8 mL、10 mL、12 mL、16 mL、20 mL，分别移入 9 个 50 mL 的量瓶中，加 $Al_2(SO_4)_3$ 1 mL 定容，则分别含 K^+ 为 0 μg/mL、2 μg/mL、4 μg/mL、6 μg/mL、8 μg/mL、10 μg/mL、12 μg/mL、16 μg/mL、20 μg/mL 和含 Na^+ 为 0 μg/mL、5 μg/mL、10 μg/mL、15 μg/mL、20 μg/mL、25 μg/mL、30 μg/mL、40 μg/mL、50 μg/mL。

用上述系列标准溶液在火焰光度计上用各自的滤光片分别测出 K^+ 和 Na^+ 在检流计上的读数。以检流计读数为纵坐标，在直角坐标纸上绘出 K^+、Na^+ 的标准曲线；或输入带有回归功能的计算器，求出回归方程。

【结果计算】

土壤水溶性 K^+ 含量(g/kg)= $\rho(K^+) \times 50 \times t_s \times 10^3 / m$ (6-29)

土壤水溶性 K^+ 含量(cmol/kg)= K^+ 含量(g/kg) /0.039   (6-30)

土壤水溶性 Na^+ 含量(g/kg)= $\rho(Na^+) \times 50 \times t_s \times 10^3 / m$ (6-31)

土壤水溶性 Na^+ 含量(cmol/kg)= Na^+ 含量(g/kg) /0.023   (6-32)

式中　$\rho(K^+)$ 或 $\rho(Na^+)$ ——钾或钠的质量浓度(μg/mL)；

      t_s ——分取倍数(土壤浸出液总量/土壤浸出液吸取量)；

      50——待测液体积(mL)；

      0.039 和 0.023——K^+ 和 Na^+ 的摩尔质量(kg/mol)；

      m——土壤样品的烘干质量(g)。

【注意事项】

盐渍土中 K 的含量一般都很低。$Ca^{2+}/K^+ > 10$ 时，Ca^{2+} 有干扰。Ca^{2+} 对 Na^+ 干扰较大，通常在待测液中含 Ca^{2+} 超过 20 mL/L 时就有干扰，随着 Ca^{2+} 量的增加，干扰随之加大。Mg^{2+} 一般不影响 Na^+ 的测定，除非 $Mg^{2+}/Na^+ > 100$。

6.6.2.3　碳酸根和重碳酸根的测定——双指示剂中和滴定法

在盐土中常有大量 HCO_3^-，而在盐碱土或碱土中不仅有 HCO_3^-，也有 CO_3^{2-}。在盐碱土或碱土中 OH^- 很少发现，但在地下水或受污染的河水中有 OH^- 存在。在盐土或盐碱土中由于淋洗作用而使 Ca^{2+} 或 Mg^{2+} 在土壤下层形成 $CaCO_3$ 和 $MgCO_3$ 或者 $CaSO_4 \cdot 2H_2O$ 和 $MgSO_4 \cdot H_2O$ 沉淀，致使土壤上层 Ca^{2+}、Mg^{2+} 减少，$Na^+/(Ca^{2+}+Mg^{2+})$ 比值增大，土壤胶体对 Na^+ 的吸附增多，这样就会导致碱土的形成，同时土壤中就会出现 CO_3^{2-}。这是因为土壤胶体吸附的钠水解形成 NaOH，而 NaOH 又吸收土壤空气中的 CO_2。形成 Na_2CO_3 之故。因而 CO_3^{2-} 和 HCO_3^- 是盐碱土或碱土中的重要成分。

土壤—$Na^+ + H_2O \longrightarrow$ 土壤—$H^+ + NaOH$

$$2NaOH+CO_2 \longrightarrow Na_2CO_3+H_2O$$

$$Na_2CO_3+CO_2+H_2O \longrightarrow 2NaHCO_3$$

HCO_3^- 和 CO_3^{2-} 目前仍主要采用滴定法测定。

【方法与原理】

土壤水浸出液的碱度主要决定于碱金属和碱土金属的碳酸盐及重碳酸盐。溶液中同时存在碳酸根和重碳酸根时，可以应用双指示剂进行滴定。

$$Na_2CO_3+HCl=NaHCO_3+NaCl(pH\ 8.3\ 为酚酞终点)$$

$$Na_2CO_3+HCl=NaCl+CO_2+H_2O(pH\ 4.1\ 为溴酚蓝终点)$$

由标准酸的两步用量可分别求得土壤中 CO_3^{2-} 和 HCO_3^- 的含量。滴定时标准酸如果采用 H_2SO_4，则滴定后的溶液可以继续测定 Cl^- 的含量。对于质地黏重、碱度较高或有机质含量高的土壤，会使溶液带有黄棕色，终点很难确定，可采用电位滴定法（即采用电位指示滴定终点）。

【试剂配制】

（1）5 g/L 酚酞指示剂

称取酚酞指示剂 0.5 g，溶于 100 mL 600 mL/L 乙醇中。

（2）1 g/L 溴酚蓝（Bromophenol blue）指示剂

称取溴酚蓝 0.1 g，在少量 950 mL/L 的乙醇中研磨溶解，然后用乙醇稀释至 100 mL。

（3）0.01 mol/L $1/2H_2SO_4$ 标准溶液

量取浓 H_2SO_4（$\rho = 1.84$ g/mL）2.8 mL 加水至 1 L，将此溶液稀释 10 倍，再用标准硼砂标定其准确浓度。

【操作步骤】

吸取两份 10~20 mL 土水比为 1:5 的土壤浸出液，放入 100 mL 的烧杯中。

把烧杯放在磁搅拌器上开始搅拌，或用其他方式搅拌，加酚酞指示剂 1~2 滴（每 10 mL 加指示剂 1 滴），如果有紫红色出现，即示有碳酸盐存在，用 H_2SO_4 标准溶液滴定至浅红色刚一消失即为终点，记录所用 H_2SO_4 溶液的毫升数（V_1）。

溶液中再加溴酚蓝指示剂 1~2 滴（每 5 mL 加指示剂 1 滴），在搅拌中继续用标准 H_2SO_4 溶液滴定至终点，由蓝紫色刚褪去，记录加溴酚蓝指示剂后所用 H_2SO_4 标准溶液的毫升数（V_2）。

【结果计算】

$$土壤中水溶性 1/2CO_3^{2-} 含量(cmol/kg) = \frac{2V_1 \times c \times t_s}{m} \times 100 \tag{6-33}$$

$$土壤中水溶性 CO_3^{2-} 含量(g/kg) = 1/2CO_3^{2-} 含量(cmol/kg) \times 0.0300 \tag{6-34}$$

$$土壤中水溶性 HCO_3^- 含量(cmol/kg) = \frac{(V_2 - V_1) \times c \times t_s}{m} \times 100 \tag{6-35}$$

$$土壤中水溶性 HCO_3^- 含量(g/kg) = HCO_3^- 含量(cmol/kg) \times 0.061 \tag{6-36}$$

式中　c——1/2H_2SO_4 标准溶液的浓度(mol/L)；

　　　V_1——滴定 CO_3^{2-} 所用 H_2SO_4 标准溶液的体积(mL)；

　　　V_2——滴定 HCO_3^- 用 H_2SO_4 标准溶液的体积(mL)；

　　　t_s——分取倍数(土壤浸出液总量/土壤浸出液吸取量)；

　　　m——土壤样品的烘干质量(g)；

　　　0.0300——(1/2CO_3^{2-})的摩尔质量(kg/mol)；

　　　0.061——HCO_3^- 的摩尔质量(kg/mol)。

6.6.2.4　氯离子的测定——硝酸银滴定法(莫尔法)

土壤中普遍都含有 Cl^-，它的来源有许多方面，但在盐碱土中它的来源主要是含氯矿物的风化、地下水的供给、海水浸漫等方面。由于 Cl^- 在盐土中含量很高，有时高达水溶性盐总量的 80% 以下，所以常被用来表示盐土的盐化程度，作为盐土分类和改良的主要参考指标。因而盐土分析中 Cl^- 是必须测定的项目之一，甚至有些情况下只测定 Cl^- 就可以判断盐化程度。

Cl^- 测定通常采用滴定法、选择性离子电极法、比色法和离子色谱法。其中滴定法使用得较为普遍，但目前测试技术越来越倾向于离子色谱法和等离子发射光谱法。

【方法与原理】

以 K_2CrO_4 为指示剂的硝酸银滴定法(莫尔法)，是测定 Cl^- 离子较常用的方法。该方法简便快速，滴定在中性或微酸性介质中进行，尤其适用于盐渍化土壤中 Cl^- 测定，待测液如有颜色可用电位滴定法。用 $AgNO_3$ 标准溶液滴定 Cl^- 是以 K_2CrO_4 为指示剂，其反应如下：

$$Cl^- + Ag^+ \longrightarrow AgCl\downarrow(白色)$$
$$CrO_4^{2-} + 2Ag^+ \longrightarrow Ag_2CrO_4\downarrow(棕红色)$$

$AgCl$ 和 Ag_2CrO_4 虽然都是沉淀，但在室温下，$AgCl$ 的溶解度(1.5×10^{-3} g/L)比 Ag_2CrO_4 的溶解度(2.5×10^{-3} g/L)小，所以当溶液中入 $AgNO_3$ 时，Cl^- 首先与 Ag^+ 作用形成白色 $AgCl$ 沉淀，当溶液中 Cl^- 全被 Ag^+ 沉淀后，则 Ag^+ 就与 K_2CrO_4 指示剂起作用，形成棕红色 Ag_2CrO_4 沉淀，此时即达终点。

用 $AgNO_3$ 滴定 Cl^- 时应在中性溶液中进行，因为在酸性环境中会发生如下反应：

$$CrO_4^{2-} + H^+ \longrightarrow HCrO_4^-$$

因而降低了 K_2CrO_4 指示剂的灵敏性，如果在碱性环境中则：

$$Ag^+ + OH^- \longrightarrow AgOH\downarrow$$

而 $AgOH$ 饱和溶液中的 Ag^+ 浓度比 Ag_2CrO_4 饱和溶液中的为小，所以 $AgOH$ 将先于 Ag_2CrO_4 沉淀出来，因此，虽达 Cl^- 的滴定终点而无棕红色沉淀出现，这样就会影响 Cl^- 的测定。所以用测定 CO_3^{2-} 和 HCO_3^- 以后的溶液进行 Cl^- 的测定比较合适。在黄色光下滴定，终点更易辨别。

如果从苏打盐土中提出的浸出液颜色发暗不易辨别终点颜色变化时，可用电位滴定法代替。

【试剂配制】

(1)0.02 mol/L硝酸银标准溶液

将105 ℃烘干的$AgNO_3$ 3.398 g溶解于水中，稀释至1 L。必要时用0.01 mol/L氧化钠溶液标定其准确浓度。

(2)5%(m/v)铬酸钾指示剂

称取5.0 g铬酸钾(K_2CrO_4)，溶解于大约40 mL水中，滴加1 mol/L $AgNO_3$溶液，直到出现砖红色Ag_2CrO_4沉淀为止，避光放置24 h，过滤除去Ag_2CrO_4沉淀，滤液稀释至100 mL，贮在棕色瓶中备用。

【操作步骤】

用滴定碳酸盐和重碳酸盐以后的溶液继续滴定Cl^-。如果不用这个溶液，可另取两份新的1:5土壤浸出液，用饱和$NaHCO_3$溶液或0.05 mol/L H_2SO_4溶液调至酚酞指示剂红色褪去。

吸取1:5土水比土壤浸提液25 mL放入150 mL三角瓶中，滴加5%(m/v)铬酸钾指示剂8滴，在磁搅拌器上，用$AgNO_3$标准溶液滴定。无磁搅拌器时，滴加$AgNO_3$时应随时搅拌或摇动，直到刚好出现棕红色沉淀不再消失为止。记录消耗硝酸银标准溶液的体积(V)。

取25 mL蒸馏水，同法做空白试验，记录消耗硝酸银标准溶液的体积(V_0)。

【结果计算】

$$土壤中水溶性 Cl^- 含量(cmol/kg) = \frac{(V-V_0) \times c \times t_s}{m} \times 100 \tag{6-37}$$

$$土壤中水溶性 Cl^- 含量(g/kg) = Cl^- 含量(cmol/kg) \times 0.0355 \tag{6-38}$$

式中　V——待测液消耗的$AgNO_3$标准溶液体积(mL)；

V_0——空白消耗的$AgNO_3$标准溶液体积(mL)；

c——$AgNO_3$摩尔浓度(mol/L)；

t_s——分取倍数(土壤浸出液总量/土壤浸出液吸取量)；

m——为土壤样品的烘干质量(g)；

0.0355——Cl^-的摩尔质量(kg/mol)。

【注意事项】

(1)铬酸钾指示剂的用量与滴定终点到来的迟早有关。根据计算，以25 mL待测液加8滴铬酸钾指示剂为宜。

(2)在滴定过程中，当溶液出现稳定的砖红色时，Ag^+的用量已经稍有超过，因此滴定终点的颜色不宜过深。

(3)硝酸银滴定法测定Cl^-时，待测液的pH应在6.5~10.0。因铬酸钾能溶于酸，溶液的pH不能低于6.5；若pH>10，则会生成氧化银黑色沉淀。如溶液pH不在适宜的滴定范围内，可于滴定前用稀$NaHCO_3$溶液调节。

(4)滴定过程中生成的AgCl沉淀容易吸附Cl^-，使溶液中的Cl^-浓度降低，以致未到终点即过早产生砖红色Ag_2CrO_2沉淀，故滴定时需不断剧烈摇动，使被吸附的Cl^-释出。待测液如有颜色致使滴定终点难以判断时，可改用电位滴定法测定。

6.6.2.5 硫酸根的测定

在干旱地区的盐土中易溶性盐往往以硫酸盐为主。硫酸根分析是水溶性盐分析中比较麻烦的一个项目。重量法、比浊法、滴定法和比色法都是测定土壤浸提液中 SO_4^{2-} 较为常用的方法。经典方法是硫酸钡沉淀称重法，但由于手续烦琐，而妨碍了它的广泛使用。近几十年来，滴定方法的发展，特别是 EDTA 滴定方法的出现有取代重量法之势。同 Cl^- 一样，越来越多的实验室开始应用离子色谱法和等离子发射光谱法测定 SO_4^{2-}。下面主要介绍 EDTA 间接络合滴定法和 $BaSO_4$ 比浊法。

【方法与原理】

用过量氯化钡将溶液中的硫酸根完全沉淀。为了防止 $BaCO_3$ 沉淀的产生，在加入 $BaCl_2$ 溶液之前，待测液必须酸化，同时加热至沸以赶出 CO_2，趁热加入 $BaCl_2$ 溶液以促进 $BaSO_4$ 沉淀，形成较大颗粒。

过量 Ba^{2+} 连同待测液中原有的 Ca^{2+} 和 Mg^{2+}，在 pH10 时，以铬黑 T 为指示剂，用 ED-TA 标准溶液滴定。为了使终点明显，应添加一定量的镁。从加入钡镁所消耗 EDTA 的量（用空白标定求得）和同体积待测液中原有 Ca^{2+}、Mg^{2+} 所消耗 EDTA 的量之和减去待测液中原有 Ca^{2+}、Mg^{2+} 以及与 SO_4^{2-} 作用后剩余钡及镁所消耗 EDTA 的量，即为消耗于沉淀 SO_4^{2-} 的 Ba^{2+} 量，从而可求出 SO_4^{2-} 量。如果待测液中 SO_4^{2-} 浓度过大，则应减少用量。

1. EDTA 间接络合滴定法

【试剂配制】

(1)(1:1)盐酸溶液

一份浓盐酸(HCl，$\rho \approx 1.19$ g/mL，化学纯)与等量水混合。

(2)钡镁混合液

称 $BaCl_2 \cdot 2H_2O$(化学纯)2.44 g 和 $MgCl_2 \cdot 6H_2O$(化学纯)2.04 g 溶于水中，稀释至 1 L，此溶液中 Ba^{2+} 和 Mg^{2+} 的浓度各为 0.01 mol/L，每毫升约可沉淀 SO_4^{2-} 1 mg。

(3)pH 10 的缓冲溶液

称取氯化铵(NH_4Cl，分析纯)67.5 g 溶于去 CO_2 蒸馏水中，加入浓氨水(含 NH_3 25%>570 mL，用水稀释至 1 L。贮于塑料瓶中，注意防止吸收空气中的 CO_2。

(4)0.02 mol/L EDTA 标准溶液

称取乙二胺四乙酸二钠 7.440 g，溶于无 CO_2 的蒸馏水中，定容至 1 L。标定后贮于塑料瓶中备用。

(5)铬黑 T 指示剂

称取 0.5 g 铬黑 T 与 100 g 烘干的氯化钠，共研至极细，贮于棕色瓶中。

【操作步骤】

(1)吸取 25 mL 土水比为 1:5 的土壤浸出液于 150 mL 三角瓶中，加(1:1)盐酸溶液 2 滴，加热至沸，趁热用移液管缓缓地准确加入过量 25%~100% 的钡镁混合液(5~20 mL)，继续微沸 3 min，然后放置 2 h 后，加入 pH10 缓冲溶液 5 mL，加铬黑 T 指示剂 1 小勺(约 0.1 g)。摇匀后立即用 EDTA 标准溶液滴定至溶液由酒红色突变为纯蓝色(如果终点前颜色太浅，可补加一些指示剂)。记录消耗 EDTA 标准溶液的体积(V_1)。

(2)空白标定

吸取与以上所吸待测液同量的蒸馏水于 150 mL 三角瓶中，其余操作与上述待测液测定相同。记录消耗 EDTA 标准溶液的体积(V_0)。

(3)土壤浸出液中钙镁含量的测定

如 Ca^{2+} 和 Mg^{2+} 已测——EDTA 滴定法，可免去此步骤。吸取同体积的待测液于 150 mL 三角瓶中，加(1+1)盐酸溶液 2 滴，充分摇动，煮沸 1 min 赶 CO_2，冷却后加 pH10 缓冲溶液 4 mL，加铬黑 T 指示剂 1 小勺(约 0.1 g)。用 EDTA 标准溶液滴定至溶液由酒红突变为纯蓝色即为终点。记录消耗 EDTA 标准溶液的体积(V_2)。

【结果计算】

$$土壤中水溶性 1/2\ SO_4^{2-} 含量(cmol/kg) = \frac{(V_0 + V_2 - V_1) \times c \times t_s \times 2}{m} \tag{6-39}$$

$$土壤中水溶性 SO_4^{2-} 含量(g/kg) = 1/2\ SO_4^{2-} 含量(cmol/kg) \times 0.0480 \tag{6-40}$$

式中　V_1——待测液中原有 Ca^{2+}、Mg^{2+} 以及 SO_4^{2-} 作用后剩余钡镁所消耗的总 EDTA 溶液的体积(mL)；

V_0——空白所消耗的 EDTA 溶液的体积(mL)；

V_2——同体积待测液中原有 Ca^{2+}、Mg^{2+} 所消耗的 EDTA 溶液的体积(mL)；

c——EDTA 标准溶液的浓度(mol/L)；

t_s——分取倍数(土壤浸出液总量/土壤浸出液吸取量)；

m——土壤样品的烘干质量(g)；

0.0480——$1/2 SO_4^{2-}$ 的摩尔质量(kg/mol)。

【注意事项】

(1)此法测定 $1/2\ SO_4^{2-}$ 时，试液中的 SO_4^{2-} 浓度不宜大于 200 mg/L。故若 SO_4^{2-} 于 8 mg 时，应酌量减少浸出液的用量，稀释。若吸取的土壤待测液中 SO_4^{2-} 含量过高，可能会出现加入的 Ba^{2+} 不能将 SO_4^{2-} 沉淀完全。此时滴定值表现为 $V_2+V_0-V_1 \sim V_0/2$，应将土壤待测液的吸取量减少，重新滴定，以使 $V_2+V_0-V_1 < V_0/2$。但测定 Ca^{2+}、Mg^{2+} 含量的待测液吸取量也要相应改变。

(2)加入钡镁混合液后，若生成的 $BaSO_4$ 沉淀很多，影响滴定终点的观察，可以用滤纸过滤，并用热水少量多次洗涤至无 SO_4^{2-}，滤液再用来滴定。

2. 硫酸钡比浊法

【方法与原理】

在一定条件下，向试液中加入氯化钡($BaCl_2$)晶粒，使之与 SO_4^{2-} 形成的硫酸钡($BaSO_4$)沉淀分散成较稳定的悬浊液，用比色计或比浊计测定其浊度(吸光度)。同时绘制工作曲线，由未知浊液的浊度查曲线，即可求得 SO_4^{2-} 浓度小于 40 mg/mL 的试液中的 SO_4^{2-} 浓度。

【仪器与设备】

量勺(容量 0.3 cm³，盛 1.0 g 氯化钡)、分光光度计或比浊计。

【试剂配制】

(1)SO_4^{2-} 标准溶液

硫酸钾(分析纯，110 ℃烘 4 h)0.1814 g 溶于水，定容至 1 L。此溶液含 SO_4^{2-} 100 μg/mL。

（2）稳定剂

氯化钠（分析纯）75.0 g 溶于 300 mL 水中，加入 30 mL 浓盐酸和 950 mL/L 乙醇 100 mL，再加入 50 mL 甘油，充分混合均匀。

（3）氯化钡晶粒

氯化钡（$BaCl_2 \cdot 2H_2O$，分析纯）结晶磨细过筛，取粒度为 0.25～0.5 mm 的晶粒备用。

【测定步骤】

（1）根据预测结果，吸取 1:5 土壤浸出液 25 mL（SO_4^{2-} 浓度在 40 /mL 以上者，应减少用量，并用纯水准确稀释至 25 mL），放入 50 mL 锥形瓶中。准确加入 1 mL 稳定剂和 1.0 g 氯化钡晶粒（可用量勺量取），立即转动锥形瓶至晶粒完全溶解为止。将上述浊液在 15 min 内于 420 nm 或 480 nm 处进行比浊（比浊前必须逐个摇匀浊液）。用同一土壤浸出液（25 mL 中加 1 mL 稳定剂，不加氯化钡），调节比浊（色）计吸收值"0"点，或测读吸收值后在土样浊液吸收值中减去之，从工作曲线上查得比浊液中的 SO_4^{2-} 含量（mg/25 mL）。记录测定时的室温。

（2）工作曲线的绘制

分别准确吸取含 SO_4^{2-} 100 μg/mL 的标准溶液 0 mL、1 mL、2 mL、4 mL、6 mL、8 mL、10 mL，放入 25 mL 容量瓶中，加水定容，即成为 0 mg/25 mL、0.1 mg/25 mL、0.2 mg/25 mL、0.4 mg/25 mL、0.6 mg/25 mL、0.8 mg/25 mL、1.0 mg/25 mL 的 SO_4^{2-} 标准系列溶液。按上述与待测液相同的步骤，加 1 mL 稳定剂、1 g 氯化钡晶粒显浊和测读吸收值后绘制工作曲线。

测定土样和绘制工作曲线时，必须严格按照规定的沉淀和比浊条件操作，以免产生较大的误差。

【结果计算】

$$土壤水溶性 SO_4^{2-} 含量（g/kg）= \frac{\rho \times t_s}{m} \times 1000 \tag{6-41}$$

$$土壤水溶性 1/2SO_4^{2-} 的含量（cmol/kg）= SO_4^{2-} 含量（g/kg）/0.0480 \tag{6-42}$$

式中　ρ——待测液中 SO_4^{2-} 的质量浓度（mg/25 mL）；

　　　t_s——分取倍数（土壤浸出液总量/土壤浸出液吸取量）；

　　　m——相当于分析时所取浸出液体积的干土质量（mg）；

　　　0.0480——1/2SO_4^{2-} 的摩尔质量（kg/mol）。

6.6.2.6　阴离子的测定——离子色谱法

离子色谱法是利用离子交换原理和液相色谱技术测定溶液中阴离子和阳离子的一种分析方法。离子色谱是液相色谱的一种。离子色谱法是进行离子测定的快速、灵敏、选择性好的方法，它可以同时检测多种离子，特别是对阴离子的测定更是其他方法所不能相比的。因为离子色谱法中通常以 Na_2CO_3 和 $NaHCO_3$ 作为洗脱液，所以 CO_3^{2-} 和 HCO_3^- 不能与其他阴离子同时测定，CO_3^{2-} 和 HCO_3^- 的测定仍推荐使用滴定法。本实验中离子色谱法主要用于测定土壤浸出液或水中的 Cl^-、SO_4^{2-}、NO_3^-、NO_2^-、F^- 和 HPO_4^{2-}。

【方法与原理】

离子色谱是利用不同离子对固定相亲合力的差别来实现分离的。离子色谱的固定相是离子交换树脂，离子交换树脂是苯乙烯—二乙烯基苯的共聚物。树脂核外是一层可离解的无机基团，由于可离解基团的不同，离子交换树脂又分为阳离子交换树脂和阴离子交换树脂。当流动相将样品带到分离柱时，由于样品离子对离子交换树脂的相对亲合能力不同而得到分离，由分离柱流出的各种不同离子，经检测器检测，即可得到一个个色谱峰。根据混合标准溶液中各阴离子出峰的保留时间以及峰高进行定性和定量测定各种阴离子。

【仪器与设备】

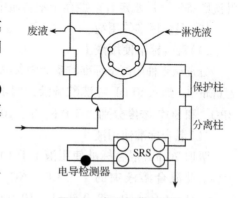

离子色谱仪(具电导检测器)，色谱柱(阴离子分离柱和阴离子保护柱)，微膜抑制器或抑制柱，记录仪或积分仪，淋洗液和再生液贮存罐，微孔滤膜过滤器，预处理柱[内径 6 mm，长 90 mm，上层填充吸附树脂(约 30 mm 高)，下层填充离子交换树脂(约 50 mm 高)]如图 6-6 所示。

图6-6 离子色谱仪示意

【试剂配制】

1. 超纯水不含待测阴离子的重蒸馏水或去离子水，电导率应小于 0.5 μS/cm。

2. 淋洗液

(1)淋洗贮备液

分别称取 19.078 g Na$_2$CO$_3$ 和 14.282 g NaHCO$_3$(均已在 105 ℃烘干 2 h，干燥器中放冷)，溶解于超纯水中，移入 1000 mL 容量瓶中，定容至刻度，摇匀，贮存于塑料瓶中，在冰箱中保存。此溶液 Na$_2$CO$_3$ 浓度为 0.18 mmol/L，NaHCO$_3$ 浓度为 0.17 mmol/L。

(2)淋洗使用液

取 10 mL 淋洗贮备液置于 1000 mL 容量瓶中，超纯水定容至刻度，摇匀。此溶液 Na$_2$CO$_3$ 浓度为 0.001 8 mmol/L，NaHCO$_3$ 浓度为 0.001 7 mmol/L。

3. 再生液 c(1/2 SO$_4^{2-}$)= 0.05mol/L

吸取 1.39 mL 浓硫酸溶液于 1000 mL 容量瓶中(瓶中装少量水)，用超纯水定容后摇匀。

4. 氟离子标准贮备液(1000 mg/L)

称取 2.2100 g 氟化钠(105 ℃烘干 2 h)于蒸馏水中，移入 1000 mL 容量瓶中，加入 10 mL 淋洗贮备液，用水定容。贮存于塑料瓶中，置于冰箱中冷藏。

5. 氯离子标准贮备液(1000 mg/L)

称取 1.6485 g 氯化钠(105 ℃烘干 2 h)溶于水，移入 1000 mL 容量瓶中，加入 10 mL 淋洗贮备液，用水定容。贮存于塑料瓶中，置于冰箱中冷藏。

6. 亚硝酸根标准贮备液(1000 mg/L)

称取 1.4997 g 亚硝酸钠(105 ℃烘干 24 h)溶于水，移入 1000 mL 容量瓶中，加入 10 mL 淋洗贮备液，用水定容。贮存于塑料瓶中，置于冰箱中冷藏。

7. 硝酸根标准贮备液(1000 mg/L)

称取 1.3708 g 硝酸钠(105 ℃烘干 4 h)溶于水,移入 1000 mL 容量瓶中,加入 10 mL 淋洗贮备液,用水定容。贮存于塑料瓶中,置于冰箱中冷藏。

8. 磷酸氢根标准贮备液(1000 mg/L)

称取 1.4791 g 磷酸二氢钠(105 ℃烘干 24 h)溶于水,移入 1000 mL 容量瓶中,加入 10 mL 淋洗贮备液,用水定容。贮存于塑料瓶中,置于冰箱中冷藏。

9. 硫酸根标准贮备液(1000 mg/L)

称取 1.8142 g 硫酸钾(105 ℃烘干 2 h)溶于水,移入 1000 mL 容量瓶中,加入 10 mL 淋洗贮备液,用水定容。贮存于塑料瓶中,置于冰箱中冷藏。

10. 混合标准使用液

(1)混合标准使用液 I

分别从 6 种阴离子标准贮备液中吸取 5 mL、10 mL、20 mL、40 mL 和 50 mL 于 1000 mL 容量瓶中,加入 10 mL 淋洗贮备液,用水定容。此混合溶液中的 F^-、Cl^-、NO_2^-、NO_3^-、HPO_4^{2-} 和 SO_4^{2-} 浓度分别为 5.0 mg/L、10.0 mg/L、20.0 mg/L、40.0 mg/L 和 50.0 mg/L。

(2)混合标准使用液 II

吸取 20 mL 混合标准使用液 I 于 1000 mL 容量瓶中,加入 1 mL 淋洗贮备液,用水定容。此混合溶液中的 F^-、Cl^-、NO_2^-、NO_3^-、HPO_4^{2-} 和 SO_4^{2-} 浓度分别为 1.0 mg/L、2.0 mg/L、4.0 mg/L、8.0 mg/L、10.0 mg/L 和 12.0 mg/L。

11. 吸附树脂

50~100 目。

12. 阳离子交换树脂

100~200 目。

13. 弱淋洗液

$c(Na_2B_4O_7) = 0.005$ mol/L。

【操作步骤】

(1)土壤浸出液处理

土壤浸出液必须经 0.45 μm 微孔滤膜过滤,保存于玻璃瓶或塑料瓶中。

(2)色谱工作条件

淋洗液浓度:Na_2CO_3 浓度为 0.0018 mmol/L,$NaHCO_3$ 浓度为 0.0017 mmol/L。

再生液流速:根据淋洗液流速来确定,使背景电导达到最小值。

电导检测器:根据样品浓度选择量程。

进样量:25μL。

淋洗液流速:1.0~2.0 mL/min。

(3)标准曲线的绘制根据样品浓度选择混合标准使用液 I 或 II,配置 5 个浓度水平的混合标准溶液,测定其峰高(或峰面积)。以峰高(或峰面积)为纵坐标,以离子浓度(mg/L)为横坐标,用最小二乘法计算标准曲线的回归方程 $Y = aX + b$。并用标准样品对标准曲线进行校准。

(4)样品的测定高灵敏度的离子色谱分析一般用低浓度的样品,对未知的样品最好先稀释 100 倍后进样，再根据所得的结果选择适当的稀释倍数。依据稀释倍数制备待测液，即可进行待测液的色谱分析，测定各离子(F^-、Cl^-、NO_2^-、NO_3^-、HPO_4^{2-} 和 SO_4^{2-})的峰高(或峰面积)h_i。同时，做空白试验，测定空白的峰高(或峰面积)h_0。离子色谱标准谱图如图 6-7 所示。

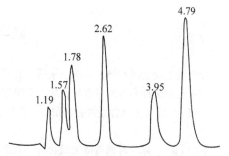

图 6-7　离子色谱标准谱图

保留时间	1.19	1.57	1.78	2.62	3.95	4.79
阴离子种类	F^-	Cl^-	NO_2^-	NO_3^-	HPO_4^{2-}	SO_4^{2-}
浓度(mg/L)	1.25	2.5	5.0	10.0	12.5	12.5

【结果计算】

按照下式计算待测液中的阴离子浓度：

$$阴离子浓度\ c(\text{mg/L}) = \frac{h_i - h_0 - a}{b} \qquad (6\text{-}43)$$

式中　h_i——待测阴离子(F^-、Cl^-、NO_2^-、NO_3^-、HPO_4^{2-} 和 SO_4^{2-})的峰高(或峰面积)；

h_0——空白的峰高(或峰面积)；

b——回归方程的斜率；

a——回归方程的截距。

土壤中阴离子含量则可由下式计算而得：

$$土壤水溶性阴离子含量(\text{g/kg}) = \frac{h_i \times V \times t_s}{m} \times 1000 \qquad (6\text{-}44)$$

$$土壤水溶性阴离子含量(\text{cmol/kg}) = 含量(\text{g/kg}) / M_i \qquad (6\text{-}45)$$

式中　h_i——测得的待测液中的阴离子(F^-、Cl^-、NO_2^-、NO_3^-、HPO_4^{2-} 和 SO_4^{2-})浓度(mg/L)；

t_s——待测液的稀释倍数；

V——土壤浸出液总量(mL)；

m——土壤样品的烘干质量(g)；

M_i——阴离子(F^-、Cl^-、NO_2^-、NO_3^-、HPO_4^{2-} 和 SO_4^{2-})的摩尔质量(kg/mol)。

【注意事项】

(1)亚硝酸根不稳定，最好临用前现配。

(2)样品需经 0.45μm 微孔滤膜过滤，除去样品中颗粒物，防止系统堵塞。

(3)不同型号的离子色谱仪可参照一份使用说明书进行操作。

(4)要确保样品和标准曲线在同等条件下测得。

(5)不被色谱柱保留或被保留的阴离子干扰 F^- 或 Cl^- 的测定。如乙酸与 F^- 产生共淋洗，甲酸与 Cl^- 产生共淋洗。如果共淋洗现象显著，可改用弱淋洗液[$c(Na_2B_4O_7) = 0.005$ mol/L]进行洗脱。

复习思考题

1. 什么是土壤的缓冲性？影响土壤缓冲容量大小的因素有哪些？

2. 测定土壤缓冲容量的过程中，应注意哪些问题？

3. 土壤 EC 值和土壤含盐量有何密切关系？比较重量法和电导法测定土壤全盐量的测定条件及优缺点？

4. 测定 Ca^{2+}、Mg^{2+} 时的待测液碱化后不宜久放，为什么？

5. 在盐碱土中，当 $Ca^{2+} : K^+ > 10 : 1$ 时，Ca^{2+} 对 Na^+ 产生干扰，为什么？

6. 测定土壤中的全盐量和离子之间的允许误差是多少？如何计算？

7. 应用 EDTA 间接络合滴定法测定 SO_4^{2-} 含量时，对于试液中 SO_4^{2-} 含量有何限制？为什么？

8. 试述离子色谱法的原理与特点。

9. 从土壤胶体凝聚和分散现象观察中可以得出什么结论？原因何在？

10. 电泳现象说明什么问题？根据记录、实验结果分析讨论。

11. 测定土壤 Eh 有何作用和意义？

12. 野外测定土壤 Eh 应注意哪些问题？

第 7 章

土壤养分分析

本章介绍了土壤氮、磷、钾、钙、镁、硫、微量元素、有益元素的全量及有效性的测定方法。在无机氮分析上，除了介绍传统方法(蒸馏滴定、比色法)，还介绍流动注射分析仪法测定铵态氮和硝态氮；微量元素测定分别介绍了原子吸收法(AAS)、等离子电感耦合发射光谱法(ICP-AES)；土壤全硅测定上分别介绍了碳酸钠熔融—动物胶凝聚质量法、氢氧化钾(或钠)熔融—动物胶凝聚质量法、偏硼酸锂熔融—ICP-AES法；在土壤硒测定上采用原子荧光光谱仪法；土壤全量分析前处理上介绍了微波消解系统处理土壤样品。

7.1 土壤氮素分析

7.1.1 土壤全氮的测定

【测定意义】

氮素是植物最重要的营养元素之一，它在土壤中主要分为有机态和无机态两大部分。有机态的氮主要以蛋白质、核酸、氨基糖和腐殖质等类化合物形式存在，而无机态的氮以固定态铵、交换性铵、NO_3^-、NO_2^- 等形式存在，通常不超过全氮量的 5%。

土壤无机氮是植物可以直接吸收的氮素，它的含量受气温、土壤水分、酸碱度、氧化还原条件、土壤微生物活动、作物生长情况和耕作措施、施肥、灌溉、排水等条件的影响很大，变化很快。因此，某一时刻土壤无机氮含量的高低，不能说明该土壤的基本供氮水平。有机氮是经过微生物的矿化作用后为作物吸收利用的氮。土壤全氮量虽然不能说明土壤的供氮强度，但可反映土壤供氮的总水平，即土壤基本氮素水平，从而为评价土壤基本肥力、合理施肥，以及采用各种农业措施促进有机氮的矿化过程等提供科学依据。

我国土壤中的氮素含量变幅很大。南方红、黄壤及滨海盐土，全氮量在 1 g/kg 以下；水稻土含量较高，为 1~3 g/kg；华北平原耕层土壤全氮量在 0.5~0.8 g/kg，而东北黑土则为 2~5 g/kg。

由于土壤有机质和全氮(以及全磷、全钾)的含量比较稳定，所以不必每年测定，更无需按作物生育期进行测定，这一点与土壤有效养分是不同的。

【方法与原理】

土壤全氮的测定主要有两种方法。一种是 1831 年杜马斯创立的干烧法或称杜氏法：

样品在 CO_2 中燃烧，以 $Cu+CuO$ 为催化剂，使所有的氮气（N_2）气流通过矿液吸收 CO_2，后测量 N_2 的体积，近而计算样品中氮的含量。杜氏法回收率较高，但仪器装置和操作比较复杂。目前国外已有干烧法的自动定氮仪，可提高分析效率。另一种方法是丹麦人开道尔于 1883 年创立的湿烧法——开氏法，此法经过几十年的多次修改，结果可靠，由于此法设备简单，一般实验室均可广泛应用。

现将开氏法的原理简述如下。开氏法定氮包括以下两个过程：

1. 样品的消煮

在消煮过程中，各种含氮有机化合物经过复杂的高温分解反应而转化成为铵态氮（硫酸铵），这个复杂的反应，总称为开氏反应。硫酸在高温下为强氧化剂，蒸气分解产生新生态氧（O），能氧化有机化合物中的碳，生成 CO_2，从而分解有机质。

$$H_2SO_4 \xrightarrow{高温} SO_3\uparrow + H_2O$$
$$2SO_3 \longrightarrow 2SO_2\uparrow + 2[O]$$
$$C + 2[O] \longrightarrow CO_2\uparrow$$

样品中的含氮有机化合物如蛋白质等在浓硫酸作用下，水解成为氨基酸，氨基酸又在硫酸的脱氨作用下，还原成氨，氨与硫酸结合成为硫酸铵留在溶液中。主要反应如下：

$$蛋白质 \xrightarrow[H^+]{水解} 各种氨基酸$$

$$NH_2\cdot CH_2\cdot COOH + 3H_2SO_4 \longrightarrow NH_3 + 2CO_2 + 3SO_2\uparrow + 4H_2O$$
$$2NH_3 + H_2SO_4 \longrightarrow (NH_4)_2SO_4$$

此法消煮测定土壤全氮量，样品中极微量的硝态氮，在加热过程中逸出而损失，因一般土壤中此类氮含量甚微，可略而不计。

上述反应进行速度较慢，通常利用加速剂促进反应过程。加速剂的成分，按其效用的不同，分为增温剂常用增温剂是硫酸钾和硫酸钠、催化剂和氧化剂 3 类。消煮时温度要求控制在 360～410 ℃之间，低于 360 ℃消化不完全，特别是杂环氮化合物不易分解，使结果偏低。温度过高可引起氮素的损失，其温度的高低取决于加入盐的多少，一般应每 1 mL 浓硫酸中含有 0.35～0.45 g 为宜。

在催化剂中也有很多种类，例如，汞、氧化汞、硫酸铜、硫酸铁、硒等，其中以硫酸铜和硒混合使用最为普遍。其催化作用如下：

$$4CuSO_4 + 3C + 2H_2SO_4 \longrightarrow Cu_2SO_4 + 4SO_2\uparrow + 3CO_2\uparrow + 2H_2O（氧化作用）$$
$$Cu_2SO_4 + 2H_2SO_4 \longrightarrow 2CuSO_4 + SO_2\uparrow + 2H_2O（还原作用）$$

Cu_2SO_4 发生的氧化还原反应，周而复始地进行，当有机质全部被氧化之后，则不再形成褐红色的 Cu_2SO_4，而呈现清澈的蓝绿色。因此，硫酸铜不仅起催化作用，也起指示消化终点作用。硒的催化效率很高，可以大幅缩短消化时间，其催化作用：

$$2H_2SO_4 + Se \longrightarrow H_2SeO_3 + 2SO_2\uparrow + H_2O$$
$$亚硒酸$$

$$H_2SeO_3 \longrightarrow SeO_2 + H_2O$$
$$SeO_2 + C \longrightarrow Se + CO_2\uparrow$$

在使用硒粉作催化剂时，硒的用量过多，消煮时间过长或温度过高，均能导致氮素的损失：

$$(NH_4)_2SO_4+H_2SeO_3 \longrightarrow (NH_4)_2SeO_3+H_2SO_4$$

$$3(NH_4)_2SeO_3 \longrightarrow 9H_2O+2NH_3\uparrow+3Se+2N_2\uparrow$$

同时要注意，用硒作催化剂时，消煮液不能供氮、磷联合测定。硒还是有毒元素，实验室必须有良好的通风设备，否则在消化过程中产生的 H_2Se 可能引起中毒。另外，为了加快反应速度，很多人曾使用氧化剂，试验证明，将氧化剂（$K_2Cr_2O_7$·$KMnO_4$、$HClO_4$ 等）分次加到消煮液的硫酸中均能获得良好效果，同时可以大幅缩短消煮时间，一般 15～30 min 即可。目前，人们对于 $HClO_4$ 的使用很重视。因为 H_2SO_4-$HClO_4$ 消煮液可以同时测定氮、磷，有利于自动化分析的使用。但是由于氧化剂作用很激烈，容易造成氮的损失，所以，使用时必须谨慎，每次用量不可过多、消煮时只能微沸，以防有机氮被氧化成游离氮气或氮的氧化物而逸失。

关于消煮时间，不能以消煮液是否清澈作为依据，通常消煮液开始清亮后尚须"后煮"一定时间，以保证全部有机态氮都转化为铵盐。

2. 消煮液中铵的定量

消煮液中的铵态氮可根据要求和实验条件选用蒸馏法、扩散法或比色法等测定。

扩散法和蒸馏法所用仪器不同，但都是先把消煮液碱化，使 $(NH_4)_2SO_4$ 转变为挥发性的 NH_3，让它自行扩散出来或蒸馏出来，扩散或蒸馏出来的 NH_3，可以用标准酸吸收。剩余的酸再用标准碱溶液回滴，根据被 NH_3 所消耗的酸量来计算铵态氮的量。

$$(NH_4)_2SO_4+2NaOH=Na_2SO_4+2NH_3\uparrow+2H_2O$$

现在通常都改用硼酸（H_3BO_3）溶液来吸收 NH_3，然后用标准酸溶液直接滴定硼酸吸收的 NH_3。

$$NH_3+H_3BO_3=NH_4\cdot H_2BO_3(或写作 H_3BO_3\cdot NH_3)$$

$$NH_4H_2BO_3+HCl=NH_4Cl+H_3BO_3$$

硼酸吸收 NH_3 的量，大致可按每 1 mL 1%H_3BO_3 最多能吸收 0.46 mg N 计算。例如，3 mL 3%H_2BO_3 溶液最多可吸收 3×3×0.46≈4 mg N。用硼酸代替标准酸吸收氨的优点很多：直接滴定氨的准确度较高，可以不配制标准碱溶液；硼酸的用量足够即可，不必准确量取；蒸馏氨时不怕倒吸，只需添加硼酸后再蒸馏即可。带有指示剂的硼酸溶液容易受到器皿和外来酸碱的污染，但应注意，用硼酸吸收氨时，温度不能超过 40 ℃，否则 NH_3 易逸失，所用硼酸和指示剂（溴甲酚绿和甲基红）的质量影响滴定终点的敏锐程度；硼酸久贮于玻璃瓶中后，也可因溶解玻璃而降低终点的灵敏性。

开氏法测定的是有机氮和样品中原有的铵态氮，不包括全部硝态氮。如需包括全部硝态氮在内，须将开氏法稍加修改。由于土壤中硝态氮含量很少，常不到全氮量的 1%，可以略而不计，所以一般开氏法测得的结果，就可以当作土壤的全氮了。

【仪器与设备】

50 mL 刻度消煮管、红外消煮炉、定氮蒸馏装置或自动定氮仪、微量滴定管。

【试剂配制】

（1）酸溶液，ρ=1.84 g/cm³（不含氮，化学纯）。

(2)加速剂，100 g K$_2$SO$_4$、10 g CuSO$_4$·5H$_2$O 和 1 g Se 粉共同研细，全部通过 0.25 mm 筛孔，充分混匀，如无 Se 粉，也可以只用 10∶1 的 K$_2$SO$_4$ 和 CuSO$_4$·5H$_2$O 配制，此时消煮时间要适当延长些。

(3)溴甲酚绿—甲基红指示剂，0.099 g 溴甲酚绿和 0.066 g 甲基红溶于 100 mL 95%乙醇中，用稀 NaOH(约 1 mol/L)或 HCl 调节至呈蓝色(pH=4.5)，此指示剂的变色范围为 pH 4.2~4.9(蓝绿色)。

(4)2%硼酸溶液(内含少量溴甲酚绿—甲基红指示剂，20 g H$_3$BO$_3$ 溶于 1 L 蒸馏水中，加溴甲酚绿—甲基红指示剂约 10 mL，并用稀 NaOH(约 0.1 mol/L)或稀 HCl(0.1 mol/L)调节至呈紫红色(pH 4.5)，此液每毫升最多可吸收 0.9 mg NH$_3^+$-N。

(5)40%氢氧化钠溶液，称取固体 NaOH 400 g 于硬质烧杯中，加 400 mL 无 CO$_2$ 蒸馏水溶解，并不断搅拌，以防止烧杯底 NaOH 固结，冷却后以无 CO$_2$ 蒸馏水稀释至 1000 mL，贮于胶塞试剂瓶中。

(6)0.01 mol/L 标准盐酸(HCl)或硫酸(1/2H$_2$SO$_4$)溶液，先配制 0.1 mol/L 标准酸溶液，然后稀释 10 倍，用标准碱标定。

【操作步骤】

1. 样品的消煮

(1)称取过 0.25 mm 筛孔的风干土样 0.5×××~1.×××g(含 N 量约 1 mg)，土样含氮量 0.1%，称样 1.0 g；含氮在 0.2%时，则应称样 0.5 g，用光滑小纸条小心放入 50 mL 干燥消煮管底部。

(2)加入加速剂 2 g(用量勺加入)、浓硫酸 5 mL，轻轻摇匀(如果黏质土壤，先加入 5~10 滴水浸泡，待黏粒分散后，再加 5 mL 浓硫酸)，以小漏斗盖住消煮管口。

(3)将开氏瓶斜置于 600~800 W 的电炉上，先用小火消煮，待泡沫不多时，可加大火力，使溶液保持沸腾，硫酸蒸气在瓶颈下部 1/3 处冷凝回馏。消煮过程中应间断地转动消煮管，使溅上的有机质能及时分解。待消煮液褪去污色而呈清澈淡蓝色后，再后煮 30~40 min。

(4)消煮完毕后稍放冷却，在硫酸盐类尚未析出凝固以前，用少量蒸馏水洗涤消煮管 4~5 次，然后将消煮液全部转入蒸馏器内室，总用量约 20 mL。

在消煮土样同时，做 2 份空白试验，除不加土样以外，其他操作都相同。

2. 铵的定量蒸馏法

(1)蒸馏前先检查蒸馏装置是否漏气和管道是否清洁。检查方法：用水蒸洗，弃去初馏液，用小三角瓶接取蒸馏液约 10 mL，加 1 小滴 0.01 mol/L 盐酸，1 小滴混合指示剂溶液，如能由绿色变为红色，即表示管道无酸碱污染。

(2)另取小三角瓶加入 10 mL 2%硼酸—指示剂溶液，放在蒸馏器的冷凝管下面，距离硼酸液面 2~3 cm 处。

(3)向蒸馏器内室加入约 20 mL 40%NaOH 溶液，立即塞紧，进行蒸气蒸馏。注意同时开放冷凝水，勿使蒸出液的温度超过 40 ℃。蒸馏时间 15~20 min，蒸馏液体 40~50 mL 时即可停止蒸馏，用少量蒸馏水洗冷凝管末端于三角瓶中，然后取下三角瓶。

（4）用微量滴定管，以 0.01 mol/L（1/2H$_2$SO$_4$）或 0.01 mol/L HCl 标准溶液滴定蒸馏液中的氨，溶液由蓝绿色突变为紫红色为终点。

（5）测定时，做两份空白试验，以校正试剂和滴定误差。

【结果计算】

$$土壤全氮（g/kg）=\frac{c\times(V-V_0)\times10^{-3}\times14}{m}\times1000 \tag{7-1}$$

式中　c——HCl 标准溶液的摩尔浓度（mol/L）；

　　　V——测定时所用 HCl 标准液（mL）；

　　　V_0——空白试验所用 HCl 标准液（mL）；

　　　14——氮的摩尔质量（g/mol）；

　　　m——烘干土样质量（g）；

　　　10^{-3}——标准酸体积 mL 换算成 L。

平行测定结果允许误差为 0.005%。

7.1.2　土壤碱解氮的测定

【测定意义】

土壤"碱解氮"是指用一定浓度的碱溶液，在一定条件下使土壤中易水解性的有机氮水解生成氨时所测得的"水解性氮"（用酸溶液进行水解时测得的氮，称为"酸解氮"）。也称土壤有效性氮，它包括无机的矿物态氮（铵态氮和硝态氮），也包括部分有机物质中易水解的，比较简单的有机态氮（氨基酸、酰胺和易水解的蛋白质氮）。碱解氮的含量与土壤有机质和含水量及土壤本身水热环境条件等有关，一般情况下，土壤有机质含量高，熟化程度高，土壤温度高，微生物活动强，则碱解氮的含量也高。通常情况下，这部分氮素能反映出土壤近期内氮素供应状况，在某种程度上即反映土壤氮素供应强度，又能看出氮的供应容量与释放速率。因此，它与作物的生长和产量有着一定相关性。

【方法与原理】

利用 1.0 mol/L NaOH 水解土壤样品，使土壤易水解的有机含氮化合物脱氨而转化为 NH$_3$，连同土壤中原有的 NH$_4^+$-N 不断扩散逸出，由硼酸吸收，再用标准酸滴定，计算出水解性氮的含量。此法测定结果受碱的种类、浓度、土液比、水解时的温度和作用时间等因素的影响。为了使测得结果可以相互比较，必须严格控制规定的条件进行测定。

碱解扩散法，不受石灰性土壤中 CaCO$_3$ 的干扰，操作手续简便，结果的再现性较高，消耗劳力和药品较少，很适用于大批样品的分析。但此法测得结果不包括土壤中的 NO$_3^-$-N，因为旱田土壤中硝态氮含量较高，需加硫酸亚铁还原成铵态氮，由于硫酸亚铁本身会中和部分氢氧化钠，故须提高加入碱的浓度，使碱度保持 1.0 mol/L；而水稻土壤中硝态氮含量极微，可省去加硫酸亚铁，直接用 1.0 mol/L NaOH 进行水解。

【仪器与设备】

微量滴定管、恒温培养箱、扩散皿。

【试剂配制】

(1)1.6 mol/L 氢氧化钠溶液

称取化学纯 NaOH 64.0 g 于大烧杯中，用水溶解后，冷却定容至 1 L(用于旱田土壤)。

(2)1.0 mol/L 氢氧化钠溶液

称取化学纯 NaOH 40.0 g，用水溶解后，冷却定容至 1 L(用于水田土壤)。

(3)2%硼酸和 0.01 mol/L 盐酸溶液

见全氮测定中试剂配制。

(4)碱性胶液

40 g 阿拉伯胶粉与 50 mL 水在烧杯中混合，加热至 70~80 ℃，促进溶解，冷却后，加 20 mL 甘油和 20 mL 饱和碳酸钾溶液，搅匀，放冷。最好用离心机分离以除去泡沫和不溶物，将清液倾入小玻璃瓶中。用此黏合剂涂于扩散皿磨口边上，约 5 min 后(蒸发了一些水，增加了黏性)，再加盖玻璃片，密封效果最好。

(5)FeSO$_4$·7H$_2$O(粉状)

将分析纯 FeSO$_4$·7H$_2$O 研细，保存于阴凉干燥处。

【测定步骤】

(1)取风干土样(1 mm)2.00 g(如果是湿土，则应称取相当于 2 g 干土的湿土样重)，和 1 g 硫酸亚铁，均匀平铺在扩散皿外室(水稻土样品则不必加入硫酸亚铁)。

(2)在扩散皿内室中加入含有指示剂的 2%硼酸 2 mL，然后在扩散皿磨口边上涂一层碱性甘油，盖上毛玻片，从小孔注入 10 mL 1.6 mol/L 氢氧化钠溶液(水稻土样品，改用 1.0 mol/L 氢氧化钠 10 mL)于扩散皿外室，立即盖严扩散皿。

(3)水平轻轻移动扩散皿，使土样与溶液充分混匀，用橡皮筋固定，随后放入 40 ℃的恒温箱中，24 h 后取出，用 0.01 mol/L 盐酸标准液滴定至终点。

注：有时因扩散温度高于室温，盖玻片下有小水汽滴冷凝吸收氨而产生负误差。以 0.01 mol/L 盐酸标准溶液用半微量滴定管滴定内室硼酸中所吸收的氨量。测定同时可做两份空白试验以校正试剂和滴定误差。

【结果计算】

$$土壤碱解氮(N, mg/kg) = \frac{(V-V_0) \times c \times 14}{m} \times 1000 \qquad (7\text{-}2)$$

式中　V, V_0——土样测定和空白试验所用标准酸的体积(mL)；

　　　c——标准酸的浓度(mol/L)；

　　　m——风干土样质量(g)；

　　　14——氮摩尔质量(g/mol)；

　　　1000——换算成每 1000 g 样品中氮的 mg 数。

平行测定结果允许误差为 5 mg/kg。

7.1.3　土壤无机氮的测定

【测定意义】

土壤中无机态氮主要是铵态氮和硝态氮，有时还有少量的亚硝态氮存在，其总和称为土壤速效氮，一般只占土壤全氮量的 1%~5%。它们含量尽管不多，但变化很大。由于它能被植物直接吸收利用，因而对植物氮素营养起着重要作用。测定土壤中无机氮不仅可以了解旱田和水田的供氮情况，而且也可以了解中耕、灌溉、排水等农业措施对土壤氮素的转化作用。

春播前肥力较低的土壤硝态氮含量为 5~10 mg/kg，肥力较高的土壤有时每千克可达数十毫克，铵态氮在旱田土壤中变化小，一般含量很低。硝态氮与铵态氮的总和为 5~80 mg/kg。

土壤铵态氮与硝态氮测定，在常规分析中多应用比色法，操作简便但限制因素较多。用在碱性介质中的蒸馏法，也可以连续测定铵态氮和硝态氮，方法简便快速，准确可靠。下边分别加以介绍。

7.1.3.1　蒸馏法

【方法与原理】

用 2 mol/L 氯化钾提取土壤交换性铵和可溶性硝酸盐及亚硝酸盐，锌−硫酸亚铁还原剂存在下，在氧化镁的弱碱性介质中还原蒸馏。蒸馏过程中，有氢气产生，使硝态氮还原为极大部分的亚硝态氮和少量的铵态氮，而亚铁又将亚硝态氮还原为铵态氮，低价铁变为高价铁，同时氧又将高价铁还原为低价铁。由于有锌的存在而不断供氢气，如此反复循环，从而保证了亚铁的还原能力，使硝态氮在碱性介质中完全还原为铵态氮。蒸馏时产生的氨被硼酸吸收，然后用标准酸滴定，即得铵态氮与硝态氮的总量。化学反应式如下：

$$FeSO_4 + Mg(OH)_2 \longrightarrow Fe(OH)_2\downarrow + MgSO_4 \tag{7-3}$$

$$8Fe(OH)_2 + KNO_3 + 6H_2O \longrightarrow 8Fe(OH)_3\downarrow + KOH + NH_3\uparrow \tag{7-4}$$

$$Zn + 2KOH + 2H_2O \longrightarrow K_2[Zn(OH)_4] + H_2\uparrow \tag{7-5}$$

$$H_2 + 2Fe(OH)_3 \longrightarrow 2Fe(OH)_2 + H_2O \tag{7-6}$$

$$H_2 + NaNO_3 \longrightarrow NaNO_2 + H_2O \tag{7-7}$$

$$6Fe(OH)_2 + NaNO_2 + 5H_2O \longrightarrow 6Fe(OH)_3 + NaOH + NH_3\uparrow \tag{7-8}$$

以上反应方程式中，式(7-5)至式(7-8)是本法最主要的化学反应。

如果需要分别测定铵态氮肥和硝态氮肥的含量，只加 MgO 溶液进行蒸馏、吸收、滴定，计算结果即为铵态氮含量；然后再向蒸馏瓶中加入锌−硫酸亚铁还原剂再次进行蒸馏、吸收、滴定，计算结果即为硝态氮含量。

【仪器与设备】

定氮蒸馏装置、往复振荡机、微量滴定管。

【试剂配制】

(1) 2 mol/L 氯化钾溶液

149.1 g KCl 溶于水中，稀释到 1 L。

(2) 氧化镁

把 MgO 置于 600~700 ℃高温电炉(马弗炉)灼烧 2 h，放在装有氢氧化钾的干燥器中冷却，贮于瓶中塞紧，防止吸收空气中二氧化碳，用时配成12%氧化镁悬液。

（3）锌–硫酸亚铁还原剂

将化学纯硫酸亚铁（$FeSO_4 \cdot 7H_2O$）50 g和锌粉10 g共同研细（或分别研细、分别保存，此试剂数年不变质，用时按比例混合），通过60号筛，盛于棕色瓶中备用（易氧化，只能保存1周）。

（4）标准盐酸，硼酸等试剂均同土壤全氮测定中试剂配制。

【操作步骤】

（1）称取10 g过2 mm筛的新鲜土样（同时测水分），放入50 mL三角瓶中，加入2 mol/L氯化钾溶液50 mL，振荡30 min，用干燥滤纸过滤于另一干燥三角瓶中。

（2）吸取滤液20 mL，放入半微量定氮蒸馏器中。加入12%氧化镁悬液（用前摇匀）10 mL，再用少量水冲洗。控制蒸馏器中溶液的总体积不超过40 mL。

（3）将有5 mL 2%硼酸–指示剂溶液的三角瓶（预先在瓶上做好30 mL标记），放在冷凝管下，冷凝管末端在液面以上2~3 cm处，然后按全氮测定中蒸馏步骤（不加NaOH）进行蒸馏。

（4）蒸馏完毕后（5~10 min可用纳氏试剂检查是否蒸馏完全），用半微量滴定管以0.01 mol/L标准盐酸溶液，滴定硼酸所吸收的氮，溶液由蓝色变为紫红色即为终点。根据用去的标准盐酸溶液的体积（V_1）、计算土壤中铵态氮的含量。

（5）另取一份5 mL 2%硼酸–指示剂溶液，放在冷凝管下，在已蒸馏过氨态氮的蒸馏器中加入1.2 g锌–硫酸亚铁还原剂，同上法继续通入蒸馏和滴定，这次用的标准盐酸的体积为V_2，由此计算土壤中硝态氮的含量。

（6）测定样品同时，做两份空白试验，消耗标准酸体积为V。

【结果计算】

$$\text{土壤中铵态氮}(mg/kg) = \frac{c \times (V_1 - V_0) \times 14 \times 1000}{m} \tag{7-9}$$

$$\text{土壤中硝态氮}(mg/kg) = \frac{c \times V_2 \times 14 \times 1000}{m} \tag{7-10}$$

式中　c——标准盐酸溶液的浓度（mol/L）；

　　　V_1——测定时所用HCl标准液体积（ml）；

　　　V_0——空白试验所用HCl标准液体积（ml）；

　　　V_2——还原剂滴定时所用标准液的体积（ml）；

　　　m——吸取待测液相当于烘干土样质量（g）；

　　　14——氮的摩尔质量（g/mol）；

　　　1000——换算系数；

平行测定允许误差为2 mg/kg。

【注意事项】

在冷凝管下端取1滴蒸出液于白瓷板孔中，加纳氏试剂1滴，如无黄色，即表示蒸馏完全；如有黄色，应再继续蒸馏，直到蒸馏完全为止。

7.1.3.2 比色法

1. 土壤铵态氮的测定(纳氏剂比色法)

土壤铵态氮的测定常用蒸馏法，但是在样品含量较低的情况下，常给结果带来误差。因此，纳氏剂比色法适用于微量铵态氮的成批测定，测定范围为 $0.5 \sim 16$ mg/kg。

【方法与原理】

样品用氯化钾提取，铵离子在碱性条件下与纳氏试剂络合生成黄色络合物，进行比色。其交换作用与络合反应式如下：

$$土壤胶体\ NH_4^+ + KCl \longrightarrow 土壤胶体\ K^+ + NH_4Cl \tag{7-11}$$

$$NH_4Cl + NaOH \longrightarrow NaCl + NH_4OH \tag{7-12}$$

$$NH_4OH + 2K_2HgI_4 + 3KOH \longrightarrow HgO \cdot HgNH_2I + 7KI + 3H_2O \tag{7-13}$$

当加入纳氏试剂后，若溶液发现有白色沉淀混浊，说明有钙、镁离子的干扰。遇此情况可多加 $1 \sim 2$ 倍酒石酸钠络合剂，使其与钙和镁离子作用生成难解离的络合物，消除干扰。

【仪器与设备】

往复振荡机、可见分光光度计、水浴。

【试剂配制】

(1)2 mol/L 氯化钾溶液：149.1 g KCl 溶于水中，稀释到 1 L。

(2)25% 酒石酸钠水溶液：25 g 酒石酸钠($Na_2C_4H_4O_4 \cdot 2H_2O$)溶于水中，稀释至 100 mL。

(3)1% 阿拉伯胶：1 g 阿拉伯胶溶于 100 mL 沸水中，加热溶解，加 2 滴氯仿作为防腐剂(混浊时使其澄清后，倾出上部清液)备用。

(4)纳氏试剂，有两种配方，任选其一。

配方一：溶解 10 g 碘化钾(KI)于 5 mL 蒸馏水中，又溶解 3.5 g 氯化汞($HgCl_2$)于 20 mL 蒸馏水中(加热溶解)。以 $HgCl_2$ 溶液慢慢地倾入 KI 溶液中，不断搅拌，直到出现微少量红色沉淀为止。然后加 30% 氢氧化钾溶液 70 mL，并不断搅拌，再加数滴 $HgCl_2$ 溶液，至出现红色沉淀为止。混匀，静置过夜，倾出清液贮于棕色瓶中，放置暗处保存。

配方二：①10 g 碘化汞(HgI_2)和 7 g 碘化钾(KI)溶于少量水中；②16 g 氢氧化钠溶于 50 mL 水中。冷却后将①缓缓倒入②液中，边加边搅拌，最后用水稀释至 100 mL，静置过夜，取其清液贮于棕色瓶中。

(5)铵态氮标准溶液：称取分析纯且在 90 ℃ 下干燥过的氯化铵 1.910 g，溶于蒸馏水中，加入氯仿 1 mL，定容至 1000 mL，即为 500 mg/L 铵态氮溶液。吸取该溶液 20 mL，加水定容至 500 mL 即为 20 mg/L 铵态氮。

【操作步骤】

(1)称取 10.0 g 土样，置于 150 mL 三角瓶中，准确加氯化钾溶液 50 mL，振荡 30 min，用干燥滤纸过滤。滤液盛于干燥三角瓶中。

(2)吸取滤液 $5 \sim 10$ mL 于 25 mL 容量瓶中，加水稀释至 25 mL。再加 25% 酒石酸钠

1 mL，充分摇动后，静置 5 min，使其与钙镁离子络合。

（3）加入 5 滴 1%阿拉伯胶，摇匀后加入 1 mL 纳氏试剂边加边摇动，然后定容至刻度。5 min 后在分光光度计上用 490 nm 波长下比色。

（4）铵态氮标准色阶溶液为：2 mg/L、4 mg/L、6 mg/L、8 mg/L、10 mg/L，与待测液的操作步骤相同，进行显色、比色、绘制成标准曲线。

【结果计算】

$$NH_4^+-N(mg/kg) = \frac{\rho \times V \times t_s}{m}$$ （7-14）

式中 ρ——显色液铵态氮的质量浓度（mg/L）；

V——显色液的体积（mL）；

t_s——分取倍数；

m——烘干土样质量（g）。

【注意事项】

（1）加阿拉伯胶保护剂要准确，否则影响黄色的深浅（多加时浅，少加时深）。也可利用阿拉伯胶的这种特性，从而扩大测定氮的范围。

（2）加纳氏试剂前，待测液必须调至中性，如果呈酸性时，则产生红色的碘化汞（HgI_2）沉淀，或出现其他各种颜色干扰测定。

（3）黄色的稳定时间只有 30 min，因此不能放置过久，否则有沉淀或颜色变浅现象。

2. 土壤硝态氮的测定（酚二磺酸比色法）

硝态氮在水田土壤中含量很少，在旱田土壤中的含量随季节的变化和植物不同生育阶段而有显著的差异。硝态氮不易被土壤吸附，易遭淋失，所以，在雨量多及作物生长盛期含量低，干旱季节及作物收获后含量较高。另外硝态氮与土壤通气状况也有密切关系，通气好含量高，通气差含量低。因此，测定硝态氮必须掌握适当季节与时间，如能结合植株的汁液分析，就更能准确判断土壤中速效氮的供应状况；否则，测定结果不能反映实际问题。土壤中硝态氮的含量一般为 0.5~50 mg/kg。

酚二磺酸法测定硝态氮具有较高的灵敏度。待测液中亚硝酸根在 1 mg/L 以下氯化钾在 15 mg/L 以下时，用此法测定无影响。本法测定硝态氮范围为 0.05~9 mg/L。以待测液中含 NO_3^--N 为 0.1~2 mg/L 时，测定结果重现性好、准确性高。

【方法与原理】

酚二磺酸在无水条件下与硝酸作用，生成硝基酚二磺酸，然后在氢氧化铵的碱性条件下，蒸发至干，此时产生分子重排，则生成硝基酚二磺酸的黄色络合物，可在 420 nm 波长处进行比色测定，其黄色深浅与硝态氮的含量在一定范围内呈正相关。

【仪器与设备】

往复振荡机、可见分光光度计、水浴。

【试剂配制】

（1）酚二磺酸试剂：25.5 g 白色苯酚（C_6H_5OH，二级）在 500 mL 三角瓶中，加 225 mL 浓硫酸（二级，$\rho=1.84$ mg/mL），混匀，瓶口松松加塞，置于沸水浴中加热 6 h。试剂冷却后可能析出结晶，用时须重新加热溶解，但不可加水。试剂必须贮于密闭的玻塞棕色瓶中，严防吸湿。

(2)1∶1 的氢氧化铵溶液。

(3)纯硫酸钙(CaSO$_4$·2H$_2$O)。

(4)纯碳酸钙(二级粉状)。

(5)活性碳(不含 NO$_3^-$)或 10%过氧化氢。

(6)硝态氮标准溶液：准确称取分析纯的干燥的硝酸钾(KNO$_3$)0.7218 g，溶于蒸馏水中，定容到 1000 mL，此液含硝酸态氮为 100 mg/L。再将此液稀释 10 倍，硝态氮含量为 10 mg/L。

【操作步骤】

(1)称取新鲜土样 50.0 g(有机质含量高者，可称 20.0 g)于 500 mL 三角瓶中。加入硫酸钙 0.5 g 及蒸馏水 250 mL，振荡 10 min，放置 5 min，将上部清液用干燥滤纸过滤。如果滤液因含有机质而有色，则可用活性炭除去。

(2)吸取清澈滤液 25~50 mL，于直径 8 cm 的蒸发皿中，加入碳酸钙 0.05 g，在水浴上蒸至干。放置冷却。迅速加入酚二磺酸 2 mL，转动蒸发皿，使残渣与试剂充分作用，10 min 后加水约 15 mL，用玻棒搅拌使之全部溶解。

(3)将蒸发皿冷却后，缓缓加入 1∶1 氢氧化铵溶液直至溶液呈现黄色，再加入氢氧化铵 3 mL，然后移入 100 mL 容量瓶中定容。在分光光度计上用 420 nm 波长下进行比色。

(4)硝态氮标准曲线绘制：分别吸取 10 mg/L 硝态氮标准液 0 mL、2 mL、4 mL、8 mL、12 mL、16 mL 于瓷蒸发皿中，在水浴中蒸干，与待测液同样操作，进行显色，比色，绘制成标准曲线。

如果浸出液中含铵盐较多，可在蒸发前加入少量 30% KOH 溶液，除去铵盐对结果的负误差。

氯离子的干扰，主要是加酸后生成亚硝酰氯化合物或其他氯的气体。

$$4H^+ + NO_3^- + 3Cl^- \longrightarrow NOCl + Cl_2 + 2H_2O$$

如果土壤中含氯化物超过 10 mg/L，则必须用硫酸银除去，方法是每 100 mL 浸出液加入 Ag$_2$SO$_4$ 0.1 g，摇动 15 min，然后加入 Ca(OH)$_2$ 0.2 g 及 MgCO$_3$ 0.5 g，以沉淀过量的银。摇动 5 min 后过滤，继续按蒸干显色法进行。

【结果计算】

$$NO_3^- - N(mg/kg) = \frac{\rho \times V \times t_s}{m} \tag{7-15}$$

式中 ρ——显色液铵态氮的质量浓度(mg/L)；

V——显色液的体积(mL)；

t_s——分取倍数；

m——烘干土样质量(g)。

【注意事项】

(1)此法要求滤液清澈，但是一般中性或碱性土壤滤液不易澄清，且带有有机质颜色，为此常在浸提液中加入凝聚剂。凝聚剂种类很多，有 CaO、Ca(OH)$_2$、CaCO$_3$、

$MgCO_3$、$KAl(SO_4)_2$、$CuSO_4$、$CaSO_4$ 等。其中 $CuSO_4$ 有防止生物转化作用，但在过滤前必须以氢氧化钙或碳酸镁除去多余的铜，因此以 $CaSO_4$ 法提取较为方便。

（2）如果浸出液因有机质而有较深颜色，可用活性碳除去，可与硫酸钙同时加入。

（3）此法，亚硝酸根和氯离子对比色有干扰作用。亚硝酸根与酚二磺酸产生同样黄色络合物，但是一般土壤中亚硝酸根极少，故可忽略不计。必要时可加少量尿素、硫脲或氨基磺酸除去之。如果亚硝酸根超过 1 mg/L 时，每 10 mL 待测液中加入 20 mg 尿素，放置过夜，以破坏亚硝酸根。

（4）在蒸干过程中加入碳酸钙是为了防止硝态氮的损失，因为在酸性和中性条件下蒸干物导致硝态氮的分解。

（5）此反应必须在无水条件下才能完成，因此反应前必须蒸干。

（6）在蒸干前，显色和转入容量瓶时，应注意防止损失。

7.1.3.3　连续流动分析仪法

土壤无机氮的测定方法较多，目前使用较多、较方便快捷的是使用连续流动分析仪进行测定。

【方法与原理】

（1）铵态氮测定

样品与水杨酸钠和二氯异氰脲酸钠（DCI）反应生成的蓝色化合物在 660 nm 波长下检测，加入的硝普钠是催化剂。MT7 的透析器适用于高浓度范围，可以消除有色物质和悬浮颗粒的干扰。

（2）硝态氮测定

硝酸盐在碱性环境下以及铜的催化作用下，被硫酸肼还原成亚硝酸盐，并和对氨基苯磺酰胺及 N-1 萘基乙二胺二盐酸（NEDD）反应生成的粉红色化合物在 550 nm 波长下检测。加入磷酸是为了降低 pH 值，防止产生氢氧化钙和氢氧化镁。在还原剂中加入锌是为了抑制有机物和铜产生络合物。MT7 模块中测量高浓度样品时可通过透析膜消除颜色和固体悬浮物带来的干扰。

【仪器与设备】

振荡器、流动分析仪。

【试剂配制】

（1）铵态氮测定

① 0.01 mol/L $CaCl_2$ 溶液　称取 $CaCl_2$（分析纯）2.2196 g 溶于 2 L 水中；或 1 mol/L KCl 溶液：称取 KCl（分析纯）74.55 g 溶于 1 L 水中。

②缓冲溶液　将 40 g 柠檬酸钠溶入约 600 mL 去离子水中，稀释至 1000 mL。再加入 1 mL Brij-35（22%溶液），并混合均匀（每周更换）。（注意：试剂配好定容后再加入 1 mL Brij 试剂，混匀后倒入试剂瓶。）

③水杨酸钠溶液（500 mL 可测 800 个样品）　将 10 g 水杨酸钠溶入约 150 mL 去离子水中，加入 0.25 g 硝普钠（亚硝基铁氰化钠），定容至 250 mL（每周更换）。

④二氯异氰脲酸钠溶液（DCI）（500 mL 可测 400 个样品）　将 2 g 氢氧化钠和 0.3 g

二氯异氰脲酸钠(DCI)溶入去离子水后定容至 100 mL(每周更换)。如用次氯酸钠：6 mL 次氯酸钠(5.25%)定容至 100 mL，现用现配。

⑤1000 mg/L NH_4^+-N 标准储备液　在 105 ℃烘箱内将硫酸铵烘干 2 h。称取 4.717 g 硫酸铵用蒸馏水溶解并在容量瓶中定容至 1 L。此储备液可稳定储存数月。

⑥100 mg/L NH_4^+-N 临时标准储备液 I　吸取 10 mL 标准储备液，用 0.01 mol/L 氯化钙溶液或 1 mg/L KCl 溶液定容至 100 mL。此临时标准储备液应在使用的当天配制。

定标系列溶液：

根据表 7-1，用 0.01 mol/L $CaCl_2$ 溶液或 1 mol/L KCl 溶液稀释临时标准储备液，每个工作范围至少需配制 5 个标准液。定标溶液应每天新鲜配制。

表 7-1　用 NH_4^+-N 标准储备液配制定标溶液

NH_4^+-N 浓度(MG/L)	临时储备液体积(mL)	最终体积(mL)
5	5	100
4	4	100
3	3	100
2	2	100
1	1	100
0	0	100

(2)硝态氮测定

① 氢氧化钠　将 40 g 氢氧化钠溶入约 600 mL 去离子水中，稀释至 1 L 并加入 1 mL Brij-35 (22%溶液)摇匀。

② 磷酸　3 mL 磷酸溶于 600 mL 去离子水后加入 4 g 焦磷酸钠(十水二磷酸四钠)溶解后定容至 1 L，加入 1 mL Brij-35 (22%溶液)摇匀。注意：试剂配好定容后再加入 1 mL Brij 试剂，混匀后倒入试剂瓶。

③ 硫酸铜储备液　将 1 g 硫酸铜溶入约 600 mL 去离子水中，定容至 1 L 并混合均匀。

④ 硫酸锌储备液　将 10 g 硫酸锌溶入约 600 mL 去离子水中，定容至 1 L 并混合均匀。

⑤ 硫酸肼　将 3.5 mL 硫酸铜储备液，2.5 mL 硫酸锌储备液和 0.5 g 硫酸肼加入约 150 mL 去离子水中，定容至 250 mL 混合均匀。

⑥ 显色剂　将 2.5 g 磺胺溶入约 150 mL 去离子水中，加入 0.125 g NEDD(N-1 萘基乙二胺二盐酸)和 25 mL 磷酸，溶解后定容至 250 mL。

⑦ 1000 mg/L NO_3^--N 标准储备液　在 105 ℃烘箱内将硝酸钾烘干 2 h。称取 7.218 g 硝酸钾用蒸馏水溶解后定容至 1 L。此储备液可稳定储存数月。

⑧ 100 mg/L NO_3^--N 临时标准储备液 I　吸取 10 mL 标准储备液，用 0.01 mol/L 氯化钙溶液或 1 mol/L KCl 溶液定容至 100 mL。此临时标准储备液应在使用的当天配制。

⑨ 定标系列溶液　根据表 7-2，用 0.01 mol/L 氯化钙或 1 mol/L KCl 溶液稀释临时标准储备液，每个工作范围至少需配制 5 个标准液。定标系溶液应每天新鲜配制。

表 7-2 用 NO_3^--N 标准储备液配制定标溶液

NO_3^--N 浓度(MG/L)	临时储备液体积(mL)	最终体积(mL)
5	5	100
4	4	100
3	3	100
2	2	100
1	1	100
0	0	100

【操作步骤】

1. 浸提

称取鲜土 12.00 g(干土约 10.00 g)于干燥的三角瓶中，加入 0.01 mol/L $CaCl_2$ 溶液 100 mL(或 1.00 mol/L KCl 溶液 50 mL)，用橡皮塞塞紧，180 r/min 下振荡 1 h，用定性滤纸过滤于塑料瓶中，若 24 h 内无法测定，储存于冰箱备用。如果是鲜土，要同时测定土壤含水量。

2. 流动分析仪开机与浸提液的测定

(1)打开所有电源

检查所有的管道是否安装无误，滤光片是否更换，加热和紫外消化是否连接等。如果有活化试剂的管道，先把它放入活化试剂中，其余管道放入蒸馏水。

(2)打开 AACE 软件，在主菜单中单击"charting"进行联机(联机时泵暂时会停止工作)。联机后，出现通道运行情况的画面，泵继续工作。

(3)设置新方法

先从"set up"下拉菜单点击"analysis"，按"New Analysis"。分别输入需要输入的内容，设置完成，建立运行文件。或者按"Copy Run"，复制已设置好的文件。

(4)建立新的运行文件，先从"set up"下拉菜单"analysis"中选一个运行，按"copy run"，复制新的运行，修改样品数目。

(5)关闭不需要的通道，在需要使用的通道中，单击右键，在下拉菜单中调灯强度，单击"autolamp"，左下角会出现"autolamp in progress"，稍等出现灯值"lamp value：XX"，再单击右键，在下拉菜单中 smoothing 选择"16"，再单击右键，在下拉菜单中调节基线，单击"set base"，等待基线稳定。基线平稳后，把管道放入对应的试剂瓶中(阴离子按照方法描述的步骤进行)。确定所有试剂已通过流通池，检查试剂吸收。如果试剂吸收远远超过所给方法的标准，更换相应试剂。如果基线不平稳，检查管路中的气泡，特别是流通池流出管路中气泡，塑料管中的气泡必须前后都是圆的，如果不是，请检查是否加了表面活性剂，管路是否正确或被污染。等待试剂的基线稳定后，单击"set base"。

(6)设增益

在主菜单中双击进样器"XY2 sampler"，出现一个新的界面，单击"sample"，样品针开始吸样，保持，再单击"wash"，使样品针回到清洗处。等待出峰，当峰上升至最高点并保持平稳时，单击右键，在下拉菜单中调节增益，单击"set gain"。

(7)设完增益，再次等待基线平稳，然后"set base"。

(8)在主菜单中单击"run"，选择步骤(3)设置好的运行文件。

(9)运行开始。

(10)运行结束后，也会自动出现提示对话框，按"OK"，完全结束分析。导出数据。

(11)清洁所有管路。首先根据方法，使用方法所描述的专门的系统清洗液，假如方法没有具体指出某种清洗液，使用去离子水和活化剂清洁系统。

注意，清洁过程中，活化剂不能进入蒸馏器和消化器。

如需要特殊的清洁，使用以下溶液：

1 mol/L NaOH(40 g/L NaOH) 1 mol/L HCl(约 83 mL 浓盐酸/L) 1∶10 稀释的次氯酸盐通常情况下，用碱性洗液清洁使用酸试剂的管道，用酸性洗液清洁使用碱性试剂的管道。

(12)把泵调到快速，吸入清洁液 10 min 以上，直到管道清洁干净。然后再用蒸馏水或二次水清洁 15 min 以上(如果长时间不使用，把所有管路置于空气中，排干水分)。关掉泵的电源，取下泵的压盖，放松泵管，把压盖倒扣在泵上。

(13)关闭所有电源。

【结果计算】

$$土壤中 NH_4^+-N(或 NO_3^--N)含量(mg/kg) = \frac{\rho \times V \times t_s}{m} \quad (7-16)$$

式中　ρ——显色液中铵态氮(或硝态氮)的质量浓度(mg/L)；

　　　V——显色液的体积(mL)；

　　　t_s——分取倍数；

　　　m——烘干土样质量(g)。

【注意事项】

(1)铵态氮测定

① 水杨酸钠试剂　水杨酸钠在酸性条件下会产生沉淀。因此，假如酸性条件的化学反应(如磷酸盐)在同一个模块运行，在下一个反应开始泵入试剂前检查水杨酸钠的管道是否清洗干净。

② 干扰　小分子的胺同氨的反应相似，因此它们的存在会错误地导致结果偏高。

假如加完所有试剂，参与反应的混合物的 pH 值不能达到 12.6，会有干扰产生。在分析以前，强酸性或碱性的样品必须中和。高浓度的金属离子，会在有氢氧化物的条件下沉淀，将导致重现性不好。如果要除去干扰的高相对分子质量的有机物，样品可以经过透析，也可以用活性碳过滤。但选择方法时，要保证氨的浓度不会改变。

样品中大于 0.1 mm 的颗粒必须过滤除去。

③ pH 值　最后的 pH 值 (水杨酸钠) pH 12.7~12.9；最后的 pH 值 (酚盐) pH 11.5~11.9；假如 pH 太高，减少 NaOH 的用量，反之增加。测量从检测器流出的溶液的 pH 值。

④ 游离氯的浓度会影响灵敏度和线性　根据 ISO 标准方法，DCI 比较稳定，但次氯酸钠也可作为氯的来源。但次氯酸钠会随着运输过程浓度发生改变，它不稳定，因此最合适的浓度必须根据实验来确定。如果得不到需要的灵敏度和线性，调整 DCI 和次氯酸

钠的浓度。最后重新检查一下混合物的 pH 值。

⑤ 滤光片 水杨酸钠(660 nm)。

⑥ 标准稀释液和进样器清洗液要与样品提取液一致。因此，做土壤样品时要用土壤提取液 (0.01 mol/L CaCl$_2$ 或其他)作为标准稀释液和进样器清洗液。

(2)硝态氮测定

① 检测亚硝酸盐时用去离子水代替硫酸肼。

② 调整硫酸肼浓度，使用等摩尔浓度的硝酸盐和亚硝酸盐能得到同样的结果。硫酸肼浓度低则不会将所有的硝酸盐还原成亚硝酸盐；而太高则会将硝酸盐还原成氮气。合适的硫酸肼浓度取决于反应时间、温度、pH、Cu 和 Zn 的浓度，以及硫酸肼的生产日期。这些影响因素中两个或两个以上有所改变时，方法中硫酸肼的浓度改变是正常的。

③ 如果样品中不含有机物可以不用硫酸锌。DIN 方法中不使用硫酸锌。

④ 如果不使用硫酸锌，硫酸肼的浓度需调整。标准稀释液和进样器清洗液要与样品提取液一致。因此，做土壤样品时要用土壤提取液 (0.01 mol/L CaCl$_2$) 作为标准稀释液和进样器清洗液。

⑤ 干扰 粒径>1 mm 的颗粒物必须用滤膜过滤。如果想要排除样品中硝酸盐或亚硝酸盐浓度变化的干扰，样品可以用活性碳过滤。如果样品总盐度>30 g/L，测之前需进行稀释。

7.2 土壤磷的测定

7.2.1 土壤全磷的测定

【测定意义】

我国土壤中全磷含量(以 P 表示)一般为 0.2~1.0 g/kg (相当于 P$_2$O$_5$ 0.05%~0.25%)。黑龙江省土壤全磷含量约为 0.5~1.0 g/kg。土壤全磷含量的高低既取决于土壤性质，也取决于耕作管理，特别是磷肥的施用。一般地说，石灰性土壤高于非石灰性土壤，强酸性土壤含磷较低，黏质土壤高于砂质土壤，有机质多的全磷含量也高，耕作层一般高于底土层。

土壤中全磷大部分是无机磷，其中有机磷约占全磷的 20%~50%。土壤有机磷包括核酸、磷脂、植素等含磷化合物，其中以核酸为主约占有机磷的 50%。土壤有机磷含量与土壤有机碳、氮含量呈正相关，C∶N∶P 的比例为 110∶9∶1。有机磷只有经土壤微生物分解后才能为植物吸收利用。土壤无机磷以钙、铁、铝等磷酸盐，无机磷存在的形态受土壤 pH 影响很大。石灰性土壤以磷酸盐为主，酸性土壤中则以磷酸铝和磷酸铁占优势，而中性土壤则 3 种盐类大致相当。酸性土壤，特别是红壤中由于大量游离氧化铁存在，所以很大部分磷酸铁被氧化铁薄膜包裹成为闭蓄态磷，使磷的有效性大大降低。石灰性土壤中游离的 CaCO$_3$ 含量对磷的有效性也有很大影响。

测定土壤全磷的含量对于了解土壤磷的供应状况有一定的帮助，但全磷量只能说明土壤中磷的总贮量。全磷含量高的土壤，不一定说明有足够的速效磷供应当季作物生长的需要。从作物营养和施肥来看，只测定土壤全磷是不够的，还必须测定土壤速效磷的含量，才能全面摸清土壤的磷素状况。

【方法与原理】

土壤全磷的测定，包括两个步骤：第一步是样品的分解，将土壤中各种形态磷提取出来制成待测液；第二步是测定待测液中的磷，样品分解方法很多，有 Na_2CO_3 熔融法、$H_2SO_4 - HClO_4$ 消煮法和灼烧法（即样品灼烧后用盐酸溶解）。目前以 $H_2SO_4 - HClO_4$ 消化法应用最为普遍，操作简便，又不需要用铂坩埚，但此法不如 Na_2CO_3 熔融分解样品完全。Na_2CO_3 熔融法虽然操作较繁，但样品分解完全，仍是土壤全磷测定中样品分解的标准方法。灼烧法测得的结果一般偏低。

溶液中少量磷的测定有较普遍的 3 种方法：$SnCl_2 - H_2SO_4$ 体系，$SnCl_2 - HCl$ 体系，钼锑抗—H_2SO_4 体系。本实验选用 $H_2SO_4 - HClO_4$ 法消煮土样，溶液中的磷用钼锑抗法测定。

1. 样品的分解

高氯酸既是一种强酸，又是一种强氧化剂，能分解矿物质和氧化有机质，而且具有很强的脱水作用，有助于胶状硅的脱水，并能与 Fe^{3+} 络合，在磷的比色测定中抑制了硅和铁的干扰。硫酸的存在可提高消化液的温度，防止消化过程中溶液蒸干，以利于消化分解作用的进行。本法对一般土壤样品分解率可达 97%~98%。

2. 溶液中磷的测定

在一定酸性条件下，溶液中的正磷酸与钼酸络合形成磷钼杂多酸：

$$H_3PO_4 + 12H_2MoO_4 = H_3[P(Mo_3O_{10})_4] + 12H_2O$$

磷钼杂多酸是复杂的多元酸，它的铵盐不溶于水，磷较多时即生成黄色磷钼酸铵沉淀 $(NH_4)_3[P(Mo_3O_{10})_4]$，磷很少时并不生成沉淀，甚至溶液也不出现黄色。在一定酸和钼酸铵浓度下，加入适当的还原剂后，钼磷酸中的一部分六价的钼原子被还原成正五价，生成三种称为"钼蓝"的物质，这是钼蓝比色法的基础。根据颜色的深浅可以进行磷的定量，而蓝色产生的速度、强度、稳定性以及其他离子的干扰程度，与所用还原剂和酸的种类、试剂的适宜浓度，特别是与酸度有关。

钼蓝比色法所用还原剂的种类很多，最常用的是氯化亚锡和抗坏血酸。氯化亚锡灵敏度高，显色快，但蓝色不稳定，对酸度和试剂浓度的控制要求很严格，干扰离子也较多。抗坏血酸的优点是蓝色稳定，三价铁和硅的干扰很少，但显色速度慢，需要温热处理。从 20 世纪 60 年代起提倡用"钼—锑"抗法，是一种改进的抗坏血酸法，它在钼酸铵试剂中添加了催化剂酒石酸氧锑钾，这样既具有还原法的各种优点，又能加速显色反应，在常温下迅速显色。锑还参与"钼蓝"络合物的组成，能增强蓝色，提高灵敏度。此法特别适于含 Fe^{3+} 多的土壤全磷消煮液中磷的测定。此外，钼锑抗试剂是单一的溶液，可以简化手续，利于分析方法的自动化。

试剂的适宜浓度，是指比色溶液中酸和钼酸铵的最终浓度和它们的比例，在测定时必须严格控制。一般地说，钼酸铵的浓度越高，要求的酸度也越高，而适宜的酸浓度范围则越窄。如果酸的浓度太低，则溶液中可能存在的硅和钼酸铵本身也会变成蓝色物质而致磷的测定结果偏高，如果酸浓度太大，则钼蓝的生成延滞而致蓝色显著降低，甚至不显蓝色。此外还原剂的用量也须控制在一定范围之内。

【仪器与设备】

红外消煮炉、可见光分光光度计。

【试剂配制】

(1)浓硫酸:1.84 g/cm³,分析纯。

(2)高氯酸:70%~72%,分析纯。

(3)2,6-二硝基酚或2,4-二硝基酚指示剂溶液:0.25 g二硝基酚溶于100 mL蒸馏水中。此指示剂的变色约为pH 3,酸性时无色碱性时呈黄色。

(4)4 mol/L氢氧化钠溶液:16 g NaOH溶于100 mL水中。

(5)2 mol/L(1/2H₂SO₄)硫酸溶液:6mL浓H₂SO₄注入水中,加水至100 mL。

(6)钼锑贮备液:取153 mL浓硫酸缓缓加入约400 mL水中,搅拌、冷却。另取10 g钼酸铵[(NH₄)₆Mo₇O₂₄·4H₂O]溶解于约60 ℃的300 mL水中、冷却。然后将硫酸溶液缓缓倒入钼酸铵溶液中。再加入100 mL 0.5%的酒石酸氧锑钾[(KSbOC₄H₄O₆·1/2H₂O)=5 g/L,分析纯]溶液,最后用水稀释至1 L,充分摇匀,贮于棕色瓶中保存。此贮备液含1%的钼酸铵,5.5 mol/L(1/2H₂SO₄)。

(7)钼锑抗显色剂:称取1.5 g抗坏血酸(C₆H₈O₆,左旋,旋光度+21~22°二级)溶于100 mL钼锑贮备液中。此液有效期1 d,须随用随配。

(8)磷标准溶液:准确称取在105 ℃下烘干的分析纯磷酸二氢钾(KH₂PO₄)0.2195 g。溶于400 mL水中,加浓硫酸5 mL(防长霉菌、可使溶液长期保存)转入1 L容量瓶中,用水定容。此溶液为50 μg/mL磷标准溶液。

吸取上述标准贮备液25 mL,稀释至250 mL,即为5 μg/mL磷标准溶液(此液不易久存)。

【操作步骤】

1. 样品分解

(1)精确称取过0.25 mm筛孔的风干土样0.5×××~1.××××g(含磷约1 mL),置于50 mL消煮管中,以少量蒸馏水湿润后,加H₂SO₄ 8 mL,摇匀,再加70%~72% HClO₄ 10滴,摇匀,在瓶口上放一弯颈小漏斗,置于电炉上加热消煮,至溶液开始转为灰白色,继续消煮20 min,全部消煮时间30~40 min,在样品消煮的同时,做两个空白试验,操作同上,但不加土样。

(2)消煮液冷却后,用蒸馏水小心地定容至50 mL刻度,充分摇匀,放置过夜或用无磷滤纸,将滤液接收在100 mL干燥的三角瓶中待测定。

2. 磷的测定

(1)吸取澄清液5 mL(含磷<30 μg)注入50 mL容量瓶中,用水稀释至约30 mL。加二硝基酚指示剂2滴,用4 mol/L氢氧化钠溶液调节pH,直至溶液刚转为微黄色,再加入2 mol/L(1/2H₂SO₄)1滴,使溶液的黄色刚刚褪去(这里不用NH₄OH调节酸度,因NH₄OH的浓度超过1%时,就会使钼蓝蓝色迅速消退)。

(2)在上述溶液中,准确加入钼锑抗显色剂5 mL,充分摇匀,然后加水定容。30 min后显色,在700 nm或880 nm波长进行比色,以空白试验的显色溶液调节零点,读记吸收值A。

(3)磷标准工作曲线的绘制

吸取 5 μg/mL 磷的标准溶液 0 mL、1 mL、2 mL、4 mL、6 mL、8 mL，分别放入 6 个 50 mL 容量瓶中，加水约至 30 mL，再加空白试验定容后的消煮液 5 mL，然后同上法调节溶液 pH 的显色比色测定后拟合标准曲线回归方程。各瓶待测液磷的浓度分别为 0 μg/mL、0.1 μg/mL、0.2 μg/mL、0.4 μg/mL、0.6 μg/mL、0.8 μg/mL。

【结果计算】

$$\text{全磷}(P,\ g/kg) = \rho \times \frac{V}{m} \times \frac{V_2}{V_1} \times 10^{-3} \tag{7-17}$$

式中　ρ——从标准曲线回归方程求得磷的浓度（μg/mL）；

　　　V——样品消煮后定容体积（mL）；

　　　V_1——吸取清液体积（mL）；

　　　V_2——显色溶液的体积（mL）；

　　　m——烘干土样品质量（g）；

　　　10^{-3}——将 μg 数换算为每千克土壤中含磷（g）的换算系数。

【注意事项】

(1)如果滤纸含磷，必须先进行洗去，方法如下：取 9 cm 或 7 cm 的定性滤纸 200 张置于大烧杯中，加 1:2 盐酸 300 mL，浸泡 3 h，取出后分成 2 份，分别用蒸馏水漂洗 3~5 次，再用 1:2 盐酸 300 mL 泡 3 h，然后叠放在布氏漏斗上，用蒸馏水冲洗至中性，取出晾干备用。

(2)如待测液中磷的浓度过高或过低时，可减少或增加待测液的吸收量，以含磷在 20~30 μg 为宜。

(3)为了避免每次调节待测液 pH，可先计算出待测液中的消煮液带来的 H_2SO_4 量，适当减少钼锑抗试剂中的 H_2SO_4 浓度，使最终显色的 $1/2H_2SO_4$ 浓度为 0.5 mol/L 即可。

7.2.2　土壤速效磷的测定

【测定意义】

测定土壤速效磷的含量，可以了解土壤的磷素供应状况，结合土壤类型、作物种类、产量指标和栽培管理措施等，在与氮、钾肥料合理配合基础上，制订磷肥分配和施用方案。另外，测定土壤速效磷也有助于查明土壤对磷的固定能力，从而定量提高磷肥利用率的有效措施。

土壤速效磷的含量，随土壤类型、特性、气候、季节、水旱条件、耕作栽培管理措施等条件的不同而异。除了上述条件外，速效磷的丰缺指标，还与各种作物需磷程度和生育期、产量要求、测定方法、条件等因素有关。

在用速测法测定速效磷时，由于土液比较小，浸提时间较短，测得结果比常规法较低，因此其评级指标也可适当放低一些（表7-3）。

表7-3　土壤磷的丰缺参考指标

土壤速效磷(mg/kg)	<5	5~10	10~20	>20
土壤速效磷供应水平	缺	稍缺或中等	适宜	富足

【方法与原理】

测定土壤速效磷，首先是选择适当的浸提剂在一定条件下（土液比、浸提温度和时间等）把土壤速效磷浸提出来，然后再测定浸提液中的含磷量。浸提液的选择，取决于土壤类型和性质。不同浸提剂浸提出的磷量不同。浸提剂是否合适，主要看它的测得值与作物施肥反应的相关性，相关性最高的，就是最佳浸提剂。

目前使用较广的几种浸提液中，一般认为以 0.03 mol/L NH_4F-0.025 mol/L HCl 浸提剂比较适合于风化程度中等的酸性土壤，对于风化程度较高的酸性土壤，也有介绍用 0.05 mol/L（$1/2H_2SO_4$）或 HCl 作浸提剂；石灰性土壤通常用 0.5 mol/L $NaHCO_3$（pH8.5）浸提比较好。对于中性土壤和酸性水稻土 NH_4F-HCl 法和 $NaHCO_3$ 法都有应用。

石灰性土壤中的磷主要以 Ca-P 形态存在，中性土壤中则 Ca-P、Al-P、Fe-P 都占一定比例。根据实验证明：以 0.5 mol/L $NaHCO_3$ 作浸提剂可以抑制 Ca^{2+} 的活性，使某些活性较大的 Ca-P 被浸提出来；同时，也可使 Fe-P 和 Al-P 水解而部分被提取。并且与作物反应的相关性也高。因此，本实验选用 0.5 mol/L $NaHCO_3$ 作浸提剂。溶液中的磷用钼锑抗比色法测定，其原理见土壤全磷的测定。

【仪器与设备】

可见光分光光度计、往复振荡机、恒温培养箱。

【试剂配制】

（1）0.5 mol/L $NaHCO_3$ 溶液：称取 42.0 g $NaHCO_3$，溶于 800 mL 水中，稀释至 1 L，用 0.5 mol/L NaOH 调节 pH 至 8.5。此液曝置于空气中因失去二氧化碳而使 pH 增高，可加一层矿物油保护之，每月调节 pH 一次。

（2）无磷活性碳和滤纸：活性碳常含有磷，须做空白试验，检验有无磷存在。如含磷较多，先用 2 mol/L 盐酸浸泡过夜，然后用蒸馏水洗到无 Cl^- 为止。再用 0.5 mol/L $NaHCO_3$ 浸泡过夜，在平底瓷漏斗上抽气过滤，先用自来水冲洗几次，最后用蒸馏水淋洗 3 次，80 ℃ 烘干备用。如含磷较少，可直接用 $NaHCO_3$ 处理即可。

其余试剂同土壤全磷测定中的试剂配制。

【操作步骤】

（1）称取 5.00 g 风干土样（过 1.0 mm 筛），放入 250 mL 干燥三角瓶中，加入 100 mL pH 8.5 的 0.5 mol/L $NaHCO_3$ 和一小勺活性碳，在振荡机上振荡 30 min，用干燥滤纸过滤（过滤前摇动，使溶液混浊）于另一干燥三角瓶中。

（2）吸取滤液 10.00 mL，放入 50 mL 容量瓶中，加二硝基酚指示剂 2 滴，用稀 NaOH 或稀 H_2SO_4 调节 pH，边加边摇，待 CO_2 充分放出后，然后再准确加入 5 mL 钼锑抗显色剂，用水定容，摇匀。

（3）恒温 35~40 ℃ 培养 30 min 后，在 700 nm 或 880 nm 波长进行比色。用空白溶液（10 mL 浸提剂代替浸出液，其余试剂都相同）调节光电比色计零点。

（4）工作曲线可用 6 份 10.00 mL 0.5 mol/L $NaHCO_3$，分别放 6 个 150 mL 三角瓶中，依次加入 5 mLμg/mL 磷的标准溶液 0 mL、0.5 mL、1.0 mL、2.0 mL、4.0 mL、6.0 mL，各加入 5.00 mL 钼锑抗显色剂，分别加水使各瓶总体积 50 mL，摇匀后，同待测液一样

比色，并拟合标准曲线回归方程。其待测液磷的浓度分别为 0 μg/mL、0.05 μg/mL、0.1 μg/mL、0.2 μg/mL、0.4 μg/mL、0.6 μg/mL P。

【结果计算】

$$土壤速效磷（P，mg/kg）=\rho\times\frac{V}{m}\times\frac{V_2}{V_1} \tag{7-18}$$

式中　ρ——从标准曲线回归方程求得磷的浓度（μg/mL）；

V——加入浸提剂的体积（mL）；

V_1——吸取滤液的体积（mL）；

V_2——显色溶液的体积（mL）；

m——风干土样品质量（g）。

7.3　土壤钾素分析

7.3.1　土壤全钾的测定

【测定意义】

土壤全钾是指土壤中各种形态钾素的总和，单位为 g/kg。全钾含量的大小虽然不能反映钾对植物的有效性，却能够反映土壤潜在供钾能力。

土壤钾素的供应能力主要决定于速效钾和缓效钾。土壤全钾的分析在肥力上意义并不大，但是土壤黏粒部分钾的分析，可以帮助鉴定土壤黏土矿物的类型。

【方法与原理】

本实验采用 NaOH 熔融—火焰光度法。其方法与原理是：土壤样品经强碱熔融后，难溶的硅酸盐分解成可溶性化合物，土壤矿物晶格中的钾转变成可溶性钾形态。以稀硫酸溶解熔融物后，即为可供测定全钾的待测液。用火焰光度法测定钾含量是将待测液在高温激发下，辐射出钾元素的特征光谱，通过钾滤光片，经光电池或光电倍增管，把光能转化为电能，放大后用微电流表（检流计）指示其强度。从钾标准溶液和检流计读数拟合线性回归方程，即可求出待测液的钾浓度，然后计算样品中钾的含量。

【仪器与设备】

高温电炉、银坩埚或镍坩埚、火焰光度计或原子吸收分光光度计。

【试剂配制】

(1)无水酒精，分析纯。

(2)NaOH：分析纯。

(3)H_2SO_4(1∶3)溶液：取浓 H_2SO_4(分析纯)1 体积缓缓注入 3 体积水中混合。

(4)HCl(1∶1)溶液：盐酸(HCl，$\rho\approx1.19$ g/mL，分析纯)与水等体积混合。

(5)0.2 mol/L H_2SO_4 溶液：取浓 H_2SO_4(分析纯)1 体积缓缓注入 89 体积水中混合。

(6)100 mg/L K 标准溶液：准确称取 KCl(分析纯，110 ℃烘 2 h)0.1907 g 溶解于水中，在容量瓶中定容至 1 L，贮于塑料瓶中。

(7)K 系列标准溶液：吸取 100 mg/L K 标准溶液 2 mL、5 mL、10 mL、20 mL、

40 mL、60 mL，分别放入 100 mL 容量瓶中，分别加入与待测液相同体积的空白液，使标准溶液中离子成分与待测液相近 [在配制标准系列溶液时应各加 0.4 g NaOH 和 H₂SO₄(1∶3) 溶液 1 mL]，用水定容到 100 mL。此为含钾浓度分别为 2 mg/L、5 mg/L、10 mg/L、20 mg/L、40 mg/L、60 mg/L 的 K 系列标准溶液。

【操作步骤】

1. 待测液制备

称取烘干土样(过 0.15 mm 筛)约 0.2500 g 于坩埚(银坩埚或镍坩埚)底部，加几滴无水酒精湿润样品，然后加入 2.0 g 固体 NaOH，平铺于土样的表面，暂放在干燥器中，以防吸湿。

将坩埚加盖留一小缝放在高温电炉内，先以低温加热，然后逐渐升高温度至 450 ℃(这样可以避免坩埚内的 NaOH 和样品溢出)，保持此温度 15 min，熔融完毕。如在普遍电炉上加热，则待熔融物全部熔成流体时，摇动坩埚，然后开始计算时间，15 min 后熔融物呈均匀流体时，即可停止加热，转动坩埚，使熔融物均匀地附在坩埚壁上。

将坩埚冷却后，加入 10 mL 水，加热至 80 ℃，待熔块溶解后，再煮 5 min，转入 50 mL 容量瓶中，然后用少量 0.2 mol/L H₂SO₄ 溶液清洗数次，一起倒入容量瓶内，使总体积至约 40 mL，再加 HCl(1∶1)溶液 5 滴和 H₂SO₄(1∶3)溶液 5 mL，用水定容，过滤。此待测液可供磷和钾的测定用。

2. 测定

吸取待测液 5.00 或 10.00 mL 于 50 mL 容量瓶中(K 的浓度控制在 10~30 mg/L)，用水定容，直接在火焰光度计上测定，记录检流计的读数，然后从标准曲线回归方程得待测液的 K 浓度(mg/L)。注意在测定完毕之后，用喷雾器中的蒸馏水继续喷雾 5 min，洗去多余的盐或酸，使喷雾器保持良好的使用状态。

3. 标准曲线的绘制

将配制的 K 系列标准溶液，以浓度最大的一个定到火焰光度计上检流计的满度(100)，然后从稀到浓依序进行测定，记录检流计的读数。以检流计读数为纵坐标，K 浓度(mg/L)为横坐标，拟合线性回归方程图。

【结果计算】

$$土壤全钾(K, g/kg) = \frac{\rho \times V \times t_s}{m} \times 0.001 \qquad (7\text{-}19)$$

式中 ρ——待测液中钾的质量浓度(mg/L)；

$\quad\quad V$——测定液定容体积(50 mL)；

$\quad\quad m$——烘干土样质量(g)；

$\quad\quad t_s$——分取倍数(试液总体积 50 mL/吸取试液体积 5.00 或 10.00 mL)；

$\quad\quad$ 0.001——换算系数。

【注意事项】

(1)土壤与 NaOH 的比例为 1∶8，当土样用量增加时，NaOH 用量也需相应增加。

(2)熔块冷却后应凝结成淡蓝色或蓝绿色，如熔块呈棕黑色则表示还没有熔好，必须再熔一次。

　　(3)如在熔块还未完全冷却时加水,可不必再在电炉上加热至 80 ℃,放置过夜自会溶解。

　　(4)加入 H_2SO_4 的量视 NaOH 用量的多少而定,目的是中和多余的 NaOH,使溶液呈酸性(H_2SO_4 的浓度约 0.15 mol/L),硅得以沉淀下来。

7.3.2　土壤速效钾的测定

【测定意义】

　　根据钾的存在形态和作物吸收利用的情况,可以分为水溶性钾、交换性钾、矿物层间不能通过快速交换反应而释放的非交换性钾和矿物晶格中的钾。前两类可被当季作物吸收利用,统称为速效性钾;后一类是土壤钾的主要贮藏形态,不能被作物直接吸收利用,按其黏土矿物的种类和对作物的有效程度,有的是难交换性的无效性钾,有的是非交换性的迟效性钾和无效性钾,各种形态的钾彼此能相互转化,经常保持着动态平衡,称之为土壤钾的平衡。

　　土壤全钾的含量只能说明土壤钾总贮量的丰歉,不能说明对当季作物的供应情况。一般土壤中全钾含量较多,而速效性钾则仅有 20~200 mg/kg,不到全钾量的 1%~2%。为了判断土壤钾素的供应情况以及是否需用钾肥及其施用量,测定土壤速效钾的含量是很有意义的。

　　土壤速效钾的分级标准要根据当地作物反应而拟订。应当指出,不同土壤,由于其黏土矿物的种类和土壤质地等不同,对相同作物的供钾能力也往往不同。不同作物的需钾程度差别更大,因此在拟订指标和应用指标时,必须全面考虑各方面的因素。一般地说,1 mol/L NH_4A_C 浸提法测得的土壤速效钾参考表 7-4。

表 7-4　土壤速效钾参考指标

土壤速效钾含量(mg/kg)	<50	50~80	80~115	115~165	>165
土壤速效钾供应水平	极缺	缺	中等	丰富	极丰富

【方法与原理】

　　1. 浸提剂的选择

　　土壤速效钾的 95% 是交换性钾,水溶性钾只占极小部分。用盐或酸的水溶液浸提时,由于阳离子的交换作用,可以把交换性钾浸提出来,同时也溶出了水溶性钾。通常认为 1 mol/L 乙酸铵溶液是土壤速效钾的标准浸提剂,它可以把土壤交换性钾和黏土矿物固定的钾分开。其他离子如 Na^+、Ca^{2+}、H^+ 等则不能,它们浸提过程中也能把一部分非交换性钾逐渐浸提出来,而且随浸提时间增长和浸提次数增加,而浸出的交换性钾也越多。但是,NH_4^+ 的引入,对浸出液中钾的化学定量有干扰作用,必须用各种方法(例如,蒸干后灼烧或碱化后煮沸)把 NH_4^+ 除尽,因而延长了操作手续。为了方便起见,可用其他盐溶液(例如,用 1 mol/L NaCl、1 mol/L Na_2SO_4、10% $NaNO_3$、0.5 mol/L $NaHCO_3$ 等)在指定条件下作为土壤交换性钾的浸提剂。根据戴自强和李明德(1977)用不同浸提剂进行对比研究的结果,采用 1 mol/L $NaNO_3$ 溶液为土壤速效钾的浸提剂效果较好,其结果与 1 mol/L NH_4OAc 浸提、火焰光度计测定钾的相关系数较高。

2. 乙酸铵浸提、火焰光度计法原理

本实验采用 1 mol/L 乙酸铵浸提、火焰光度计法测定。乙酸铵浸出液中的钾可用火焰光度计直接测定，乙酸铵燃烧后并不遗留固体残物。为了抵消乙酸铵对测钾的影响，标准钾溶液也须用 1 mol/L 乙酸铵配制。

【仪器与设备】

火焰光度计、往复振荡机。

【试剂配制】

(1)1 mol/L 中性乙酸铵浸提剂：77.08 g 化学纯 CH_3COONH_4 溶于水，稀释至 1 L。用稀 CH_3COOH 或 NH_4OH 调节 pH 至 7.0，然后稀释至 1 L。具体调节方法如下：取 50 mL 1 mol/L CH_3COONH_4 溶液，用溴百里酚蓝作指示剂，以 1:1 NH_4OH 或 1:4 CH_3COOH 调节至绿色即为 pH 7.0(也可用酸度计测试)。根据 50 mL CH_3COONH_4 所用 NH_4OH 或 CH_3COOH 的毫升数算出所配制溶液的大概需用量。然后将全部溶液调至 pH 7.0。

(2)钾标准溶液：精确称取 1.9068 g 105 ℃下烘干的分析纯 KCl 溶于水中，定容至 1 L。此液为 1000 mg/L 钾标准溶液。取此溶液用 1 mol/L CH_3COONH_4 浸提剂稀释至 100 mg/L。然后再吸取 100 mg/L 钾标准 0 mL、0.5 mL、1.5 mL、2.5 mL、5.0 mL、7.5 mL、10.0 mL、15.0 mL，分别放入 50 mL 容量瓶中，用 1 mol/L CH_3COONH_4 浸提剂稀释定容。此标准钾溶液的浓度分别为 0 mg/L、1 mg/L、3 mg/L、5 mg/L、10 mg/L、15 mg/L、20 mg/L、30 mg/L，贮于塑料瓶中保存。

【操作步骤】

称取风干土样(过 1 mm 筛)5.00 g，放入 100 mL 三角瓶中，加入 50 mL 1 mol/L 中性 NH_4OAc 溶液，塞紧橡皮塞。在往复式振荡机上振荡 30 min，用干的普通定性滤纸过滤。滤液盛于小三角瓶或小烧杯中，与钾标准系列溶液一起在火焰光度计上测定，记录检流计的读数。然后拟合工作曲线回归方程，并求得土壤浸出液中钾的浓度。

【结果计算】

$$土壤速效钾(mg/kg) = 浸出液中钾的浓度(mg/L) \times 水土比 \qquad (7\text{-}20)$$

在本测定步骤中水土比为 50/5 = 10。

7.3.3 土壤缓效钾的测定

【测定意义】

土壤缓效钾是土壤速效钾的贮备，可以逐渐转化为能被植物吸收利用的速效钾。我国土壤缓效性钾含量约为 40~1400 mg/kg，缓效钾可以作为判断土壤钾素供应水平指标之一。

【方法与原理】

用 1 mol/L 硝酸煮沸提取土壤中的钾，多为黑云母、伊利石、含水云母分解的中间体以及黏土矿物晶格中固定的钾离子。这种钾与作物吸收量呈显著的相关性。从 1 mol/L 硝酸提取出的酸溶性钾量中减去速效钾，即为土壤缓效性钾(表7-5)。火焰光度计法的原理详见土壤全钾的测定。

表 7-5 土壤缓效钾的分级参考指标

1mol/L HNO$_3$ 浸提缓效性钾(mg/kg)	<300	300~600	>600
等级	低	中	高

【仪器与设备】

控温砂浴或电热板、火焰光度计。

【试剂配制】

(1)1 mol/L 硝酸浸提剂:62 mL 浓 HNO$_3$ 放入预先盛有 500 mL 蒸馏水的 1 L 容量瓶中,用水定容。

(2)标准曲线配制:将 1000 mg/L 钾标准溶液用 0.2 mol/L HNO$_3$ 溶液稀释成 100 mg/L 钾的标准液,再用 0.2 mol/L HNO$_3$ 稀释成 5 mg/L、10 mg/L、20 mg/L、30 mg/L、50 mg/L 的钾的标准溶液系列。

【操作步骤】

称取 2.50 g 风干土样(过 1 mm 筛),放在 150 mL 三角瓶中,加入 1mol/L 硝酸 25 mL,在瓶口加一小漏斗,放在电炉上加热。煮沸 10 min(从沸腾开始时准确计时),取下稍冷,趁热过滤于 250 mL 容量瓶中,用热蒸馏水洗涤三角瓶 5~7 次,冷却后定容。用火焰光度计直接测定钾的浓度,如无火焰光度计,可取一定量待测液用四苯硼钠比浊法测定。

【结果计算】

$$土壤缓效钾(mg/kg) = 酸溶性钾(mg/kg) - 速效钾(mg/kg) \tag{7-21}$$

土壤酸溶性钾的计算与速效钾的乙酸铵—火焰光度计法相同。

7.4 土壤钙、镁分析

7.4.1 土壤钙、镁全量的测定

【测定意义】

土壤钙、镁分析的重要内容是土壤钙、镁全量的测定。土壤钙、镁全量分别指土壤中各种形态钙、镁元素的总和,单位为 g/kg。测定土壤钙、镁的全量对了解土壤发生、发展、分类和土壤保肥保水的能力,以及制定改良措施均具有重要意义。

土壤钙、镁的形态可分为矿物态、非交换态、交换态、水溶态和有机态 5 种。但人们通常只测定土壤全钙(镁)、交换态钙(镁)、水溶态钙(镁)。制备供土壤钙、镁全量测定的待测液方法有酸溶法和碱熔法,本实验采用 HNO$_3$-HF-HClO$_4$ 三酸消煮的酸溶法进行待测液制备。

【方法与原理】

本实验采用 HNO$_3$-HF-HClO$_4$ 消煮—原子吸收分光光度法。其方法与原理是:土壤试样采用 HNO$_3$-HF-HClO$_4$ 消煮制备待测液,用原子吸收分光光度法测定其中的钙(波长 422.7 nm)、镁(波长 285.2 nm)含量。再根据测定结果计算土壤中钙、镁的全量。测定钙、镁时,需加入释放剂(氯化锶或氯化镧),以克服磷、铝及高含量钛、硫的干扰。

【仪器与设备】

电砂浴或电热板、聚四氟乙烯坩埚或铂坩埚、原子吸收分光光度计。

【试剂配制】

(1) HNO_3(分析纯)。

(2) HF(分析纯)。

(3) $HClO_4$(分析纯)。

(4) 1000 mg/L 钙标准贮备溶液：准确称取 2.4970 g 在 110 ℃干燥 4~6 h 的碳酸钙(优级纯)溶解于少量盐酸(1:1)中，待二氧化碳释放完全，用水定容至 1 L，贮于塑料瓶中。

(5) 1000 mg/L 镁标准贮备溶液：准确称取金属镁(光谱纯)1.0000 g，溶于少量盐酸(1:1)中，用水定容至 1 L，贮于塑料瓶中。

(6) 90 g/L 氯化锶溶液：称取 90 g 氯化锶，加水溶解后，再稀释定容至 1 L，摇匀。

(7) 3 mol/L 盐酸溶液：1 体积盐酸与 3 体积水混合。

(8) 20 g/L 硼酸溶液：20.0 g 硼酸溶于水，稀释至 1 L。

(9) 2 mol/L 硝酸溶液：1 体积硝酸与 7 体积水混合。

【测定步骤】

1. 样品消解

称取通过 0.149 mm 孔径筛风干土 0.5000 g(精确至 0.0001 g)，小心放入聚四氟乙烯坩埚中，加 $HNO_3$15 mL、$HClO_4$ 2.5 mL，置于电热砂浴或铺有石棉布的电热板上，在通风橱中消煮至微沸，待 HNO_3 被赶尽，部分 $HClO_4$ 分解出大量的白烟，样品成糊状时，取下冷却。用移液管加 HF 5 mL，再加 $HClO_4$0.5 mL，置于 200~225 ℃砂浴上加热，待硅酸盐分解后，继续加热至剩余的 HF 和 $HClO_4$ 被赶尽，停止冒白烟时取下冷却。加 3 mol/L 盐酸溶液 10 mL，继续加热至残渣溶解(如残渣溶解不完全，应将溶液蒸干，再加 HF 3~5 mL，$HClO_4$0.5 mL 继续消解)，取下冷却，加 20 g/L 硼酸溶液 2 mL，转入 250 mL 容量瓶中，定容，此为土壤消解液。同时按上述方法制备试剂空白溶液。

2. 标准曲线绘制

准确吸取 1000 mg/L 钙、镁标准贮备溶液各 10 mL，分别移入 100 mL 容量瓶中，用水稀释定容，此为 100 mg/L 钙、镁标准工作溶液。根据所用仪器对钙、镁的线性检测范围，将 100 mg/L 钙、镁标准工作溶液用水分别稀释成下列标准系列溶液。

分取 100 mg/L 钙标准工作溶液 0.0 mL、2.5 mL、5.0 mL、7.5 mL、10 mL 于 5 个 100 mL 容量瓶中，分别加入 2 mol/L 硝酸溶液和 90 g/L 氯化锶溶液各 10 mL，用水定容。此标准系列溶液含钙分别为 0.0 mg/L、2.5 mg/L、5.0 mg/L、7.5 mg/L、10 mg/L。

分取 100 mg/L 镁标准工作溶液 0.00 mL、0.25 mL、0.50 mL、0.75 mL、1.00 mL 于 5 个 100 mL 容量瓶中，分别加入 2 mol/L 硝酸溶液和 90 g/L 氯化锶溶液各 10 mL，用水定容。此标准系列溶液含镁分别为 0.00 mg/L、0.25 mg/L、0.50 mg/L、0.75 mg/L、1.00 mg/L。

3. 钙、镁的测定

吸取一定量的土壤消解液，用水稀释定容致使钙、镁离子浓度相当于钙、镁标准系列溶液的浓度范围，此为土壤待测液。定容前在钙、镁待测液中加入 2 mol/L 硝酸溶液和 90 g/L 氯化锶溶液各 10 mL，使土壤待测液的酸度达到 0.126%~0.200%。用标准系列溶液中的钙、镁浓度为零的溶液调仪器零点，用原子吸收分光光度计在 422.7 nm（钙）、285.2 nm（镁）波长处分别测定钙、镁待测液及空白试验溶液的吸光度。减去空白试验值后，从标准曲线上（或利用直线回归方程）求得待测液钙、镁的相应浓度。

【结果计算】

$$土壤全钙(Ca, g/kg) = \frac{\rho \times V \times t_s}{m} \times 0.001 \tag{7-22}$$

$$土壤全镁(Mg, g/kg) = \frac{\rho \times V \times t_s}{m} \times 0.001 \tag{7-23}$$

式中　ρ——从标准曲线上（或利用线性回归方程）求得待测液中钙（镁）的质量浓度(mg/L)；

　　　V——消解液定容体积(mL)；

　　　t_s——分取倍数（待测液定容体积/消解液吸取量）；

　　　m——烘干土样质量(g)；

　　　0.001——换算系数。

用平行测定结果的算术平均值表示，小数点后保留一位。当测定值大于 30 g/kg 时，相对相差不大于 3%；为 10~30 g/kg 时，相对相差不大于 5%；小于 10 g/kg 时，相对相差不大于 10%。

【注意事项】

(1)坩埚要放在电热沙浴的中部，使温度均匀，且防止污染。

(2)每测定一批样品，需插入 2~3 个标准样品监控。

7.4.2 土壤交换性钙、镁测定

【测定意义】

土壤交换性钙、镁是土壤交换性盐基的主要成分，其含量的多少是反映土壤钙、镁供应能力的一个重要指标，尤其是对于酸性、中性土壤而言分析意义尤为重要，已经被近年来广泛开展的测土配方施肥项目确定为土壤检测必测项目。

【方法与原理】

土壤中交换性钙、镁的测定受多种因素影响，如交换剂的性质、盐溶液浓度等，其中最主要的是土壤自身的物理性质。对于中性和酸性土壤，最为经典的方法是联合国粮食与农业组织规定的中性乙酸铵法；对于不含盐和石膏的碳酸盐土壤，用 1 mol/L 氯化铵-70%乙醇溶液 pH<8.5)交换处理；对于含盐和石膏的碳酸盐土壤，用 0.1 mol/L 氯化铵-70%乙醇溶液（pH<7.0)进行交换处理。交换液中交换性钙、镁常用 EDTA 容量法、原子吸收分光光度法和电感耦合高频等离子发射光谱法（ICP-AES）等测定。

本实验采用中性乙酸铵浸提—原子吸收分光光度法，浸出液中的交换性钙和交换性镁，可直接用原子吸收分光光度法测定。测定时所用的钙、镁标准溶液要同时加入同量的乙酸铵浸提溶液，以消除基体效应。同时，在土壤浸出液中加入释放剂锶（Sr），以消除铝、磷和硅对钙测定的干扰。

【仪器与设备】

原子吸收分光光度计(配置钙和镁空心阴极灯),离心机(转速 3000~4000 r/min)。

【试剂配制】

1 mol/L 中性乙酸铵浸提剂:77.08 g 化学纯 CH_3COONH_4 溶于水,稀释至 1L。用稀 CH_3COOH 或 NaOH 调节 pH 至 7.0,然后稀释至 1 L。

其他试剂参照 6.4.1。

【操作步骤】

1. 待测液制备

称取通过 2 mm 孔径筛的风干土样 2.0 g(精确至 0.01 g,质地轻的土壤称 5.0 g)于 100 mL 离心管中,沿管壁加少量 1 mol/L 乙酸铵溶液,用橡皮头玻璃棒搅拌成均匀泥浆状。再加入乙酸铵溶液至总体积约 60 mL,并充分搅拌均匀。同时用乙酸铵溶洗净橡皮头玻棒,溶液收入离心管内。以 3000~4000 r/min 转速离心 3~5 min,清液收入 250 mL 容量瓶中,如此用乙酸铵溶液处理 3~5 次,直到离心液中无钙离子反应为止,最后用乙酸铵溶液定容。同时做空白试验。

2. 标准曲线绘制

分别吸取 100 μg/mL 钙标准溶液 0.00 mL、2.00 mL、4.00 mL、6.00 mL、8.00 mL、10.00 mL 于 100 mL 容量瓶中,另分别吸取 50 μg/mL 镁标准溶液 0 mL、1.00 mL、2.00 mL、4.00 mL、6.00 mL、8.00 mL 于上述相应容量瓶中,各加入 30 μg/mL 氯化锶溶液 5.0 mL,用乙酸铵溶液定容,即为含钙(Ca) 0 μg/mL、2.00 μg/mL、4.00 μg/mL、6.00 μg/mL、8.00 μg/mL、10.00μg/mL 和含镁(Mg) 0 μg/mL、0.50 μg/mL、1.00 μg/mL、2.00 μg/mL、3.00 μg/mL、4.00 μg/mL 的钙、镁混合标准系列溶液。以乙酸铵浸提剂调节仪器零点,在原子吸收分光光度计上测定,拟合标准曲线回归方程。

3. 测定

吸取定容后的浸出液 20 mL 于 50 mL 容量瓶中,加入 30 μg/mL 氯化锶溶液,用乙酸铵溶液定容。以乙酸铵浸提剂调节仪器零点,在原子吸收分光光度计上测定。

【结果计算】

$$土壤交换性钙(Ca,mg/kg)=\frac{\rho \times V \times t_s}{m \times 1000} \times 1000 \qquad (7\text{-}24)$$

$$土壤交换性镁(Mg,mg/kg)=\frac{\rho \times V \times t_s}{m \times 1000} \times 1000 \qquad (7\text{-}25)$$

式中 ρ ——利用直线回归方程求得待测液中钙(镁)的质量浓度(mg/L);

V ——消解液定容体积(mL);

t_s ——分取倍数(待测液定容体积/消解液吸取量);

m ——烘干土样质量(g)。

7.5　土壤硫素分析

7.5.1　土壤全硫的测定

【测定意义】

硫(S)在地壳中的含量大约为 0.6 g/kg。我国主要土类全 S 含量在 0.11~0.49 g/kg。除盐土和自然植被生长较好的地区含硫较高外，大多地区 S 含量较低。在耕地中以黑土含量最高，水稻土和北方旱地含量次之，南方红壤旱地含量最低。除某些盐碱土外，土壤中的 S 大多呈有机态。据测定，南方水稻土、红黄壤有机硫占全硫的85%~94%，无机硫仅占 6%~15%。只有北方某些石灰性土壤含有较高的无机硫。

土壤硫含量分布规律受温度、雨量和土壤有机质等因素的影响。我国南方高温多雨地区土壤中无机硫易流失，导致缺硫。而北方干旱和半干旱地区，土壤无机硫积累较多。通常，土壤全硫和有机质在土壤坡面中的分布相似，表现为表土含量最高，随着土层深度而逐渐减少。

土壤全硫的测定有两类方法。一种是将 S 氧化成 SO_4^{2-} 或 SO_2；另一种方法是将它转化为 S^{2-}。较早的方法是在铂坩埚用碳酸钠或过氧化钠熔融土壤。此法的优点是适合于所有土壤，但手续较繁。Butter(1959)建议以硝酸镁氧化土壤，用硫酸钡比浊，测定的手续较简便，再现性好，平均变异系数小。另一种方法是碘量法，该方法较为准确，可用于大批样品的分析。近年来，随着电感耦合等离子发射光谱仪的普及，ICP-AES 法(真空型的 ICP 光谱仪)也得到了应用。本节重点介绍碘量法和 $Mg(NO_3)_2$ 氧化—$BaSO_4$ 比浊法。

7.5.1.1　燃烧碘量法

【方法与原理】

土样在 1250 ℃的管式高温电炉通入空气进行燃烧，使样品中的有机硫或硫酸盐中的硫形成二氧化硫逸出，以稀盐酸溶液吸收成亚硫酸，用标准碘酸钾溶液滴定，终点是生成的碘分子(I_2)与指示剂淀粉形成蓝色吸附物质，从而计算出土壤全硫含量。

本法适用于 0.05~200 g/kg 的全硫含量测定。

$$2IO_3^- + 5SO_3^{2-} + 2H^+ = I_2 + 5SO_4^{2-} + H_2O$$

【试剂配制】

(1)盐酸—甘薯淀粉吸收液：于 500 mL 沸腾的盐酸(4 g/L)中，加入甘薯淀粉溶液(10 g/L) 200 mL，搅匀，于半个月内使用。

(2)重铬酸钾标准溶液($1/6K_2Cr_2O_7$ 0.0500 mol/L)：将重铬酸钾于 130 ℃烘干 3 h，称取 2.4516 g 置于烧杯中，加少量水溶解并移入 1 L 容量瓶中，用水稀释至刻度，摇匀。

(3)硫代硫酸钠标准溶液(0.0500 mol/L)：称取硫代硫酸钠($Na_2S_2O_3 \cdot 7H_2O$)14.21 g，溶于 200 mL 水中，加入无水碳酸钠 0.2 g，待完全溶解，再以水定容至 1 L。静置后，以重铬酸钾标准溶液标定。其标定方法如下：吸取重铬酸钾标准溶液 25 mL 于 150 mL 锥形瓶中,加碘化钾1 g,溶解后加入HCl(1:1)5 mL,放置暗处5 min,取出以等体积水稀释。用待标定的硫代硫酸钠溶液滴定至溶液由棕红色褪到淡黄色,即加入10 g/L甘薯淀粉指示剂2 mL(1g甘薯淀粉溶于100 mL沸水中),继续滴定至蓝色褪去,溶液呈无色即为终点,记下硫代硫酸钠用量,计算其浓度。

(4)碘酸钾标准溶液(0.01 mol/L):称取碘酸钾2.14 g溶解于含有碘化钾4 g和氢氧化钾1 g的热溶液中,冷却后用水定容至1 L,摇匀。此溶液如需稀释至低浓度时,同样也用4 g/L碘化钾和1 g/L氢氧化钾溶液稀释之。测定低硫样品时,可将碘酸钾标准溶液稀释10倍后应用。标定方法如下:

吸取待标定的碘酸钾溶液25 mL于150 mL锥形瓶中,加1:1盐酸5 mL,立即以刚标定过的相当浓度的硫代硫酸钠标准溶液滴定至溶液由棕红色变为淡黄色,再加入10 g/L甘薯淀粉指示剂2 mL,继续滴定至蓝色减退,溶液呈淡蓝色即为终点。

(5)高锰酸钾溶液50 g/L:高锰酸钾5 g溶于50 g/L碳酸氢钠溶液100 mL中。

计算滴定度,公式如下:

$$T = \frac{c \times V_1 \times 32.06}{25} \tag{7-26}$$

式中　T——碘酸钾标准溶液对硫的滴定度(mg/mL);

c——硫代硫酸钠标准溶液的浓度(mol/L);

V_1——消耗硫代硫酸钠标准溶液的体积(mL);

32.06——硫原子的摩尔质量(g/mol);

25——待标定的碘酸钾溶液体积(mL)。

(6)硫酸铜溶液50 g/L:取硫酸铜5 g溶于100 mL水中。

【仪器与设备】

燃烧法测定硫的装置如图7-1所示。

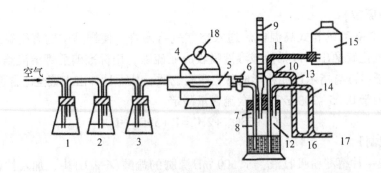

图7-1　燃烧法装置

1. 硫酸铜溶液洗气瓶(50 g/L)　2. 高锰酸钾溶液(50 g/L)洗气瓶　3. 浓硫酸洗气瓶　4. 管式电炉　5. 燃烧管、燃烧舟　6. 二通活塞　7. 吸收瓶　8. 圆形玻璃漏斗　9. 滴定管　10. 三通活塞　11、13、14. 橡皮管　12. 玻璃管　15. 盛吸收液的下口瓶　16、17. 玻璃抽气管和废液排出口　18. 铂铑温度计

【测定步骤】

(1)将有硅碳棒的高温管式电炉预先升温到 1250 ℃，吸取盐酸-甘薯淀粉吸收液 80 mL 加入吸收瓶中，用抽气管或真空泵抽气调节气流速度，使空气逐步通过 3 个洗气瓶包括硫酸铜溶液 50 g/L、高锰酸钾溶液 50 g/L 以及浓硫酸。然后进入燃烧管，再进入盐酸-甘薯淀粉吸收液的底部，最后进入抽气真空泵。使用碘酸钾标准溶液滴定吸收液，使之从无色变为浅蓝色(2~3 min 不褪色)。

(2)打开燃烧管的进气端，用耐高温的不锈钢钩将盛有土壤样品 0.5000~1.5000 g (样品质量视土壤含硫量而定)的燃烧舟，送入燃烧管的最热处，迅速重新接紧燃烧管与其进气端。此时，样品含硫化合物经燃烧而释放出二氧化硫气体，随流动的空气进入吸收液，立即不断地用碘酸钾标准溶液滴定，使吸收液始终保持浅蓝色(决不可使溶液变为无色)，在 2~3 min 不褪色即达终点，记下碘酸钾标准液的用量(mL)。

(3)再打开燃烧管的进气端，用不锈钢钩取出测定过的燃烧舟，并将另一装有土样的燃烧舟送入燃烧管中，继续进行下一个样品的测定，吸收液不需要更换(吸收瓶中吸收液太多时，可适当抽走一部分，并补加盐酸-甘薯淀粉吸收液)。

【结果计算】

$$土壤全硫含量(S, g/kg) = \frac{G \times V \times T}{m \times 1000} \times 1000 = \frac{1.05VT}{m} \qquad (7\text{-}27)$$

$$土壤全硫含量(SO_3, g/kg) = 全(S)含量 \times 2.497 \qquad (7\text{-}28)$$

式中　G——经验校正常数(1.05)；

V——滴定时用去碘酸钾标准溶液体积(mL)；

T——碘酸钾标准溶液对硫的滴定度(mg/mL)；

m——烘干土样品质量(g)；

1000——换算系数；

2.497——由硫换算成三氧化硫的系数。

【注意事项】

(1)保证整个仪器装置无漏气现象。通空气时，气流需缓慢，否则二氧化硫吸收不完全。

温度需控制在 1250 ℃±50 ℃，低于此值时则燃烧分解不完全，影响测定结果，超过此值时，则硅碳棒易烧坏。燃烧不宜连续使用 6 h 以上，否则易损坏。

(2)燃烧管要保持清洁，其位置要固定不变，仪器装置中所用的橡皮管和橡皮塞均需预先在 250 g/L 氢氧化钠溶液中煮过，以除去可能混入的硫。

(3)为了促使样品中全硫更好地分解，可加入助熔剂。助熔剂以无水钒酸为好，用量 0.1 g，也可用 0.25 g 锡粉。

(4)吸收装置中的圆形玻璃漏斗口上应包有耐酸的尼龙布，以便使冒出的气泡细小均匀，使二氧化硫吸收完全。

(5)由于某些硫酸盐(如硫酸钡)在短时间内不能分解完全，本法所得全硫结果只相当于实际含量的 95%，故必须乘以经验校正常数。

7.5.1.2 Mg(NO$_3$)$_2$ 氧化—BaSO$_4$ 比浊法

【方法与原理】

土样经 Mg(NO$_3$)$_2$ 消化，然后用硝酸在水浴上消煮，氧化成 SO$_4^{2-}$，再加入 BaCl$_2$ 晶体，用 BaSO$_4$ 比浊法测定。

【仪器与设备】

水浴锅、高温电炉、分光光度计。

【试剂配制】

(1)磷酸，分析纯。

(2)Mg(NO$_3$)$_2$ 溶液：25 g 光谱纯金属镁溶于 400 mL 浓硝酸中，加 100 mL 水稀释，使 Mg(NO$_3$)$_2$ 结晶溶解，待溶液冷却后，加水稀释至 500 mL。

(3)硝酸溶液(1∶3)：1 体积浓硝酸与 3 体积水混合。

(4)乙酸溶液(1∶1)：50 mL 乙酸 50 mL 水混合。

(5)阿拉伯胶：5 g 阿拉伯胶溶于 1000 mL 热水中，过滤，若滤液不透明，需重新过滤。

(6)硫标准溶液(50 mg/L)：0.2718 g K$_2$SO$_4$ 溶于水中，定容至 1000 mL。

(7)BaCl$_2$ 晶体：BaCl$_2$·2H$_2$O 研磨，过 0.25 mm 筛。

【操作步骤】

1. 样品消煮

称取 1.000 g 风干土样(过 0.15 mm 筛)于 50 mL 高型烧杯中，加入 2 mL Mg(NO$_3$)$_2$ 溶液，在 70 ℃水浴蒸干，将残渣置于 300 ℃高温电炉 10~12 h。冷却后，加 5 mL 硝酸溶液(1∶3)，盖上表面皿，在沸水浴上消煮 2.5 h。

2. 测定

待冷却后，用水稀释至约 20 mL，过滤于 50 mL 容量瓶中，洗涤数次，稀释至 40 mL，加入 5 mL 乙酸溶液(1∶1)、1 mL 阿拉伯胶，定容至 50 mL。转入 150 mL 烧杯中，加入 1.0 g BaCl$_2$ 晶体，于磁力搅拌器搅拌 1 min，在 5~30 min 内，440 nm 波长用 3 cm 比色皿进行比浊。在测定样品同时，应进行空白试验。

3. 标准曲线绘制

分别吸取 50 mg/L 硫标准溶液 0 mL、2 mL、4 mL、6 mL、8 mL，置于 6 个 50 mL 容量瓶中，分别加入 5 mL 硝酸溶液(1∶3)、5 mL 乙酸溶液(1∶1)、1 mL 阿拉伯胶，定容至 50 mL。按上述测定方法比浊。绘制标准曲线或拟合直线回归方程。

【结果计算】

$$土壤全硫的质量分数(g/kg) = \frac{\rho \times V}{m} \times 10^{-3} \qquad (7-29)$$

式中　ρ——待测液中硫质量分数 mg/L；

V——比浊体积(mL)；

m——土壤质量(g)；

10^{-3}——换算系数。

【注意事项】

(1)搅拌速率和搅拌时间要一致。

(2)每批试样测定数量不宜过多,否则比浊前放置时间过长会影响结果。

7.5.2　土壤有效硫的测定

【测定意义】

土壤有效硫(可溶性硫和吸附性硫)的分布,随土壤性质的不同有较大变化。1:1型黏土矿物和水化氧化铁、铝,在酸性条件下这些矿物对SO_4^{2-}的吸附能力较强。随着雨水的淋洗,下部土层中吸附态硫往往较多。因此,在研究土壤供硫能力时,需考虑土壤剖面中硫的分布。

【方法与原理】

测定酸性土壤有效硫,通常用磷酸盐为浸提剂,对石灰性土壤则用氯化钙溶液浸提。浸提出的硫包括易溶性硫、吸附硫和部分有机硫,常用硫酸钡比浊法测定。用浸提剂提取,浸出液中少量有机质用过氧化氢去除,硫酸根用$BaSO_4$比浊测定。

【试剂配制】

(1)浸提剂

①磷酸盐浸提剂(用于酸性土壤)　称取磷酸二氢钙2.04 g溶于水中,稀释至1 L。此浸提剂含磷500 mg/L。

②氯化钙浸提剂(用于石灰性土壤)　称取氯化钙(分析纯)1.5 g溶于水,稀释至1 L。

(2)过氧化氢:配制约30%过氧化氢溶液。

(3)HCl溶液:一份浓盐酸与四份水混合。

(4)阿拉伯胶溶液:称取阿拉伯胶0.25 g溶于水,稀释至100 mL。

(5)氯化钡晶粒:将氯化钡($BaCl_2 \cdot 2H_2O$)磨碎,筛取0.25~0.5 mm部分。

(6)硫标准溶液100 μg/mL:称取硫酸钾(分析纯)0.5436 g溶于水,定容至1 L。

【仪器设备】

分光光度计、振荡机、沙浴、电磁搅拌器。

【测定步骤】

1. 浸提

称取风干土(过1 mm筛)10.00 g。置于100 mL三角瓶中,加浸提剂50 mL,振荡1 h(20~25 ℃)后过滤。

2. 比浊

吸取滤液25 mL于100 mL三角瓶中,加热并用过氧化氢3~5滴氧化有机物。待有机物分解彻底后继续煮沸,除尽过氧化氢。加入(1:4)盐酸1 mL,用水洗入25 mL容量瓶中,加入2 mL阿拉伯胶溶液,用水定容。倒入100 mL烧杯中,加氯化钡晶粒1 g,用电磁搅拌器搅拌1 min。5~30 min内于440 nm波长比浊,并作空白对照。

3. 标准工作曲线

稀释硫标准溶液至$\rho(S) = 10.00$ μg/mL。分别吸取0.00 μg/mL、1.00 μg/mL、3.00 μg/mL、5.00 μg/mL、8.00 μg/mL、10.00 μg/mL、12.00 μg/mL放入25 mL容量

瓶中，加入 1 mL 盐酸和 2 mL 阿拉伯胶热溶液，用水定容。加入氯化钡晶粒比浊。

【结果计算】

$$土壤有效硫含量(mg/kg) = \frac{\rho \times V \times t_s}{m} \tag{7-30}$$

式中　ρ——测定液中硫的质量浓度($\mu g/mL$)；

　　　V——测定时定容体积(mL)；

　　　t_s——分取倍数；

　　　m——烘干土样质量(g)。

【注意事项】

标准曲线在浓度低的一端不成直线。为了提高测定的可靠性，可在样品溶液和标准系列中都添加等量 SO_4^{2-}–S 使浓度提高到 1 $\mu g/mL$（加入 $10\mu g/mL$ 硫标准液 2.5 mL）。

7.6　土壤微量元素测定

【测定意义】

铜、锌、铁、锰和钼都是植物生长必需的微量元素，铜是植物体内多种氧化酶的成分，叶绿体中含铜较多，因此，铜在氧化还原反应及光合作用方面起着重要作用。

锌在作物体内主要参与生长素的代谢和某些酶素活动，它是碳酸酐酶和谷氨酸脱氢酶的成分。因此，植物缺锌常引起生理病害。最明显的是玉米"白苗病"。经研究在某些土壤上由于缺少有效锌，致使玉米苗期出现大面积"白苗病"，严重影响了作物生长。

铁参与叶绿素的合成，是铁氧还原蛋白的组成成分；参与光合电子传递作用，是固氮酶的组成成分，对固氮起重要作用；参与呼吸作用，是一些呼吸相关酶的组成成分，是磷酸蔗糖合成酶的活化剂，促进蔗糖的合成。

锰直接参与光合作用的放氧过程，对植物体内电子传递和氧化还原过程极为重要，是植物体内许多酶的成分和活化剂，促进吲哚乙酸的氧化，硝酸还原作用可促进种子萌发和幼苗生长，加速花粉萌发和花粉管的伸长，提高结实率等。

钼是植物生长必需的元素，钼是硝酸还原酶和固氮酶的组成成分，从而影响氮代谢和固氮作用；参与糖代谢，对提高光合作用强度及维生素 C 的合成有良好作用。

如果土壤中有效微量元素含量过少，植物就会出现缺素症状，如果土壤中有效微量元素含量过多，同样也会导致植物生长不良，可见植物的生长发育与土壤中有效微量元素的含量关系密切。通过植株的外部形态所表现的症状来判断植物缺乏元素即外形诊断。当微量元素缺乏时，植物的外部形态表现一定的缺乏症状，如株高、叶片颜色、节间等都会有症状表现出来，产量下降，甚至绝产。除典型症状外，有时仅仅根据外形难以做出正确判断，还需配合其他诊断方法。因此，我们还需要进行土壤微量元素分析，根据不同土壤和不同作物制定适应本地区的微量元素指标。

本实验目的是要求掌握土壤有效微量元素测定的原理和操作方法；了解土壤微量元素分布；了解不同土壤微量元素有效性的影响因素。

7.6.1 土壤中全量铜、锌、铁和锰的测定(AAS 法)

【方法与原理】

用 HF-HNO$_3$-HClO$_4$ 消煮土壤试样,HF 破坏了硅酸盐的晶格,形成 SiF$_4$,并挥发掉,从而消除了土壤中 Si 对被测定元素的干扰。土样消煮完全后,用 1:1HNO$_3$ 溶液溶解,制成待测液。待测液可采用原子分光光度法(AAS)或电感耦合等离子发射光谱法(ICP-AES 或 ICP)进行测定。

AAS 法是应用原子吸收光谱进行分析的一种方法。当光源辐射出具有待测元素特征谱线的光通过试样所产生的原子蒸气时,被蒸气中待测元素的基态原子所吸收,有辐射特征谱线的光被减弱的程度来测定试样中该元素含量。若喷雾的速度不变,火焰高度不变,则吸收值与蒸气中基态原子的浓度呈正比,故可做吸收值 A 对浓度的标准曲线,利用标准曲线可求出待测元素的含量。

【仪器与设备】

原子吸收分光光度计及相关元素空心阴极灯、微波消解装置或可控温电热板、四聚氟乙烯坩埚。

【试剂配制】

(1)HNO$_3$ 优级纯。

(2)HF 优级纯。

(3)HClO$_4$ 优级纯。

(4)盐酸溶液(1:2):吸取浓盐酸(HCl,1.19 g/cm^3,优级纯)100 mL,加入 200 mL 水中,混匀。

(5)硝酸溶液(1:1):量取浓硝酸(HNO$_3$,1.42 g/cm^3,优级纯)250 mL,加入 250 mL 水中,混匀。

(6)硝酸溶液 $[\varphi(HNO_3)=1\%]$:吸取浓硝酸(HNO$_3$,1.42 g/cm^3,优级纯)10 mL,加入 900 mL 水中,定容至 1 L。

(7)铜标准溶液 $[\rho(Cu)=50\ \mu g/mL]$:吸取 1000 g/mL 铜标准贮备液 5.00 mL 于 100 mL 容量瓶中,用水定容。

(8)锌标准溶液 $[\rho(Zn)=50\ \mu g/mL]$:吸取 1000 μg/mL 锌标准贮备液 5.00 mL 于 100 mL 容量瓶中,用水定容。

(9)铁标准溶液 $[\rho(Fe)=50\ \mu g/mL]$:吸取 1000 μg/mL 铁标准贮备液 5.00 mL 于 100 mL 容量瓶中,用水定容。

(10)锰标准溶液 $[\rho(Mn)=50\ \mu g/mL]$:吸取 1000 μg/mL 锰标准贮备液 5.00 mL 于 100 mL 容量瓶中,用水定容。

【操作步骤】

1. 待测液制备

(1)湿式消解法

称取通过 0.149 mm 孔径筛的风干土样 0.2~0.5 g(精确至 0.0001g),放入聚四氟乙烯坩埚中,用水湿润样品,加入浓硝酸 5 mL,加盖,在通风柜中于电热板上 100~150 ℃

微沸 20 min，取下冷却后，加高氯酸 5 mL，加盖，在电热板上 200 ℃加热微沸 10 min，取下冷却，加氢氟酸 5 mL，在电热板上 80 ℃加热 1 h，然后逐渐升温使氢氟酸蒸发，待出现浓烈白烟时，取下冷却。再加氢氟酸 5 mL、高氯酸 2 mL，在电热板上 250 ℃蒸发近干，取下冷却。最后加 1：2盐酸溶液 4 mL 及少量水，在电热板上微热溶解残渣，移入 50 mL 容量瓶中，冷却后用水定容待测。同时做空白试验。

(2)微波消解法

称取通过 0.149 mm 孔径筛的风干土样 0.2~0.5 g(精确至 0.0001g)置于聚四氟乙烯内罐中，加入硝酸 6 mL，待剧烈反应后，加过氧化氢 2 mL、氢氟酸 2 mL，放置 5 min，盖上内盖，严格按照仪器操作步骤装好保护套，将消解罐置入微波系统内，设置好微波消解程序，消解土样。消解结束，冷却至室温，取出内罐，放置电热板上加热赶酸，待溶液近干，加水溶解，转移至 50 mL 容量瓶中，冷却后用水定容待测。同时做空白试验。

2. 标准曲线绘制

分别吸取 50 μg/mL 铜、锌、铁、锰标准溶液一定体积于 6 个 100 mL 容量瓶中，用 1%硝酸溶液定容，即为铜、锌、铁、锰混合标准工作溶液(吸取体积及标准工作溶液浓度参见表 7-6)，与样品同条件上机测定，按元素绘制标准曲线或计算回归方程。

表 7-6 铜、锌、铁、锰混合工作溶液配制

编号	Cu		Zn		Fe		Mn	
	标准溶液 (mL)	浓度 (μg/mL)	标准溶液 (mL)	浓度 (μg/mL)	标准溶液 (mL)	浓度 (μg/mL)	标准溶液 (mL)	浓度 (μg/mL)
1	0	0	0	0	0	0	0	0
2	0.5	0.25	0.5	0.25	2	1.0	2	1.0
3	1.0	0.5	1.0	0.5	4	2.0	4	2.0
4	2.0	1.0	2.0	1.0	6	3.0	6	3.0
5	3.0	1.5	3.0	1.5	8	4.0	8	4.0
6	4.0	2.0	4.0	2.0	10	5.0	10	5.0

3. 待测液测定

铜、锌可用待测液直接测定，铁、锰一般需稀释 5~10 倍后测定。读取浓度值，同时测定空白试验。

【结果计算】

$$全量(铜、锌、铁、锰，mg/kg) = \frac{\rho \times V \times t_s}{m \times 1000} \times 1000 \qquad (7\text{-}31)$$

式中　ρ——标准曲线或回归方程求得待测液元素浓度($\mu g/mL$)；

　　　V——测定液体积(50 mL)；

　　　t_s——分取倍数；

　　　m——风干土样质量(g)；

　　　10^3 与 1000——μg 换算成 mg 和 g 换算成 kg 的系数。

7.6.2　土壤 Fe、Mn、Cu、Zn、Mo 等元素的全量测定(ICP 法)

【方法与原理】

用 HF-HNO$_3$-HClO$_4$ 消煮土壤试样,HF 破坏了硅酸盐的晶格,形成 SiF$_4$,并挥发掉,从而消除了土壤中 Si 对被测定元素的干扰。土样消煮完全后,用 1:1 HNO$_3$ 溶液溶解,制成待测液可直接用 ICP-AES 法同时测定 Fe、Mn、Cu、Zn、Mo 等元素。

【仪器与设备】

(1)仪器

美国 Jarrell-Ash 公司生产的 ICAP-9000 型多道直读光谱仪;铂坩埚或聚四氟乙烯坩埚;电热板。

(2)最佳测定条件

正向功率 1.1kW;反射功率<5W;工作气体:氩气;载气流量 0.6L/min;冷却气体流量 15 L/min;观察高度 15 cm;曝光时间 7s;样品提升量 1.5 mL/min;取两次测定值的平均值(选择最佳测定条件需经条件实验)。

【试剂配制】

(1)HNO$_3$ 优级纯。

(2)HF 优级纯。

(3)HClO$_4$ 优级纯。

(4)标准溶液的配制。

①用二次去离子水或亚沸水配制 1:1 HNO$_3$ 溶液,为 Cu、Zn 的低标。

②HF-HNO$_3$-HClO$_4$ 的消煮液蒸干,加 1 mL 1:1 HNO$_3$ 转移至 25 mL 容量瓶中定容,即空白溶液,为 Fe、Mn、Mo 元素仪器标准化的低标。

③Cu、Zn 标准液的配制:用 Cu、Zn 光谱纯试剂分别制备 1.0 mg/mL 的 Cu、Zn 贮备液。在测定时,再配制成 100 μg/mL Cu 和 1000 μg/mL Zn 的混合标准液(用 50 g/L 的硝酸稀释配制)。该溶液为仪器标准化 Cu、Zn 元素的高标。

④Fe、Mn、Mo 标准溶液的配制:用土壤标准样品或水系沉积物标准样品与待测样品相同处理制成的溶液,其 Fe、Mn、Mo 的推荐值为 Fe、Mn、Mo 元素仪器标准化的高标。

【操作步骤】

称取研磨通过 0.149 mm 尼龙筛的均匀土壤试样 0.1000 g 于 30 mL 铂坩埚中或聚四氟乙烯坩埚,用亚沸水或二次去离子水湿润土壤,然后加入 7 mL HF 溶液和 1 mL 浓 HNO$_3$ 溶液,在电热板上消煮蒸发近干时,取下坩埚。冷却后,沿坩埚壁再加入 5 mL HF 溶液,继续消煮近干,取下坩埚。冷却后,加入 2 mL HClO$_4$,继续消煮到不再冒白烟,坩埚内残渣呈均匀的浅色(若呈凹凸状为消煮不完全)。取下坩埚,加入 1:1HNO$_3$ 1 mL,加热溶解残渣,至溶液完全澄清后(若溶液仍然混浊,说明土壤消煮不完全,需加 HF 继续消煮)转移到 25 mL 的容量瓶中,定容摇匀,立即转移到聚乙烯小瓶中备用。用配制好的高、低标准溶液,建立 ACT(分析样品用的软件程序)进行仪器标准化。然后,将待测液直接用 ICP-AES 法,同时测定 Fe、Mn、Cu、Zn、Mo 各元素,经计算机收集并处理各元素的分析数据,输出各元素的分析结果。

【注意事项】

(1)消煮液的酸必须按顺序加入，3种酸不可同时加入消煮，温度也不可过高，否则 HF 挥发过快，土壤消煮不完全。

(2)消煮液用量因土而异，富含铁、铝的红壤及砖红壤，HF 用量要大并增加消煮次数，否则硅铝酸盐分解不完全，导致结果偏低。

(3)消煮后期加入高氯酸赶走氢氟酸时，内容物不可烧得过干，要使内容物处于强氧化环境中，并有氯离子存在，有助于金属的溶解，否则有些内容物不能溶解在硝酸溶液中，使结果偏低。

7.6.3　土壤有效态 Fe、Mn、Cu、Zn 的含量测定（ICP 法）

【方法与原理】

采用 ICP-AES 法同时测定，用 pH 7.3 的 DTPA（二乙三胺五乙酸）-CaCl$_2$-TEA（三乙醇胺）浸提剂，提取石灰性或中性土壤中的有效态 Fe、Mn、Cu、Zn 元素。浸提液经离心过滤直接用 ICP-AES 法测定 Fe、Mn、Cu、Zn 的含量。

【仪器与设备】

同 6.5.2。

【试剂配制】

(1)DTPA 浸提剂：称取 DTPA｛二乙三胺五乙酸，[（HOCOCH）$_2$NCH$_2$·CH$_2$]·NCH$_2$COOH，优级纯｝1.967 g 于 1 L 容量瓶中，加 TEA[三乙醇胺，（HOCH$_2$CH$_2$）$_3$N，优级纯]13.3 mL，加亚沸水或二次去离子水 950 mL，再加 1.47 g 无水氯化钙（CaCl$_2$，优级纯），用盐酸溶液[c(HCl)=6 mol·L^{-1}]调节 pH 值至 7.3，然后定容至刻度。

(2)标准溶液：用光谱纯试剂或高纯试剂分别配制 1000 mg/L Fe、Mn、Cu、Zn 元素的贮备液。测定时，用 DTPA 浸提剂稀释配制 Fe、Mn、Cu、Zn 元素 10 mg/L 混合标准溶液为高标溶液。浸提剂 DTPA 溶液为低标溶液。

【操作步骤】

称取 10.0 g 过 2 mm 筛孔(尼龙筛)的风干土样放于 150 mL 聚乙烯塑料瓶中，加入 20.0 mL DTPA 浸提剂。在 25 ℃下，塑料瓶放于振荡机振荡 2 h，过滤备用。然后，用配制好的高、低标溶液建立 ACT，进行仪器标准化。将滤液通过蠕动泵输入雾化器，由 ICP-AES 同时测定 Fe、Mn、Cu、Zn 元素。经计算机收集并处理各元素的分析数据。

【注意事项】

(1)DTPA 浸提是一个非平衡体系，所有影响土壤与 DTPA 的反应速率的因子，都会影响锌、铜等的提取量，因而，提取条件必须标准化，例如，土壤的粉碎程度、振荡时间、振荡强度、浸出液的酸度、提取时的温度等都应严格控制。

(2)酸性土壤用盐酸溶液[c(HCl)=0.1 mol/L]浸提。方法如下：称取 10.0 g 过 2 mm 筛孔(尼龙筛)的风干土放于 150 mL 聚乙烯塑料瓶中，加 50.0 mL 浸提剂，放于振荡机振荡 1.5 h，过滤或离心，将滤液通过蠕动泵输入雾化器，由 ICP-AES 测定，测定时的高标和低标应一同用盐酸浸提剂配制。

7.6.4　土壤中有效钼的测定（石墨炉—原子吸收法）

【测定意义】

土壤全钼含量 0.1~6 mg/kg，平均为 1.7 mg/kg，土壤含钼量主要取决于成土母质和成土过程，黄土母质发育的土壤含钼量偏低，东北地区黑钙土和草甸土含钼量较高。土壤中钼形态主要有矿物态、代换态、水溶性钼和有机结合态。水溶性和代换态作物可直接吸收利用，是有效钼。有效态钼以阴离子形态存在，随 pH 升高，土壤对钼的吸附能力降低，有效性增加，pH>6 时吸附迅速减弱，pH>8 时，土壤几乎不再吸附钼。酸性土壤容易缺钼，酸性土壤施用石灰可提高土壤钼的有效性。表 7-7 可以作为土壤有效态钼参考指标。

表 7-7　土壤有效钼参考指标

土壤有效钼的含量（mg/kg）	钼供应水平	土壤有效钼的含量（mg/kg）	钼供应水平
<0.1	很低	0.20~0.30	丰富
0.10~0.15	低	>0.30	很丰富
0.1~0.20	中等		

【方法原理】

目前，最为广泛使用的试剂为 pH3.3 的草酸/草酸铵溶液（Tamm 溶液），该试剂具有弱酸性、还原性、阴离子代换作用和络合作用，缓冲容量大，钼的浸提量与生物反应的相关性好。试剂浸提后，一般采用钼/苯羟乙酸/氯酸钠体系催化极谱法测定有效钼的含量，对草酸盐的干扰用均烧处理。有人用三酸（HF-HNO$_3$-HClO$_4$）来消化草酸/草酸铵试剂的浸出液，然后再用硫酸/苯羟乙酸/氯酸钾体系的底液测钼，铁的干扰作用大大降低。三酸一次消化，简化了步骤，对干扰物草酸盐的破坏更为彻底，且能保持消化后残留物处于湿润状态，不至于产生过度干燥的情况，很适用于批量分析。但由于 pH3.3 试剂能溶解相当数量的铁铝氧化物，得到的结果往往偏高，尤其在缺钼的酸性土壤中，不能较好地反映植物需钼的真实情况，因而有人在不断探索更好的浸提剂。

常用于土壤和植物中钼测定的方法有原子吸收分光光度法、分光光度法（比色法）、等离子体发射光谱法和极谱法。采用原子吸收分光光度法测钼，因钼的原子化所需的能量高，常用的空气-乙炔火焰测钼时往往只有部分钼被原子化，测定灵敏度较低，而且碱土金属对测定也有干扰，因而一般要用氧化亚氮-乙炔高温火焰或石墨炉无焰原子化方法，才可确保灵敏度，但其过程较复杂，测定成本高，故现在该方法较少用于测钼。

【试剂配制】

（1）pH3.3 的草酸/草酸铵溶液（Tamm 溶液）：24.9 g 草酸铵[（NH$_4$）$_2$C$_2$O$_4$·H$_2$O，分析纯]与 12.6 g 草酸（H$_2$C$_2$O$_4$·H$_2$O，分析纯）溶于去离子水，定容至 1 L。酸度应为 pH 3.3，必要时可用 pH 校准。

（2）钼标准液：准确称取纯氧化钼（MnO$_3$）0.1500 g（优级纯），加 0.1 mol/L NaOH 溶液 10 mL 溶解，加盐酸使其呈中性，转入 1 L 容量瓶中，用去离子水洗涤烧杯多次，洗液一并倒入容量瓶中，定容，摇匀。此液含钼 100 μg/mL。吸取此含钼 100 μg/mL 的原始标准液稀释 100 倍，即为含钼 1 μg/mL 的标准液。或称取 1.8403 g 钼酸铵于 500 mL 烧杯中，以少量水溶解，移入 1000 mL 容量瓶中，用水稀释至刻度，摇匀，即为 1000 μg/mL 的钼标准溶液。使用时逐级稀释。

【测定步骤】

1. 溶液配制

称取 25.00 g 风干土样(过 1.0 mm 尼龙筛)，放入 500 mL 干燥塑料三角瓶中，加入 250 mL pH 3.3 的草酸/草酸铵溶液，在振荡机上振荡 6~8 h 或放置过夜，用干燥滤纸过滤(事先用 6 mol/L HCl 处理过)于另一干燥三角瓶中，弃去最初的 10 mL 滤液，吸取滤液进行测定。或者连续振荡 6 h 后以 3000 r/min 离心 30 min，取上层清液进行测定。

2. 工作曲线

分别在 6 个 50 mL 容量瓶中，依次加入 1 μg/mL 钼标准溶液 0 mL、0.5 mL、1.0 mL、2.0 mL、4.0 mL、6.0 mL，定容后，分别测定吸收值，并绘制标准曲线。其钼的浓度分别为 0 μg/mL、0.01 μg/mL、0.02 μg/mL、0.04 μg/mL、0.08 μg/mL、0.12 μg/mL。

3. 原子吸收分光光度计参考工作条件

分析线波长 333.3 nm；狭缝宽度 0.4 nm；灯电流 3.0mA；干燥 105 ℃ 15 s；灰化 1400 ℃ 20 s；原子化 2600 ℃ 5 s；清洗 2800 ℃，1 s；氩气流量 0.6 L/min，进样体积 20 μL。

【结果计算】

$$土壤交换性钼(mg/kg) = \frac{\rho \times V \times 稀释倍数}{m} \qquad (7\text{-}32)$$

式中　ρ——标准曲线查得 Mo 的浓度($\mu g/mL$)；

　　　V——待测液体积(mL)；

　　　m——风干土样品质量(g)。

7.6.5　土壤有效硼的测定

【测定意义】

土壤中大部分硼存在于土壤矿物(如电气石)的晶体结构中。一般土壤中的硼有随黏粒和有机质含量的增加而增加的趋势。硼是一种比较容易淋失的一种微量元素，因此，干旱地区土壤中硼的含量一般较高，一般在 30 mg/kg 以上。而南方土壤中硼的含量较低，有的少于 10 mg/kg。土壤中水溶性硼的临界浓度视土壤种类和作物种类而异。一般以 0.3~0.5 mg/kg 作为硼缺乏的临界浓度(表 7-8)。

表 7-8　土壤有效硼参考指标

土壤硼的供应水平	轻质土壤(mg/kg)	黏重土壤(mg/kg)
充足	>0.50	>0.80
适度	0.25~0.50	0.4~0.8
不足	0~0.25	0~0.4

【方法与原理】

溶液中硼的测定方法目前有 ICP-AES 法和比色分析法。ICP-AES 法对硼的检测限可以达到 6 ng/mL。硼的比色分析法按其显色条件可分 4 种：蒸干显色法、浓硫酸溶液中显色法、三元配合物萃取比色法和水溶液中显色法。水溶液中显色法：硼与某些有机溶剂能在水溶剂中显色，其操作简便，更适于自动化分析，近年来得到较多的研究和应用。目前国内在土壤、植物微量硼的测定中应用较为普遍的是姜黄素法、甲亚胺比色法。

土壤有效硼的测试方法很多，目前国内外仍然普遍采用的是 BergerTroug(1939) 提出的热水回流浸提法。此法的土水比为 1:2 的悬浊液在回流冷凝管下煮沸 5 min，然后测定滤液中的硼。其他常见方法还有 1 g/L (CaCl$_2$·2H$_2$O) 溶液回流 5 min 提取法、0.01 mol/L 甘露醇-0.01 mol/LCaCl$_2$·2H$_2$O 溶液提取法。其有效硼采用沸水浸提和姜黄素比色的方法原理如下：

土样经沸水浸提 5 min，浸出液中的硼用姜黄素比色法测定。姜黄素是由姜中提取的黄色色素，以酮型和烯醇型存在，姜黄素不溶于水，但能溶于甲醇、酒精、丙酮和冰乙酸中而呈黄色，在酸性介质中与 B 结合成玫瑰红色的络合物，即玫瑰花青苷。它是两个姜黄素分子和一个 B 原子络合而成，检出 B 的灵敏度是所有比色测定硼的试剂中最高的(摩尔吸收系数 $\varepsilon_{550} = 1.80 \times 10^5$)最大吸收峰在 550 nm 处。在比色测定 B 时应严格控制显色条件，以保证玫瑰花青苷的形成。玫瑰花青苷溶液在 B 含量 0.001 4~0.06 mg/L 的浓度范围内符合 Beer 定律。溶于酒精后，在室温下 1~2 h 内稳定。

硝酸盐干扰姜黄素与硼的配合物的形成，所以硝酸盐>20 μg/mL 时必须除去。大量中性盐的存在也干扰显色，使有色配合物的形成减少。

【主要仪器】

石英(或其他无硼玻璃)、三角瓶(250 或 300 mL)、容量瓶(100 mL、1000 mL)、回流装置、离心机、瓷蒸发皿(φ7.5 cm)、恒温水浴、分光光度计、电子天平(0.01 g)。

【试剂配置】

(1)95%酒精(分析纯)。

(2)无水酒精(分析纯)。

(3)姜黄素-草酸溶液：称取 0.04 g 姜黄素和 5 g 草酸(H$_2$C$_2$O$_4$·H$_2$O)，溶于无水酒精(分析纯)中，加入 4.2 mL 6 mol/L HCl，移入 100 mL 石英容量瓶中，用酒精定容。贮存在阴凉的地方。姜黄素容易分解，最好现用现配。如放在冰箱中，有效期可延长至 3~4 d。

(4)B 标准系列溶液：称取 0.5716 g H$_3$BO$_3$(优级纯)溶于水，在石英容量瓶中定容成 1 L。此为 100 μg/mL B 标准溶液，再稀释 10 倍成为 10 μg/mL B 标准贮备溶液。吸取 10 μg/mL B 溶液 1.0 mL，2.0 mL，3.0 mL，4.0 mL，5.0 mL，用水定容至 50 mL，成为 0.2 μg/mL，0.4 μg/mL，0.6 μg/mL，0.8 μg/mL，1.0 μg/mL B 的标准系列溶液，贮存在塑料试剂瓶中。

(5)1 mol/L 1/2CaCl$_2$ 溶液：称取 7.4 g CaCl$_2$·2H$_2$O(分析纯)溶于 100 mL 水中。

【操作步骤】

(1)有效硼的提取：称取过 1 mm 筛风干土样 15.00 g 置于 150 mL 石英三角瓶中，加去离子水 30.0 mL，连接回流冷凝器后，放在电热板上煮沸 5 min(可先在电炉上加热煮沸后移至电热板上)，继续使冷却水流动使之冷却，加 1 mol/L (1/2CaCl$_2$)溶液 2~4 滴和一小匙活性碳(加速澄清和除去有机质)，激烈摇动，并放置 5 min，用定量滤纸过滤入塑料容器中，滤液必须清亮，或倒入离心管中离心分离出清液。

(2)溶液中硼的测定：吸取滤液 1.00 mL(含硼量不超过 1 μg)置于瓷蒸发皿中，加入 4 mL 姜黄素溶液。在 55 ℃±3 ℃的水浴上蒸发至干，并且继续在水浴上烘干 15 min 除去残存的水分。在蒸发与烘干过程中显出红色，加 20.0 mL 95%酒精溶解，用干滤纸过滤到 1 cm 光径比色槽中，在 550 nm 波长处比色，用酒精调节比色计的零点。假若吸收值过大，说明 B 浓度过高，应加 95%酒精稀释或改用 580 nm 或 600 nm 波长比色。

(3)工作曲线的绘制：分别吸取 0.2 mg/L、0.4 mg/L、0.6 mg/L、0.8 mg/L、1.0 mg/L B 标准系列溶液各 1 mL 放入瓷蒸发皿中，加 4mL 姜黄素溶液，按上述步骤显色和比色。以 B 标准系列的浓度 mg/L 对应吸收值绘制工作曲线。

【结果计算】

$$土壤中有效硼含量(B，mg/kg) = 2×\rho \qquad (7-33)$$

式中　ρ——工作曲线求得测定液中硼的质量浓度(mg/L)。

液土比为 2。

【注意事项】

(1)若 NO$_3^-$ 浓度超过 20 mg/L 对硼的测定有干扰，必须加 Ca(OH)$_2$ 使之呈碱性，在水浴上蒸发至干，再慢慢灼烧以破坏硝酸盐。再用一定量的 0.1 mol/L HCl 溶液溶解残渣，吸取 1.0 mL 溶液进行比色测定硼。

(2)硬质玻璃中常含有硼，所使用的玻璃器皿不应与试剂、试样溶液长时间接触。应尽量储藏在塑料器皿中。

(3)用本法测定硼时必须严格控制显色条件。

(4)蒸发显色后，应将蒸发皿从水浴中取出擦干，随即放入干燥器中，待比色时再随时取出。蒸发皿不应长时间暴露在空气中，以免玫瑰花青苷因吸收空气中的水分而发生水解，使测定结果不准确。显色过程最好不要停顿。

(5)比色过程中，由于乙醇的蒸发损失，体积缩小，使溶液的吸收值发生改变，故应用带盖的比色杯比色，比色工作应尽可能迅速。应另作空白试验。

7.7　土壤硅的测定

硅是作物需要的大量元素之一，硅素除了能提高作物抗病虫能力外，还具有提高作物产量、增强作物抵抗水分和盐分胁迫能力、增强作物抗倒伏能力以及减轻低价 Fe、Mn 和 Al 等过多而造成毒害的作用。由于水稻是吸收硅酸最多的作物，水稻体内硅酸含量约为氮的 10 倍、磷的 20 倍，其茎、叶中 SiO$_2$ 含量高达 10%~20%，因此，硅的研究多用于水田土壤，且硅肥在水稻中的增产作用也非常明显，所以硅的测定是水稻田常规分析项目之一。

7.7.1 土壤全硅的测定

【分析意义】

硅是土壤主要组成元素之一，在土壤中通常以游离态如石英、无定形 SiO_2 以及硅酸盐或铝酸盐等形态存在。土壤中硅的含量差异较大，如砂土中 SiO_2 可达90%，而重黏土中 SiO_2 甚至低于20%。因此，分析土壤中的全硅含量对于了解土壤的组成有着非常重要的意义。

【方法选择】

传统分析方法为碳酸钠或者氢氧化钾(氢氧化钠)熔融-系统分析法，一直应用至今，测土壤全硅由盐酸两次脱水的质量法改进，发展为动物胶凝聚一次脱水质量法。该法为经典法，但操作繁琐。随着 ICP 的普及，土样用硼酸锂熔融，ICP-AES 法进行测定已逐步得到广泛应用。

7.7.1.1 碳酸钠熔融—动物胶凝聚质量法

【方法与原理】

土壤样品经碳酸钠熔融，盐酸溶解熔块，将溶液蒸发至湿盐(糊状)。在浓盐酸介质中加入动物胶凝聚硅酸，使硅酸脱水成 SiO_2 沉淀，然后过滤洗涤使其与其他元素分离。沉淀经 920 ℃ 灼烧，称量，即得 SiO_2 含量。

【仪器与设备】

高温电炉、铂坩埚、铂头坩埚钳、玛瑙研钵、恒温水浴锅。

【试剂配制】

(1)无水碳酸钠(Na_2CO_3)：用时烘干磨细。

(2)浓盐酸(HCl，$\rho = 1.19$ g/cm^3，优级纯)。

(3)盐酸溶液(1∶1)：量取浓盐酸(HCl，$\rho = 1.19$ g/cm^3，优级纯)250 mL，加入到250 mL 水中混匀。

(4)动物胶溶液($\rho = 10$ g/L)：称取动物胶 1 g，溶于 70~75 ℃的 100 mL 水中，此溶液需现用现配。

(5)硝酸银溶液[$\rho(AgNO_3) = 20$ g/L]：称取硝酸银($AgNO_3$)2.0 g，溶于水中并稀释至 100 mL，贮于棕色瓶中。

【操作步骤】

1. 样品熔融

称取通过 0.149 mm 孔径筛的风干土样 0.5 g(精确至 0.0001 g)，放入铂坩埚中，称取 4.0 g 无水碳酸钠(称样量为样品质量的 8 倍)。将碳酸钠的 7/8 分数次加入坩埚内，用短小的圆头玻璃棒小心搅拌，与试样充分混合后，再用剩下的 1/8 碳酸钠擦洗玻璃棒，并平铺在坩埚内混合物表面，盖上坩埚盖放入高温电炉中，以 900~920 ℃熔融30 min。熔融完全后，取出稍冷，盖好坩埚盖，戴上手套趁热用手轻轻捏动坩埚四周，使熔融物脱离坩埚壁，然后将熔块倒入 250 mL 烧杯(或带把瓷蒸发皿)中。

2. 熔块溶解

用少量热蒸水和少许 1：1 盐酸洗净坩埚，用带橡皮头玻璃棒擦洗坩埚壁，将所有洗液倒入烧杯中，同时盖上表面皿，以防大量二氧化碳气体产生时使溶液溅出杯外。向加盖的烧杯中慢慢地加入 1：1 盐酸溶液 20 mL，使熔块溶解，不可挪动表面皿，将烧杯置于通风柜内 4~8 h，待烧杯中的熔块完全溶解后，用少许水冲洗表面皿及烧杯内壁，将烧杯的 1/2~1/3 浸入预先加热的沸水浴锅中，在通风柜中进行蒸发，蒸至糊状（湿盐）。然后加浓盐酸 20 mL，搅拌后放置过夜；或者在 80~90 ℃水浴上保温 20 min。

3. 湿盐脱硅

将烧杯放入 70~75 ℃水浴锅中，使溶液的温度保持 70 ℃（用温度计测量），然后沿烧杯内壁加入 10 mL 动物胶溶液，并搅拌数次，在 70 ℃下维持 10 min，以便使脱硅完全。

4. 灰化处理

将烧杯取出，趁热用倾泻法快速用无灰滤纸过滤，再用热水或稀盐酸洗至无氯离子为止（用硝酸银溶液检查至无白色沉淀）。将漏斗中的沉淀物连同滤纸包好，放入已称至恒重的铂坩埚内，放在电炉上灰化。开始时温度不宜太高，待其冒黑烟，揭去盖子使其充分氧化，在不冒黑烟时再升高温度，待黑色炭末全部转变为白色或灰白色为止。

5. 灼烧恒重

将坩埚外部污物擦净，放入高温电炉中经 900~920 ℃灼烧 30 min，取出，稍冷后放入干燥器中平衡 20 min，然后称至恒重（二次称量相差不超过 0.3 mg）。同时做空白试验以减去空白质量，扣除即得 SiO_2 质量。

【结果计算】

$$全硅(SiO_2，g/kg) = \frac{m_1 - m_2 - (m_3 - m_4)}{m} \times 1000 \qquad (7\text{-}34)$$

式中 m_1——土样灼烧后沉淀加空坩埚质量(g)；

       m_2——空坩埚质量(g)；

       m_3——空白试验灼烧后沉淀加空坩埚质量(g)；

       m_4——空白试验的空坩埚质量(g)；

       m——烘干土样质量(g)；

       1000——g 换算成 kg 的系数。

【注意事项】

(1) 如用 4 g 碳酸钠熔融时需加盐酸 20 mL，当碳酸钠用量增大时，盐酸用量也要相应增加。

(2) 如果内熔物呈凹形，表里均匀一致，中间无气泡和不熔物，表示熔融完全。若中间不平或出现小孔时，说明没有熔好，可继续熔融 15~20 min。

(3) 如果土壤样品的有机质含量高或还原物质含量很高，必须预先在电炉上经 600~700 ℃开盖灼烧进行氧化，否则对铂坩埚有损害。

(4) 用水和稀盐酸洗坩埚前应先加几滴乙醇，以还原高价锰，防止盐酸被氧化成氯气损害铂坩埚。

(5)不能用浓盐酸溶解熔块，因其易在熔块表面形成一层 SiO_2 薄膜，阻止熔块继续溶解，故通常只用 1 : 1 或 1 : 2 盐酸。

(6)若熔块难以取出时，可向烧杯中加入 10 mL 盐酸后，将烧杯连同坩埚一起放入沸水浴中溶解。

(7)熔块颜色一般为灰色或浅绿色。

(8)在水浴中浓缩时，只能蒸至糊状(湿盐)，切勿蒸干，否则会形成不溶的铁、铝、锰的碱性盐，使 SiO_2 结果偏高。若发生这种情况，需用王水处理。

(9)由于动物胶在 70 ℃ 时活动力最强，而高于 80 ℃ 和低于 60 ℃ 时均会降低其活动能力，因此，动物胶必须在 70~75 ℃ 时新鲜配制。

(10)坩埚放在干燥器中平衡的时间要尽量一致，称量时越快越好。

(11)因为 SiO_2 吸湿性很强，称量时切不能用手直接拿取坩埚，应戴干净手套拿取。

7.7.1.2 氢氧化钾(钠)熔融——动物胶凝聚质量法

【方法原理】

土壤样品采用氢氧化钾(钠)进行熔融，在浓盐酸介质中加入动物胶凝聚硅酸，使硅酸脱水成 SiO_2 沉淀，然后过滤洗涤使其与其他元素分离。沉淀经 920 ℃ 灼烧，称量，即得 SiO_2 含量。

【仪器与设备】

高温电炉、镍坩埚、瓷坩埚。

【试剂配制】

(1)氢氧化钾(钠)、浓盐酸(HCl，$\rho = 1.19$ g/cm³，优级纯)。

(2)盐酸溶液(1 : 5)：量取浓盐酸(HCl，$\rho = 1.19$ g/cm³，优级纯)100 mL，加入到 500 mL 水中混匀。

(3)动物胶溶液($\rho = 10$ g/L)：称取动物胶 1 g，溶于 70~75 ℃ 的 100 mL 水中，此溶液需现用现配。

(4)硝酸银溶液[$\rho(AgNO_3) = 20$ g/L]：称取硝酸银($AgNO_3$)2.0 g 溶于水中，稀释至 100 mL，贮于棕色瓶中。

【操作步骤】

1. 样品熔融

称取通过 0.149 mm 孔径的风干土样 0.5 g(精确至 0.0001 g)于镍坩埚中，加数滴乙醇湿润样品，加粒状氢氧化钾 4.00 g，将坩埚放入高温电炉中，由低温逐渐升温至 700 ℃ 熔融 30 min。

2. 熔块溶解

取出坩埚，稍冷，置于 250 mL 烧杯中，加热水 15~20 mL，盖上表面皿，放置浸提。待反应减弱后，取出坩埚，立即向杯中加入 20 mL 浓盐酸，再用 1 : 5 盐酸溶液和热水洗净坩埚，洗液收入烧杯中。将烧杯置于水浴锅中蒸至湿盐状，加浓盐酸 20 mL，放置过夜。

3. 湿盐脱硅

将烧杯放入 70~75 ℃水浴锅中，使溶液的温度保持 70 ℃（用温度计测量），然后沿烧杯内壁加入 10 g/L 动物胶溶液 10 mL，并搅拌数次，在 70℃下维持 10 min，以便使脱硅完全。

4. 灰化处理

将烧杯取出，趁热用倾泻法快速用无灰滤纸过滤（若需测量铁、铝、钛、锰、钙、镁、钾、磷等元素，可将滤液承接于 250 mL 容量瓶中，冷却后用水定容，测定），再用热水或稀盐酸洗至无氯离子为止（用硝酸银溶液检查至无白色沉淀）。将漏斗中的沉淀物连同滤纸包好，放入已称至恒重的瓷坩埚内，放在通风柜内的电炉上进行灰化处理。开始时温度不宜太高，赶去水分待其冒黑烟时，揭去盖子，在不冒黑烟后升高温度，待黑色炭末全部转变为白色或灰白色时为止。

5. 灼烧恒重

将坩埚外部污物擦净，放入高温电炉中经 900~920 ℃灼烧 30 min，取出，稍冷，放入干燥器中平衡 20 min 后，称至恒重，二次称量相差不超过 0.3 mg 即可。同时做空白试验以减去空白质量，扣除即得 SiO_2 质量。

【结果计算】

$$全硅(SiO_2,g/kg) = \frac{m_1 - m_2 - (m_3 - m_4)}{m} \times 1000 \qquad (7-35)$$

式中　　m_1——土样灼烧后沉淀加空坩埚质量(g)；

　　　　m_2——空坩埚质量(g)；

　　　　m_3——空白试验灼烧后沉淀加空坩埚质量(g)；

　　　　m_4——空白试验的空坩埚质量；

　　　　m——烘干土样质量(g)；

　　　　1000——g 换算成 kg 的系数。

【注意事项】

(1)镍坩埚熔样尽量不超过 700 ℃，以避免大量镍进入溶液，减少坩埚腐蚀，但温度低于 600 ℃时熔样不完全。新镍坩埚使用前最好在 800 ℃左右灼烧 5~10 min。

(2)熔解土样的熔剂，最好用氢氧化钾，因为钾盐比钠盐易于提取，且不易爆溅。

(3)蒸干后加入浓盐酸的量应保持在 20~25 mL，以使硅酸全部以动物胶凝胶状态析出。

(4)由于动物胶在 70 ℃时活动力最强，而高于 80 ℃和低于 60 ℃时均会降低其活动能力，因此，动物胶必须在 70~75 ℃时新鲜配制。

(5)坩埚放在干燥器中平衡的时间要尽量一致，称量时越快越好。

(6)因为 SiO_2 吸湿性很强，称量时切不能用手直接拿取坩埚，应戴干净手套拿取。

7.7.1.3　偏硼酸锂熔融——ICP-AES 法

【方法原理】

土壤样品用偏硼酸锂(1:1 或 1:2 碳酸锂和硼酸混合物)在高温下熔融。熔块在硝酸溶液中，借助磁搅拌器加速溶解，制成待测液，直接通过 ICP 光谱仪测定 SiO_2 含量。

【仪器与设备】

铂坩埚或垫有石墨粉的瓷坩埚、铂坩埚钳、ICP 发射光谱仪。

【试剂配制】

(1)标准溶液:高标采用土壤标准物质(或水系沉积物标准样品)制备标准溶液。低标为试剂空白溶液。

(2)偏硼酸锂($LiBO_2$,优级纯)或 1∶1 碳酸锂(Li_2CO_3,优级纯)与硼酸(H_3BO_3)混合试剂。

(3)石墨粉(光谱纯)。

(4)硝酸溶液$[\varphi(HNO_3)=4\%]$:量取浓硝酸(HNO_3,$\rho=1.42$ g/cm^3,优级纯)40 mL,用水稀释至 1 L。

【操作步骤】

1. 待测液制备

称取过 0.149 mm 孔径筛的风干土样 0.0500 g 与偏硼酸锂(或 1∶1 碳酸锂与硼酸混合熔剂)0.2 g,置于直径为 7 cm 定量滤纸中,充分混匀,捏成小团,放入瓷坩埚内石墨粉的凹穴中,将坩埚放入马弗炉中,升温至 950 ℃,并保持 15 min,然后降至 300 ℃时取出坩埚,防止熔球滚动出穴。冷却后,用镊子将熔球摄入盛有 4%硝酸溶液的烧杯中,立即加入封闭式磁性转子,将烧杯置于磁力搅拌器上搅动至完全溶解。然后将溶液转入50 mL 容量瓶中,用 4%硝酸溶液定容,即为待测液。

土样也可用铂坩埚进行熔融,步骤为:称取过 0.149 mm 孔径筛的风干土样0.0500 g 于铂坩埚中,加入偏硼酸锂(或 1∶1 碳酸锂与硼酸混合熔剂)0.2 g,用圆头玻璃棒混匀。将坩埚放入马弗炉中,升温至 950 ℃保持 15 min 后,立即取出铂坩埚,然后将坩埚底部放在去离子水中冷却,使熔块骤冷呈龟裂状。随后加少量 4%硝酸溶液于坩埚中,再放入封闭式磁性转子,将坩埚放置在搅拌器上搅拌至内熔物完全溶解,再转移到 50 mL 容量瓶中,用 4%硝酸溶液定容,即为待测液。

2. 测定

选择与待测样品基体元素相匹配的土壤标准物质(或水系沉积物标准样品),制备标准溶液,以硅含量的推荐值为高标,试剂空白为低标,然后吸取待测液直接测定其结果。

【结果计算】

$$全硅(SiO_2,g/kg)=\omega \times \frac{1000}{1000-W} \tag{7-36}$$

式中　ω——仪器读取的 SiO_2 浓度(g/kg);

　　　W——风干土样的水分含量(g/kg);

【注意事项】

(1)石墨粉必须充满瓷坩埚的 4/5 处,否则高温下,瓷坩埚中的硅挥发,造成样品硅的测定结果偏高。

(2)坩埚要放置在高温炉的中部,以使温度均匀,且防止污染。

(3)分析土样不可用灼烧土,因灼烧土在瓷坩埚中经过灼烧,在高温下瓷坩埚中硅易挥发，污染了灼烧土。

(4)熔融物呈球状，应趁热放入硝酸溶液中，以使球状物爆裂，并立即不断搅动，尽快溶解，否则熔融物的表层形成氧化膜很难溶解。

(5)选择标准物质，要与测试样品基体成分相类似，且硅的含量要高，这样才能扩大测定的线性范围。

(6)熔剂与土样量的比，因土类不同而异，含铁、铝高的砖红壤和红壤可加大比例。

(7)配制溶液需要用二次去离子水或亚沸水。

(8)待测液浓度不能超过 5 mg/mL，若超过则需稀释。

7.7.2 土壤有效硅的测定

【分析意义】

作物中含硅多少可影响细胞壁的厚薄。不同作物硅的含量各异，如豆科作物及种子含硅量在 1 g/kg 以下；禾本科作物的茎秆含硅量较高，如稻草中含硅量可高达 10～100 g/kg。土壤有效硅是作物吸收土壤中硅素的主要形式，如果土壤硅素供应充足可防止作物倒伏，所以测定土壤特别是水稻土中有效硅的含量非常重要。

【方法选择】

土壤有效硅通常用弱酸或弱碱提取，浸提剂有酸性草酸–草酸钠溶液、pH=4.0 乙酸–乙酸钠缓冲液、0.025 mol/L 或 1%柠檬酸溶液和 0.01 mol/L 硫酸溶液等，这些浸提剂所提取的有效硅量，与水稻吸收硅肥的相关性较好，能反映出我国南方及长江流域的酸性、中性乃至微碱性水稻土的有效硅水平。浸出液中的硅离子一般采用硅钼蓝比色法或硅钼黄比色法测定，其中：硅钼蓝比色法的灵敏度高，稳定性好，而硅钼黄法仅稳定 30 min。

7.7.2.1 柠檬酸浸提——硅钼蓝比色法

【方法原理】

用 0.025 mol/L 柠檬酸溶液作浸提剂，浸出的硅在一定酸度条件下与钼试剂生成硅钼酸，用草酸作为掩蔽剂消除磷的干扰后，硅钼酸被抗坏血酸还原成硅钼蓝，在 700 nm 处，蓝色深浅与硅离子浓度呈正比，从而测得有效硅的含量。

【仪器与设备】

分光光度计、恒温振荡机。

【试剂配制】

(1)无水碳酸钠(Na_2CO_3)。

(2)柠檬酸浸提剂 $[c(C_6H_8O_7)=0.025 \text{ mol/L}]$：称取柠檬酸($C_6H_8O_7 \cdot H_2O$)5.25 g 溶于水中，稀释至 1 L。

(3)硫酸溶液 $[c(1/2H_2SO_4)=0.6 \text{ mol/L}]$：吸取浓硫酸($H_2SO_4$，$\rho=1.84 \text{ g/cm}^3$)16.6 mL，缓缓加入到约 800 mL 水中，再稀释至 1 L。

(4)硫酸溶液 $[c(1/2H_2SO_4)=6 \text{ mol/L}]$：量取浓硫酸($H_2SO_4$，$\rho=1.84 \text{ g/cm}^3$)166 mL 缓缓加入到约 800 mL 水中，再稀释至 1 L。

（5）钼酸铵溶液 $\{\rho[(NH_4)_6Mo_7O_{24}\cdot4H_2O]=50\ g/L\}$：称取钼酸铵 $[(NH_4)_6Mo_7O_{24}\cdot4H_2O]$ 50.00 g 溶于约 800 mL 60 ℃ 水中，冷却后稀释至 1 L。

（6）草酸溶液 $[\rho(H_2C_2O_4\cdot2H_2O)=50\ g/L]$：称取草酸 $(H_2C_2O_4\cdot2H_2O)$ 50.00 g 溶于约 800 mL 水中，稀释至 1 L。

（7）抗坏血酸溶液 $[\rho(C_6H_8O_6)=15\ g/L]$：称取抗坏血酸（左旋，$C_6H_8O_6$）1.50 g，用 6 mol/L 硫酸溶液溶解并稀释至 100 mL。此液需现用现配。

（8）硅标准贮备液 $[\rho(Si)=500\ \mu g/mL]$：称取经 920 ℃ 灼烧过的二氧化硅（SiO_2，优级）0.5347 g 放于铂坩埚中，加入无水碳酸钠（Na_2CO_3，优级纯）4.0 g 搅匀，在 920 ℃ 高温电炉中熔融 30 min，取出稍冷，熔块用热水溶解，洗入 500 mL 容量瓶中，定容后立即倒入塑料瓶中存放。

（9）硅标准溶液 $[\rho(Si)=50\ \mu g/mL]$：吸取 500 $\mu g/mL$ 硅标准贮备液 10 mL，定容至 100 mL 容量瓶中。

【操作步骤】

1. 待测液制备

称取过 2 mm 孔径筛的风干土样 10.00 g 于 250 mL 塑料瓶中，加 0.025 mol/L 柠檬酸浸提剂 100.0 mL，塞好瓶塞，摇匀，放入预先调至 30 ℃ 恒温振荡机中保温 5 h，每隔 1 h 摇动一次，取出后用干滤纸过滤，弃去初始滤液几毫升，然后保留滤液作为待测液。

2. 标准曲线绘制

分别吸取 50 $\mu g/mL$ 硅（Si）标准溶液 0.00 mL、0.25 mL、0.50 mL、1.00 mL、1.50 mL、2.00 mL、2.50 mL 于 50 mL 容量瓶中，用水稀释至约 15 mL，依次加入 0.6 mol/L 硫酸溶液 5 mL，在 30~35 ℃ 下放置 15 min，然后加入 50 g/L 钼酸铵溶液 5 mL，摇匀后放置 5 min，再依次加入 50 g/L 草酸溶液 5 mL 和 15 g/L 抗坏血酸溶液 5 mL，用水定容，摇匀后放置 20 min，此标准系列溶液硅的浓度分别为 0.00 $\mu g/mL$、0.25 $\mu g/mL$、0.50 $\mu g/mL$、1.00 $\mu g/mL$、1.50 $\mu g/mL$、2.00 $\mu g/mL$、2.50 $\mu g/mL$。然后在分光光度计上 700 nm 波长处用 1 cm 比色测定，绘制标准曲线或拟合回归方程。

3. 测定

吸取待测液 1~5 mL［含硅（Si）10~125 μg］于 50 mL 容量瓶中，用水稀释至 15 mL，加入 0.6 mol/L 硫酸溶液 5 mL，在 30~35 ℃ 下放置 15 min，然后加入 50 g/L 钼酸铵溶液 5 mL，摇匀后放置 5 min，再依次加入 50 g/L 草酸溶液 5 mL 和 15 g/L 抗坏血酸溶液 5 mL，用水定容，摇匀后放置 20 min，随后在分光光度计上 700 nm 波长处用 1 cm 比色皿测定。同时做空白试验。

【结果计算】

$$有效硅(Si,\ mg/kg)=\frac{\rho\times V\times t_s}{m\times1000}\times1000 \tag{7-37}$$

式中　ρ——标准曲线或回归方程求得硅的质量浓度（$\mu g/mL$）；

　　　V——测定时定容体积，50 mL；

　　　t_s——分取倍数，100/（1~5）；

　　　m——风干土样的质量（g）；

10^3 与 1000——μg 换算成 mg 和 g 换算成 kg 的系数。

【注意事项】

(1)酸度对硅钼黄和硅钼蓝的生成和稳定时间有很大影响,所以要严格控制酸度。硫酸溶液在 $c(1/2H_2SO_4) = 0.06 \sim 0.35$ mol/L 范围内,硅钼黄颜色比较稳定,在 $c(1/2H_2SO_4) = 0.6 \sim 9.0$ mol/L 范围内,硅钼蓝颜色比较稳定。

(2)硅(Si)标准溶液必须以碱性溶液保存在塑料瓶中。若以中性溶液贮存,硅的浓度将会随时间的延长而逐渐降低。

(3)浸提时间以及浸提温度对测定结果影响很大,需严格控制。

(4)生成的硅钼蓝稳定时间受温度影响很大,因此,从加入钼酸铵溶液到加入草酸溶液之间的时间间距应视温度而定。一般温度在 20 ℃时,时间间距为 10 min;15 ℃以下时,需放置 15 ~ 20 min;30 ℃以上时,不应超过 5 min。本法统一规定为:在加入 0.6 mol/L 硫酸溶液后于 30~35 ℃保温 15 min,加入酸后摇匀放置 5 min,以保证结果重现性好。

(5)不同浸提剂浸出土壤有效硅的差别较大。对于我国南方水稻土而言,用 pH 4.0 乙酸盐缓冲液浸提,浸出量多为 14 ~ 140 mg/kg(Si);用 0.025 mol/L 柠檬酸浸提,一般可浸出 37 ~ 230 mg/kg(Si),因此,预示硅肥能否增产的临界指标也应不同。根据相关试验结果显示用柠檬酸浸提测出的土壤有效硅低于 56 mg/kg (Si) 或 120 mg/kg(SiO$_2$)时,硅肥对水稻增产效果明显;用乙酸盐缓冲液浸提测得的有效硅小于 23 mg/kg(Si) 或 50 mg/kg(SiO$_2$)时,硅肥增产效果比较显著。

7.7.2.2 乙酸盐缓冲液浸提——硅钼蓝比色法

【方法原理】

用 pH = 4.0 乙酸-乙酸钠缓冲液作浸提剂,在一定的酸性溶液中,与钼酸铵反应生成可溶性的黄色硅钼杂多酸,用草酸等掩蔽剂除去磷的干扰后,硅钼酸可被抗坏血酸等还原剂还原为硅钼蓝,在 700 nm 波长处,蓝色深浅与硅离子浓度呈正比,从而测得硅的含量。

【仪器与设备】

分光光度计、恒温振荡机。

【试剂配制】

(1)无水碳酸钠(Na$_2$CO$_3$)。

(2)pH 4.0 乙酸-乙酸钠缓冲液:量取冰乙酸(CH$_3$COOH)49.2 mL,加入乙酸钠(CH$_3$COONa)14.0 g,加水溶解,稀释至 1 L。用 1 mol/L 乙酸及 1 mol/L 氢氧化钠调节至 pH = 4.0。

(3)硫酸溶液[$c(1/2H_2SO_4) = 0.6$ mol/L]:量取浓硫酸(H$_2$SO$_4$,$\rho = 1.84$ g/cm^3)16.6 mL,缓缓加入到约 800 mL 水中,再稀释至 1 L。

(4)硫酸溶液[$c(1/2H_2SO_4) = 6$ mol/L]:量取浓硫酸(H$_2$SO$_4$,$\rho = 1.84$ g/cm^3)166 mL,缓缓加入到约 800 mL 水中,再稀释至 1 L。

(5)钼酸铵溶液{$\rho[(NH_4)_6Mo_7O_{24} \cdot 4H_2O] = 50$ g/L}:称取钼酸铵[(NH$_4$)$_6$Mo$_7$O$_{24}$ ·

$4H_2O$] 50.00 g 溶于约 800 mL 60 ℃水中，冷却后稀释至 1 L。

(6)草酸溶液[$\rho(H_2C_2O_4 \cdot 2H_2O) = 50$ g/L]：称取草酸($H_2C_2O_4 \cdot 2H_2O$)50.00 g 溶于约 800 mL 水中，稀释至 1 L。

(7)抗坏血酸溶液 [$\rho(C_6H_8O_6) = 15$ g/L]：称取抗坏血酸(左旋，$C_6H_8O_6$)1.50 g，用 6 mol/L 硫酸溶液溶解并稀释至 100 mL。此液需现用现配。

(8)硅标准贮备液[$\rho(Si) = 500$ μg/mL]：称取经 920 ℃灼烧过的二氧化硅(SiO_2，优级纯) 0.5347 g 放于铂坩埚中，加入无水碳酸钠(Na_2CO_3，优级纯)4.0 g 搅匀，在 920 ℃ 高温电炉中熔融 30 min，取出稍冷，熔块用热水溶解，洗入 500 mL 容量瓶中，定容后立即倒入塑料瓶中存放。

(9)硅标准溶液[$\rho(Si) = 50$ μg/mL]：吸取 500 μg/mL 硅标准贮备液 10 mL，定容至 100 mL 容量瓶中。

【操作步骤】

1. 待测液制备

称取过 2 mm 孔径筛的风干土样 10.00 g 于 250 mL 塑料瓶中，加入乙酸-乙酸钠缓冲液 100 mL，塞好瓶塞，摇匀，置于预先调至 40 ℃恒温振荡机中保温 5 h，每隔 1 h 摇动一次，取出后用干滤纸过滤，弃去初始滤液几毫升，然后保留滤液作为待测液。

2. 标准曲线绘制

分别吸取 50 μg/mL 硅(Si)标准溶液 0.00 mL、0.25 mL、0.50 mL、1.00 mL、1.50 mL、2.00 mL、2.50 mL 于 50 mL 容量瓶中，用水稀释至约 15 mL，依次加入 0.6 μg/mL 硫酸溶液 5 mL，在 30~35 ℃下放置 15 min，然后加 50 g/L 钼酸铵溶液 5 mL，摇匀后放置 5 min，再依次加入 50 g/L 草酸溶液 5 mL 和 15 g/L 抗坏血酸溶液 5 mL，用水定容，摇匀后放置 20 min，此标准系列溶液硅的浓度分别为 0.00 μg/mL、0.25 μg/mL、0.50 μg/mL、1.00 μg/mL、1.50 μg/mL、2.00 μg/mL、2.50 μg/mL。然后在分光光度计上 700 nm 波长处用 1 cm 比色测定，绘制标准曲线或计算回归方程。

3. 测定

吸取待测液 1~5 mL[含硅(Si)10~125 g]于 50 mL 容量瓶中，用水稀释至 15 mL，加入 0.6 mol/L 硫酸溶液 5 mL，在 30~35 ℃下放置 15 min，然后加 50 g/L 钼酸溶液 5 mL，摇匀后放置 5 min，再依次加入 50 g/L 草酸溶液 5 mL 和 15 g/L 抗坏血酸溶液 5 mL，用水定容，摇匀后放置 20 min，随后在分光光度计上 700 nm 波长处用 1 cm 比色皿测定。同时做空白试验。

【结果计算】

$$有效硅(Si, \ mg/kg) = \frac{\rho \times V \times D}{m \times 10^3} \times 1000 \tag{7-38}$$

式中 ρ——标准曲线或回归方程求得硅的质量浓度(μg/mL)；

V——测定液定容体积，50 mL；

10^3 与 1000——μg 换算成 mg 和 g 换算成 kg 的系数；

D——分取倍数，100/(1~5)；

m——风干土样质量(g)。

【注意事项】

浸提和比色过程中的注意事项同柠檬酸浸提法。

7.8 土壤硒的测定

硒是对植物生长有益的营养元素。由于硒在自然界的循环，使土壤硒与动植物硒营养相连接，并通过食物链与人类健康相联系。硒也是人体生理必需的微量元素之一，人体缺硒可引起多种疾病，如人类的克山病、大骨节病、心血管病、癌症、婴幼儿猝死及牲畜白肌病的发病率和死亡率均与缺硒有密切关系。硒在土壤中的形态和转化，以及对生物和人类影响的研究日益引起人们的关注，测定土壤中的硒，对改善土壤环境、防治地方性缺硒症具有重要意义。

7.8.1 土壤全硒的测定

【测定意义】

土壤硒的含量取决于母质、土壤形成因素和发育过程以及土壤性质等，土壤腐殖质、黏土矿物、铁的化合物等对硒有明显的吸附固定作用。土壤中的硒包括元素硒、亚硒酸盐、硒酸盐和有机硒等多种形态，具体是以 SeO_4^{2-}、SeO_3^{2-}、SeO、Se^{2-} 4 种价态存在，它们随土壤氧化还原状况的改变而相互转换。其中，氧化态的 SeO_4^{2-} 和 SeO_3^{2-} 是植物可直接利用的，还原态的 SeO 和 Se^{2-} 因不溶于水而不被植物吸收。土壤中能被植物吸收的硒的部分为土壤有效态硒。

土壤中的硒多用硝酸—高氯酸消解，消解液中的硒用氢化物—原子荧光光谱法、氢化物—原子吸收光谱法和荧光光谱法测定，其中：氢化物—原子荧光光谱法测定硒具有灵敏度高、线性范围宽、重现性好等优点；氢化物—原子吸收光谱法干扰因素小，被普遍采用；荧光比色法仍是一种常用方法。现以氢化物—原子荧光光谱法为例介绍。

【方法与原理】

土壤样品经硝酸-高氯酸混合酸加热消化后，在盐酸介质中，样品中的六价硒还原成四价硒；用硼氢化钠或硼氢化钾作还原剂，将四价硒在盐酸介质中还原成硒化氢 H_2Se，由载气(氩气)带入原子化器中进行原子化，在硒空心阴极灯照射下，基态硒原子被激发至高能态，在去活化回到基态时，发射出特征波长的荧光，其荧光强度与硒含量呈正比，通过与标准工作浓度比较即可定量。

【仪器与设备】

(1)氢化物—原子荧光光谱仪，带硒元素空心阴极灯。

(2)自动控温消煮炉。

(3)水浴锅。

【试剂配制】

(1)浓硝酸(HNO_3，$\rho = 1.42g/cm^3$，优级纯)。

(2)高氯酸[$W(HClO_4) = 70\%$优级纯]。

(3)浓盐酸(HCl，$\rho = 1.19\ g/cm^3$ 优级纯)。

（4）硝酸—高氯酸混合酸（3∶2）：量取硝酸（HNO_3，$\rho = 1.42\ g/cm^3$，优级纯）300 mL 和高氯酸$[W(HClO_4) = 70\% \sim 72\%$优级纯$]$200 mL 混合。

（5）盐酸溶液（1∶1）：量取浓盐酸（HCl，$\rho = 1.19\ g/cm^3$，优级纯）100 mL，缓缓倒入 100 mL 水中，混匀。

（6）硼氢化钾溶液$[\rho(KBH_4) = 8\ g/L]$：称取氢氧化钠（NaOH）2 g 溶于 200 mL 水中至完全溶解，加入硼氢化钾（KBH_4）4 g，稀释至 500 mL。

（7）硒标准贮备液$[\rho(Se) = 100\ \mu g/mL]$：称取高纯硒粉 0.1000 g 放入 100 mL 烧杯中，加入硝酸（HNO_3，1.42 g/cm^3，优级纯）10 mL 于水浴上溶解，转移至 1000 mL 容量瓶中，用水定容。或直接使用 100 g/mL 硒元素标准溶液（国家标准物质中心）。

（8）硒标准溶液$[\rho(Se) = 500\ ng/mL]$：吸取 100 $\mu g/mL$ 硒标准贮备液 5.00 mL，用水定容至 1 L。

【操作步骤】

1. 待测液制备

称取通过 0.149 mm 孔径筛的风干土样 1.0 g（精确至 0.0001 g）于 100 mL 三角瓶中，加入硝酸-高氯酸混合酸 15 mL，盖上小漏斗，放置过夜。翌日，于 160 ℃ 自动控温消煮炉上，消化至无色或灰白色，继续消化至冒白烟后，在 1~2 min 内取下稍冷，向三角瓶中加入 1∶1 盐酸溶液 10 mL，置于沸水浴中加热 10 min，取下三角瓶，冷却至室温，用水将消化液转入 50 mL 容量瓶中，定容，摇匀。同时做空白试验。

2. 标准曲线绘制

分别吸取 500 ng/mL 硒标准溶液 0.000 mL、0.100 mL、0.200 mL、0.400 mL、0.600 mL、0.800 mL 到 50 mL 容量瓶中，加水定容，摇匀，即为 0.00 ng/mL、1.00 ng/mL、2.00 ng/mL、4.00 ng/mL、6.00 ng/mL、8.00 ng/mL 硒标准系列溶液。各吸硒标准系列溶液 20.00 mL，使硒含量分别为 0.00 ng、20.00 ng、40.00 ng、80.00 ng、120.00 ng、160.00 ng 于氢化物发生器中，盖好磨口塞，按仪器要求操作，记录荧光信号峰值。用荧光信号峰值和与之对应的硒含量绘制标准曲线或计算回归方程。

3. 测定

吸取 10.00~20.00 mL 还原定容后的待测液，在与测定硒标准工作溶液相同的条件下，测定待测液的荧光信号峰值。

【结果计算】

$$全硒(Se, mg/kg) = \frac{(m_1 - m_0) \times t_s \times 10^3}{m \times 10^6} \qquad (7\text{-}39)$$

式中　m_1——标准曲线或回归方程求得待测液中硒的质量（ng）；

　　　m_0——空白试验测得硒的质量（ng）；

　　　m——烘干土样的质量（g）；

　　　t_s——分取倍数，50/（10~20）；

　　　10^3 与 10^6——g 换算成 kg 和 ng 换算成 mg 的系数。

【注意事项】

（1）试液消煮时要严格控制消煮温度，过度加热会使硒损失。

(2)还原剂硼氢化钾要现用现配。

(3)标准工作溶液的浓度范围可根据样品中硒含量的多少和仪器灵敏度高低适当调整。

7.8.2 土壤水溶态硒的测定

【测定意义】

土壤全硒一般不能很好地反映土壤对植物的供硒水平，只能作为土壤硒的容量指标。土壤中能被植物吸收的硒主要是水溶态硒、可交换态硒和部分有机态硒，具体以有机硒、硒酸盐和亚硒酸盐形式被植物吸收利用。Olson 等较早研究了土壤硒对植物有效性问题，证实土壤硒的有效性决定于水溶性硒的数量。Nye 等研究发现水溶性硒和植物摄硒量显著相关，认为水溶性硒可作为土壤硒有效性的评价指数，因此测定土壤水溶态硒可以反映土壤中对植物有效硒的含量。

【方法与原理】

土壤水溶态硒用沸水提取，溶液中的硒用氢化物—原子荧光光谱法和荧光光度法测定，其中：氢化物—原子荧光光谱法测定硒具有灵敏度高、线性范围宽、重现性好等优点。现介绍沸水提取氢化物—原子荧光法。

土壤样品经沸水提取后，与还原剂硼氢化钾发生氢化反应，生成硒化氢气体。用氩气做载气将硒化氢气体导入石英炉中进行原子化，分解为原子态硒，在受到光源特征辐射线的照射激发下产生原子荧光，产生的荧光强度与溶液中硒的浓度成正比，用标准曲线法定量。

【仪器与设备】

氢化物—原子荧光光谱仪、附带硒元素空心阴极灯。

【试剂配制】

(1)硼氢化钾溶液[$\rho(KBH_4) = 20$ g/L]：称取氢氧化钠(NaOH)5.0 g 溶于水中，溶解后加入硼氢化钾(KHB_4)20.0 g，加纯水至 1000 mL。

(2)盐酸[$\varphi(HCl) = 5\%$]：量取浓盐酸(HCl，$\rho = 1.19$ g/cm³，优级纯)50 mL，用水稀释至 1 L。

(3)硒标准贮备液[$\rho(Se) = 100$ μg/mL]：称取高纯硒粉 0.1000 g 于 100 mL 烧杯中，加入浓硝酸(HNO₃，$\rho = 1.42$ g/cm³ 优级纯)10 mL，于水浴上溶解，移入 1000 mL 容量瓶中，用水定容。

(4)硒标准溶液 [$\rho(Se) = 500$ ng/mL]：吸取 100 μg/mL 硒标准贮备液 5.00 mL，用水定容至 1 L。

【操作步骤】

1. 待测液制备

称取过 2 mm 孔径筛的风干土样 20 g(精确至 0.001 g)放入 250 mL 具塞三角瓶中，加水 100 mL，加塞振荡 5 min 后，置沸水浴中加热 30 min，静置过夜，过滤或离心。

2. 标准系列溶液制备

分别吸取 500 ng/mL 硒标准溶液 0.000 mL、0.100 mL、0.200 mL、0.400 mL、

0.600 mL、0.800 mL 到 50 mL 容量瓶中，加水定容，摇匀，即为 0 ng/mL、1.00 ng/mL、2.00 ng/mL、4.00 ng/mL、6.00 ng/mL、8.00 ng/mL 硒标准系列溶液。

3. 测定

按照仪器操作要求，以 5% 盐酸溶液为载流 20 g/L 硼氢化钾溶液为还原剂，分别测定标准系列溶液和待测液的荧光强度，用标准系列溶液的荧光强度和相应浓度绘制标准曲线或计算回归方程，最后求得待测液中硒的含量。

【结果计算】

$$水溶硒(Se,\ mg/kg) = \frac{\rho \times V \times 10^3}{m \times 10^6} \qquad (7\text{-}40)$$

式中　ρ——标准曲线或回归方程求得硒的浓度(ng/mL)；

　　　V——待测液体积，100 mL；

　　　m——风干土样质量(g)；

　　　10^3 与 10^6——g 换算成 kg 和 ng 换算成 mg 的系数。

【注意事项】

(1) 硼氢化钾还原剂要现用现配。

(2) 原子荧光光度计参数设置为

负高压 340 V、灯电流 100 mA、原子化器高度 8 mm、载气流量 300 mL/min、屏蔽气流量 700 mL/min，具体根据所使用仪器而选择最佳参数。

复习思考题

1. 土壤有效氮有哪些形态？为什么测定土壤有效氮特别困难？

2. 在土样消煮时，为什么在消煮液澄清后，还需要继续消煮一段时间？

3. 为什么说消煮过程包括氧化和还原两个过程？简述加速剂的主要作用。硫酸钾在消煮过程中的作用是什么？

4. 在蒸馏出 NH_3 的接收瓶中，如何计算应该加硼酸液量？设土壤样品 10 g，含氮量为 0.2%，计算 5 mL 2% 的硼酸是否足够？

5. 酚二磺酸法测定硝态氮应注意什么问题？

6. 如何选择合适的土壤有效磷浸提剂？为什么 0.5 mol/L NaHCO₃ 是石灰性土壤有效磷的较好的浸提剂？钼锑抗法的显色条件是什么？

7. HCl-NH₄F 法浸提出来的磷主要是什么形态磷？

8. 讨论影响土壤有效磷浸提的因素。

9. 如何确定土壤有效磷的指标？

10. 用哪些数据来衡量土壤磷的供应能力？

11. 简述土壤中钾的形态。

12. 简述测定土壤全钾的意义。

13. 土壤钙、镁的形态可分哪几种？

14. 简述测定土壤钙、镁全量的意义。

第8章

土壤生物活性分析

本章介绍了土壤呼吸强度、微生物数量及微生物量、与土壤养分转化相关酶活性分析方法，还介绍了土壤动物(蚯蚓、线虫)样本采集与观察。土壤微生物量测定上，采用氯仿熏蒸法，分别介绍了土壤微生物量碳、氮、磷的测定；土壤酶活性测定上，分别介绍了土壤脲酶、磷酸酶、过氧化氢酶、蛋白酶和硫酸酯酶的测定。

8.1 土壤呼吸强度的测定

【测定意义】

土壤空气的变化主要是氧的消耗和二氧化碳的累积。土壤空气中二氧化碳浓度大，对作物根系生长不利，若排出二氧化碳，不仅可消除二氧化碳对根系的不利影响，而且可促进作物的光合作用。因此，反映土壤释放 CO_2 能力的一个重要指标为土壤呼吸强度。

土壤中的生命活动，包括根系呼吸及微生物活动，是产生二氧化碳的主要来源，因此，测定土壤呼吸强度也可反映土壤中生物活性，可作为土壤肥力的一项衡量指标。

【方法与原理】

测定土壤释放 CO_2 的方法一般分为微气象方法和箱法。

1. 微气象方法(micrometeorological method)

它是建立在气象学基础上的测定方法，主要根据气温、地温、风向、风速、太阳辐射等气象因素来推算土壤二氧化碳通量，适于大范围、中长期定位观测。

2. 箱法测定(chamber method)

包括静态箱法和动态箱法。

(1)静态箱法

静态箱法又分为碱液吸收和气相色谱法：①静态箱—碱液吸收法是一种应用最早的化学方法。测量者把盛有碱溶液的容器敞口置于一个下端开口的采集箱里，将采集箱扣在待测样地上，一段时间后取出进行酸碱滴定，计算该段时间、该面积上土壤 CO_2 通量。该方法简单易行，技术成熟，不要求昂贵的仪器设备，可多点测定。②静态箱法—气相色谱法：用密封的、下端开口的采集箱罩在地面上一段时间，在箱内收集 CO_2 气体。然后用注射器采集箱内收集的气体样品，用气相色谱(GC)测定 CO_2 的浓度，进而推算该段时间、该地点土壤 CO_2 通量。

（2）动态箱法

用不含 CO_2 或已知 CO_2 浓度的气体，以一定速率经过覆盖在土壤表面的箱体后，用红外线气体分析仪测量流出气体 CO_2 浓度，根据进出箱体 CO_2 浓度的变化，计算土壤 CO_2 通量。

本实验主要介绍静态箱—碱液吸收法。

【仪器与设备】

广口瓶、采集箱（正方体形，一端开口，以 30 cm×30 cm×30 cm 为宜）、酸式滴定管。

【试剂配制】

（1）1.0 mol/L NaOH：称取 40.0 g 氢氧化钠（NaOH，分析纯），溶于 1 L 去离子水中。

（2）0.5 mol/L HCl 标准溶液：量取约 42 mL 的盐酸（HCl，ρ＝1.19 g/mL，分析纯），放入 1000 mL 容量瓶中，用去离子水稀释至刻度，并用 Na_2CO_3 标定其准确浓度。

（3）1.0 mol/L $BaCl_2$ 溶液：称取 244.28 g 氯化钡（$BaCl_2 \cdot 2H_2O$，分析纯），溶于 1 L 去离子水中。

（4）酚酞指示剂：0.5 g 酚酞溶于 50 mL 95% 乙醇中，再加 50 mL 去离子水，滴加氢氧化钠溶液[$c(NaOH)$＝0.01 mol/L]至指示剂呈极淡的红色。

【操作步骤】

1. 收集 CO_2

选好测定地点后，从装有 1.0 mol/L NaOH 溶液的试剂瓶中倒出 100 mL，放入 200 mL 烧杯中，迅速放在测定地面，并立即罩上采集箱。采集箱下端需插入土壤 2 cm 深，收集气体 2 h。

2. 转移

收集结束后，立即将 NaOH 溶液转移至 250 mL 容量瓶中，并反复用蒸馏水冲洗烧杯直至完全，定容至刻度。

3. 滴定

准确吸取 30 mL 溶液于 150 mL 三角瓶中，加入 10 mL 1.0 mol/L $BaCl_2$ 溶液及 2 滴酚酞指示剂，用 0.500 mol/L HCl 标准溶液滴定至终点（粉红色变为无色）。记录样品和空白所需 HCl 用量。

【结果计算】

$$F_{CO_2-C} = (V_1 - V_2) \times c \times M \times 10\,000 \times t_s / (A \times t) \tag{8-1}$$

式中 F_{CO_2-C}——CO_2–C 通量[mg · /(m² · h)]；

      V_1——土样滴定时所消耗的盐酸体积(mL)；

      V_2——无土空白对照滴定时所消耗的盐酸体积(mL)；

      c——盐酸标准溶液浓度(mol/L)；

      M——碳的毫摩尔质量，12 mg/mmol；

      t_s——分取倍数，250/30；

      10 000——面积转换，cm² 换算为 m² 的系数；

　　A——面积，900 cm^2；

　　t——时间，2 h。

【注意事项】

（1）采样箱的密封性一定要好，以防空气中 CO_2 进入而影响测定。

（2）取出采样箱中装有 NaOH 的烧杯时要迅速，及时加入 $BaCl_2$ 溶液，及时转移进容量瓶中，尽量避免空气中 CO_2 溶解进入待测液体。

（3）当土壤 CO_2 释放量较小时，收集时间可适当延长。

（4）地面起垄时，采集箱可做成长方体，以适合垄沟宽度。

8.2　土壤微生物量测定（氯仿熏蒸法）

8.2.1　土壤微生物量碳测定

【测定意义】

土壤微生物量碳（MBC）是指土壤中体积小于 5~10 μm、活的和死的微生物体内碳总和，是土壤有机态碳中最为活跃的部分。作为土壤活性碳的一部分，微生物量碳一般只占土壤总有机碳的 3%（1%~4%）。土壤微生物量碳与土壤中的 C、N、P、S 等养分循环密切相关，其变化可直接或间接地反映土壤耕作措施和土壤肥力的变化。目前测定土壤微生物碳常用的方法是氯仿熏蒸浸提法（FE）。

土壤微生物量碳是土壤中所有微生物体含有碳素的总量，其中并没有区分碳来自土壤微生物类群的比例，因此，MBC 也可以代表土壤中微生物生物体的总量。

【方法与原理】

土壤经氯仿熏蒸处理后，微生物被杀死，造成细胞破裂，使细胞内容物释放到土壤中，导致土壤中可提取的碳、氨基酸、氮、磷和硫等大幅度增加。利用浸提剂将土壤中可提取碳提取出来，通过对比熏蒸土壤和对照土壤可浸提碳差值，并经浸提效率修正，可计算出土壤微生物含碳量。

【仪器与设备】

培养箱、真空干燥器、真空泵、往复式振荡机（速率 200 r/min）、冰柜、磷酸浴或沙浴。

【试剂配制】

（1）16.67 mmol/L $K_2Cr_2O_7$：准确称取 4.903 g $K_2Cr_2O_7$（分析纯，130 ℃下烘干 3~4 h）于 250 mL 烧杯中，加少量水溶解，然后洗入 1000 mL 容量瓶中，定容摇匀。

（2）0.05 mol/L $FeSO_4$ 溶液：称取 6.951 g $FeSO_4 \cdot 7H_2O$（分析纯）于 250 mL 烧杯中，加少量水溶解，然后洗入 500 mL 容量瓶中，缓慢加入 30 mL 3 mol/L H_2SO_4，定容至 500 mL，摇匀，储于棕色瓶中。

（3）邻菲罗啉指示剂：1.485 g 邻菲罗啉和 0.695 g $FeSO_4 \cdot 7H_2O$ 溶于 100 mL 蒸馏水中。

（4）浓硫酸：98% 的 H_2SO_4。

(5)去乙醇氯仿：市售氯仿都含有乙醇(作为稳定剂)，使用前必须将其除去乙醇。量取 500 mL 氯仿于 1000 mL 分液漏斗中，加入 50 mL 硫酸溶液[$\rho(H_2SO_4) = 5\%$]，充分摇匀，弃除上层硫酸溶液，如此进行重复操作 3 次。再加入 50 mL 去离子水，同上摇匀，弃去上部的水分，如此进行反复 5 次。将下层氯仿转移至蒸馏瓶中，在 62 ℃水浴中蒸馏，馏出液存放于棕色瓶中，并加入约 20 g 无水 K_2CO_3，在冰箱的冷藏室中保存备用。

(6)0.5 mol/L K_2SO_4 提取剂：43.57 g 硫酸钾(分析纯)，溶于 1 L 去离子水。

(7)防爆瓷片：瓷片打碎后过 1 mm 和 2.5 mm 筛，取 1~2.5 mm 粒径颗粒。

【操作步骤】

(1)样品预处理：新鲜土壤样品立即去除植物残体、根系和可见土壤动物等，迅速过 2 mm 筛。如果土壤太湿无法过筛，进行晾干时，必须经常翻动土壤，避免局部风干导致微生物死亡。如需放置一段时间，在低温下(2~4 ℃)最好不要超过 10 d。新鲜或冷藏样品达室温后，如果土壤过干，可用喷壶均匀喷洒蒸馏水使其土壤含水量达到田间持水量的 50%~60%，以土壤形成疏松小团为宜。

(2)熏蒸烘干法：测定土壤含水量后，称取新鲜土壤 3 份，每份 20.0 g，分别放入 3 个 100 mL 的烧杯中，并将其一同放入真空干燥器中。干燥器底部放置几张用水湿润的滤纸，同时分别放入一个装有 50 mL NaOH 溶液和装有约 50 mL 无乙醇氯仿的小烧杯，内加少量碎瓷片防止氯仿暴沸。用少量凡士林密封干燥器，用真空泵抽气至氯仿沸腾并保持至少 2 min。关闭干燥器阀门，在 25 ℃的黑暗条件下放置 24 h。打开阀门，取出装有水和氯仿的烧杯，擦净干燥器底部，用真空泵反复抽气，直到土壤闻不到氯仿气味为止。同时称取等量土壤 3 份，不进行熏蒸处理，放入另一真空干燥器中，在 25 ℃的黑暗条件下放置 24 h，作为对照。

(3)浸提熏蒸结束后，将小烧杯内土壤全部转移到 250 mL 三角瓶中，加入 80 mL K_2SO_4 溶液，在振荡机上恒温(25 ℃)振荡 30 min，过滤。滤液直接测定或冰冻保存。

(4)消煮取 10 mL 滤液放入特制消煮管中，放 2~3 片碎瓷片。用移液管准确加入 5.0 mL 16.66 mmol/L 的 $K_2Cr_2O_7$ 溶液，摇至均匀。再用移液器加 5.0 mL 浓硫酸，摇至均匀后置于 170 ℃磷酸浴中消煮 10 min。

(5)滴定消煮管取出后放在室温下冷却。将内容物倾入 200 mL 三角瓶中，用蒸馏水洗净试管内部，加邻菲罗啉指示剂 1~2 滴，摇至均匀。用 0.05 mol/L $FeSO_4$ 溶液滴定至紫红色为终点，记录 $FeSO_4$ 滴定体积。

【结果计算】

1. 可浸提有机碳(EC)计算

$$EC \text{ 含量} = (V_0 - V_1) \times c \times 3 \times t_s \times 1000/m \tag{8-2}$$

式中   EC——土壤可浸提有机碳(mg/kg)；

V_0——滴定空白样时所消耗的 $FeSO_4$ 体积(mL)；

V_1——滴定熏蒸样品时所消耗的 $FeSO_4$ 体积(mL)；

c——$FeSO_4$ 溶液浓度(mol/L)；

3——1/4C 的毫摩尔质量(mg/mmol)；

1000——g 转换为 kg 的系数；

t_s——分取倍数，80/10；

m——烘干土样质量(g)。

2. BC含量的计算

$$BC含量 = \Delta EC / K_{EC} \qquad (8\text{-}3)$$

式中 BC——土壤微生物量碳(mg/kg)；

ΔEC——熏蒸土样 EC 与未熏蒸土样 EC 差值(mg/kg)；

K_{EC}——将熏蒸提取法提取液的有机碳增量换算成土壤微生物生物量碳所采用的转换系数(K_{EC})。一般容量法采用的 K_{EC} 值为 0.38，仪器分析法 K_{EC} 取值 0.45。

【注意事项】

(1)样品预处理十分重要，必须保证处理过的样品与原始土壤最大限度一致。

(2)熏蒸是本实验的关键环节，必须保证土壤完全处于熏蒸状态。

(3)浸提和消煮时尽量保证同一土壤样品(熏蒸的和未熏蒸的)的一致性，以减小误差。

(4)土壤可浸提碳含量较高时，$K_2Cr_2O_7$ 溶液和 $FeSO_4$ 溶液浓度可适当提高。

8.2.2 土壤微生物量氮测定

【测定意义】

氮是微生物必需营养元素，也是微生物细胞的重要组成元素。土壤微生物生物量氮是指土壤中体积小于 $5000~\mu m^3$ 活的和死的生物体(不含活体植物根系)内氮的总和，尽管仅占土壤有机氮总量的 1%~5%，但是土壤有机氮中最活跃的组分，其周转速率快，对土壤氮素循环及植物氮素营养起着重要作用。土壤微生物生物量氮的测定方法包括熏蒸培养法(FI-N)、熏蒸提取-全氮测定法(FE-N)、熏蒸提取-茚三酮比色法(FE-Nnin)。

【方法与原理】

土壤微生物生物量氮是根据镜检法观测到的微生物数量、体积及含碳量计算出的微生物生物量碳，再按一定碳氮比推算出的微生物生物量氮。Jenkinson 发现土壤经氯仿熏蒸后再培养，在 $CO_2\text{-}C$ 释放量增加的同时，土壤矿质态氮(主要 $NH_4^+\text{-}N$)也增加。新鲜土壤经氯仿蒸汽熏蒸后再培养被杀死的土壤微生物生物量中的氮按一定比例矿化为矿质态氮，根据熏蒸土壤与未熏蒸土壤矿质态氮的差值和矿化比率(或转换系数 K_N)估算土壤微生物生物量氮。

【仪器与设备】

培养箱、真空干燥器、真空泵、往复式振荡机、硬质消化管(250 mL)、定氮仪、pH-自动滴定仪。

【试剂配制】

(1) 5 g/100 mL 硫酸铬钾还原剂[$KCr(SO_4)_2 \cdot 12H_2O$]：称取 50.0 g 硫酸铬钾(分析纯)溶于 200 mL 浓硫酸(分析纯，$\rho = 1.84~g/mL$)，用去离子水定容至 1 L。

(2) 10 mol/L 氢氧化钠溶液：称取 400 g 氢氧化钠(分析纯)溶于去离子水，定容至 1 L。

(3) 2% 硼酸溶液：称取 20.0 g 硼酸(分析纯)溶于去离子水，定容至 1 L。

(4) 0.1 mol/L 标准硼砂溶液($Na_2B_4O_7 \cdot 10H_2O$)：称取 38.14 g 硼砂溶于去离子水，稀释至 1 L。

(5) 0.05 mol/L 硫酸溶液：28.8 mL 98%浓硫酸(分析纯，$\rho = 1.84$ g/mL)用去离子水稀释定容至 1 L，此溶液硫酸浓度为 0.5 mol/L，再稀释 10 倍即得 0.05 mol/L 硫酸溶液。可用 0.1 mol/L 标准硼砂溶液标定其准确浓度，也可用盐酸溶液代替硫酸。

其他试剂见 8.2.1。

【操作步骤】

1. 样品预处理

见 8.2.1。

2. 熏蒸

见 8.2.1。

3. 提取

见 8.2.1。

4. 测定

取 15.00 mL 提取液于 250 mL 消化管中，加入 10 mL 硫酸铬钾还原剂和 300 g 锌粉，放置 2 h 后消化。消化液冷却后加入 20 mL 去离子水，冷却后再缓慢加入 25 mL 10 mol/L 氢氧化钠溶液，边加边混匀，以免因局部碱浓度过高而引起 NH_3 挥发损失。将消化管连接到定氮蒸馏装置上，加入 25 mL 10 mol/L 氢氧化钠溶液，打开蒸汽进行蒸馏，馏出液用 5 mL 2%硼酸溶液吸收，至溶液体积约为 40 mL 结束。用 0.05 mol/L 硫酸溶液滴定至终点，也可采用 pH 自动滴定仪滴定溶液 pH 至 4.7。

【结果计算】

土壤微生物生物量氮 B_N：

$$B_N = F_N / k_N \tag{8-4}$$

式中 F_N——熏蒸与未熏蒸土壤矿质态氮差值；

k_N——转换系数，一般取值 0.57。

8.2.3 土壤微生物量磷测定

【测定意义】

磷是微生物必需营养元素，也是微生物细胞成分的组成元素。土壤微生物量磷是指土壤中所有活体微生物所含有的磷，通常占微生物干物质量的 1.4%～4.7%。土壤微生物量磷周转快，对土壤磷素的循环转化和植物磷素营养起着重要作用。1960 年，Birch 就报道土壤经过氯仿熏蒸处理会释放大量的磷，这部分磷主要来自土壤微生物。此后，随着熏蒸法测定土壤微生物量碳氮方法的成熟，相继建立了土壤微生物量磷的测定方法，主要包括熏蒸提取–全磷测定法(FE-P_t)和熏蒸提取–无机磷测定法(FE-P_i)。

【方法与原理】

新鲜土壤经氯仿熏蒸后，被杀死的土壤微生物量磷被 0.5 mol/L $NaHCO_3$ 溶液定量提取出来，根据熏蒸与未熏蒸土壤测定结果的差异(即全磷增量)和提取测定效率(转换系数 K_p)来估计土壤微生物量磷。

【仪器与设备】

分光光度计、离心机、甘油浴(110~115 ℃)、聚乙烯提取瓶(200 mL)、硬质消化管(75 mL,可定容)、容量瓶(25 mL)、烧杯(25 mL)。

防爆瓷片:瓷片打碎后过 1 mm 和 2.5 mm 筛,取 1~2.5 mm 粒径颗粒。

【试剂配制】

(1) 2.5 mol/L H_2SO_4 溶液:70.0 mL 浓硫酸(分析纯,$\rho=1.89$ g/mL),用去离子水定容至 500 mL。

(2) 0.1 mol/L 抗坏血酸溶液 $C_6H_8O_6$:1.32 g 抗坏血酸溶于 75 mL 去离子水。抗坏血酸溶液极易被氧化,应现用现配。但若向 75 mL 该溶液中加入 25 mg 乙烯二胺四烷基乙酸二钠和 0.5 mL 蚁酸,可短期保存。

(3) 1 mg/mL 酒石酸锑钾溶液($C_4H_4KO_7S_b \cdot 1/2H_2O$):0.2743 g 分析纯酒石酸锑钾溶于去离子水,定容至 100 mL。

(4)混合显色液:取上述硫酸溶液 125 mL 与 37.5 mL 钼酸铵溶液混合,再加入 75 mL 抗坏血酸溶液和 12.5 mL 酒石酸锑钾溶液,混匀。此溶液保存时间不宜超过 24 h。

(5) 4 μgP/mL 磷酸二氢钾标准溶液(KH_2PO_4):0.1757 g 分析纯磷酸二氢钾(称量前 105 ℃烘 2~3 h)溶于少量去离子水,再加入 1~2 mL 浓硫酸,用去离子水定容至 1 L,即得 40 μgP/mL 磷酸二氢钾贮存液,置 4 ℃下保存。取 50 mL 贮存液用去离子水稀释定容至 500 mL,即得 4 μgP/mL 磷酸二氢钾标准溶液,此溶液不宜久存。

其他试剂见 8.2.1。

【操作步骤】

(1)样品预处理(见 8.2.1)

(2)熏蒸(见 8.2.1)

(3)提取

将熏蒸与未熏蒸土壤无损地转移到 200 mL 聚乙烯提取瓶中,加入 100 mL 0.5 mol/L $NaHCO_3$ 溶液(土水比为 1:20),充分振荡 30 min(300 r/min),用慢速定量滤纸过滤。如果滤液浑浊,应使用双层滤纸,或先离心再过滤。

(4)消化

取 15.0 mL 上述提取液于 75 mL 硬质消化管中,缓慢加入 1 mL 33%硫酸溶液,放置 4 h,摇动以排除溶液中 CO_2。为防止消化过程中磷的损失,可加入 1.0 g K_2SO_4 和 0.5 mL $MgCl_2$ 饱和溶液以及少量防暴沸颗粒。加入 0.2 mL H_2O_2 置于 110~115 ℃甘油浴中消化 30 min(如果颜色深可再加入 1~3 滴 H_2O_2 继续消化 30 min),再加入 0.5 mL $HClO_4$(70%,体积比)消化 1 h,6 mL 1 mol/L HCl 溶液消煮 0.5~1 h。将消化液浓缩至 2~3 mL,使 H_2O_2 和 $HClO_4$ 彻底分解。最后加入 20 mL 去离子水煮沸使沉淀彻底溶解,冷却后用去离子水定容至 75 mL。

(5)测定

取适量(2~10 mL)消化液于 25 mL 容量瓶中,加去离子水约 20 mL,加入 4 mL 混合显色液,用去离子水定容。显色完全后,在 882 nm 下比色。

(6)工作曲线

分别吸取 0 mL、0.25 mL、0.5 mL、1.0 mL、1.5 mL、2.0 mL 4 μg P/mL 磷酸二氢钾标准液于 25 mL 容量瓶中，加入与样液等体积的空白消化液，同上进行显色和比色测定，即得 0 μg P/mL、0.04 μg P/mL、0.08 μg P/mL、0.16 μg P/mL、0.24 μg P/mL 和 0.32 μg P/mL 系列标准磷工作曲线。

【结果计算】

土壤微生物生物量磷 B_μ：

$$B_\mu = \frac{E_{pt}}{K_p} \tag{8-5}$$

式中 E_{pt}——熏蒸与未熏蒸土壤的差值；

K_p——转换系数，取值 0.4。

8.3 土壤微生物数量测定

【测定意义】

土壤微生物区系指特定土壤生态系统中生活的微生物的数量和组成情况，是反映土壤微生物生态特征的重要指标，与人类生活和农业生产密切相关。在土壤微生物区系中，各种微生物有着不同的生活习性，形成了错综复杂的群落系统。它们互为作用，彼此影响，既有协同联合，又有颉颃排斥。因此，了解土壤生态系统中微生物区系特性、动态变化规律，对促进土壤微生物的有益活动和控制其有害作用，适应农业生产需要具有重要意义。

土壤中微生物细菌、真菌和放线菌的数量一直是衡量土壤微生物区系状况的一个重要指标。

【方法与原理】

稀释平板法是一种测定土壤中活微生物数量的最常用方法，其基本原理是：土壤微生物经分散处理成为单个细胞后在固体培养基上由单个细胞生长繁殖并形成一个菌落，因而可以根据形成的菌落数来计算微生物的数量。本方法基于这样一个假设：当已知质量的土壤在适量的溶液中搅拌的时候，微生物细胞与土粒分开，并在平板上生长为分散的菌落。因为土壤中微生物的数量很多、一般仅取少量样品制成土壤悬液并稀释，使培养皿中发育的菌落可以很好地分散开来。

稀释平板法操作简便，可以同时分离到较多种类的微生物，但一般来说最适用于菌体大小和质量都差不多的类群(如细菌和酵母菌)，并非对所有微生物类群都同样适用。例如，放线菌和真菌因菌体不同部分的大小和质量相差较大，如菌丝、孢子和其他孢子器等质量大小均有较大差异，用此法所得菌落多数从孢子发育而来，与菌丝发育而成的菌落不能区分。此外，此法的干扰因素也较多，各实验室对操作程序的每一细节都应有详尽的规定，以便于实验结果之间的相互比较。

【仪器与设备】

培养箱、振荡器、高压灭菌锅、培养皿、移液管(10 mL、1 mL)。

【试剂配制】

(1)牛肉膏蛋白胨培养基(细菌):牛肉膏 3 g,蛋白胨 10 g,琼脂 15~18 g,NaCl 5 g,加水定容至 1000 mL 用 NaOH 调 pH 至 7.0~7.2,121 ℃灭菌 20 min。

(2)马丁培养基(真菌):葡萄糖 10 g,蛋白胨 5 g,磷酸氢二钾(K_2HPO_4)1 g,硫酸镁($MgSO_4 \cdot 7H_2O$)0.5 g,琼脂 15 g,每 1000 mL 加 1%溶液 3.3 mL 孟加拉红,水 1000 mL。121 ℃灭菌 30 min。临用前,每 100 mL 培养基加 1%链霉素溶液 0.3 mL。

(3)高氏一号培养基(放线菌):可溶性淀粉 10 g,K_2HPO_4 1 g,$(NH_4)_2SO_4$ 2 g,$MgSO_4 \cdot 7H_2O$ 0.5 g,$FeSO_4 \cdot 7H_2O$ 0.01g,琼脂 15 g,水 1000 mL,pH 7.6~7.8,121 ℃灭菌 20 min。

【操作步骤】

(1)土壤悬液稀释

称取 10 g 新鲜土样,加入盛 100 mL 无菌水的 500 mL 三角瓶中,振荡 10 min,使土样均匀地分散在稀释液中成为土壤悬液;吸取 1 mL 土悬液到 9 mL 无菌水中,按 10 倍法依次稀释,通常稀释到 10 在每次吸取土悬液时,所用的吸管在稀释液中反复吸入吹出悬液 3~5 次,使管壁吸附部分饱和以减少因管壁吸附而造成的误差,并使悬液进一步分散。根据土样中微生物的数量选择适当稀释倍数的悬液接种一般真菌采用 $10^{-3} \sim 10^{-1}$,放线菌用 $10^{-5} \sim 10^{-3}$,细菌用 $10^{-6} \sim 10^{-4}$,各重复 4 次。

在称取土样的同时,另称取 5 g 土样于洁净铝盒中,105 ℃烘 8 h,置干燥器中冷却(一般要求 30 min 以上),称干重后计算土壤含水量。

(2)平板制备和培养

分别从 3 个连续稀释倍数(细菌和放线菌通常用 $10^{-4} \sim 10^{-6}$,真菌用 $10^{-1} \sim 10^{-3}$)的土壤悬液中精确吸取 1.00 mL 注入无菌培养皿中,然后加入融化后冷却至 45~50 ℃的培养基 10~15 mL,迅速旋动混匀。待凝固后,将平板倒置于培养箱中培养。细菌 28 ℃培养 2~3 d,真菌和放线菌培养 5~7 d,至长出菌落后即可计数。

(3)计数

从接种后的 3 个稀释度中,选择一个合适的稀释度(细菌、放线菌以每皿 30~300 个菌落为宜,真菌以每皿 10~100 个菌落为宜)进行计数。用肉眼或放大镜观察菌落的形态和颜色从菌落的特征来区分细菌、放线菌和真菌。

【结果计算】

$$菌数(cfu/g)=同一稀释度几次重复的菌落平均数×稀释倍数 \qquad (8-6)$$

8.4 土壤酶活性测定

土壤酶是土壤重要组成部分,是土壤微生物、动植物活体分泌释放的一类生物活性物质。土壤酶参与土壤中的一系列生物化学反应,与土壤中营养物质循环和能量转化密切相关。土壤酶活性受土壤理化性状、土壤类型、施肥、农业管理措施等因素影响,一般用单位质量的土壤在单位时间内反应物的生成量或底物的减少量来表征。土壤酶活性是土壤肥力的一个重要指标,在很大程度上反映了土壤中物质循环与转化强度,可以评价各种农业措施和肥料施用的效果。

8.4.1　土壤脲酶的测定

【测定意义】

脲酶在自然界中分布广泛，植物、动物和微生物细胞中均含有此酶。脲酶是酰胺水解酶的一种，作用是极为专性，它仅能水解尿素，水解的最终产物是氨和二氧化碳、水。土壤脲酶活性与土壤的微生物数量、有机物质含量、全氮和速效磷含量呈正相关。根际土壤脲酶活性较高，中性土壤脲酶活性大于碱性土壤脲酶活性。常用土壤脲酶活性表征土壤的氮素状况。

【方法与原理】

土壤脲酶活性采用苯酚钠-次氯酸钠比色法，土壤中脲酶活性的测定是以尿素为基质经酶促反应后测定生成的氨量，也可以通过测定未水解的尿素量来求得。本方法以尿素为基质，根据酶促产物氨与苯酚-次氯酸钠作用生成蓝色的靛酚，来分析脲酶活性。

【仪器与设备】

分光光度计、恒温水浴锅。

【试剂配制】

(1)甲苯。

(2)10%尿素：称取 10 g 尿素，用水溶至 100 mL。

(3)柠檬酸盐缓冲液(pH 6.7)：184 g 柠檬酸和 147.5 g 氢氧化钾(KOH)溶于蒸馏水。将两溶液合并，用 1 mol/L NaOH 将 pH 调至 6.7，用水稀释定容至 1000 mL。

(4)苯酚钠溶液(1.35 mol/L)：62.5 g 苯酚溶于少量乙醇，加 2 mL 甲醇和 18.5 mL 丙酮，用乙醇稀释至 100 mL(A 液)(通风橱内进行)，存于冰箱中；称取 27 g NaOH 溶于 100 mL 蒸馏水(B 液)。将 A、B 溶液保存在冰箱中。使用前将 A 液、B 液各 20 mL 混合，用蒸馏水稀释至 100 mL。

(5)次氯酸钠溶液：用水稀释试剂，至活性氯的浓度为 0.9%，溶液稳定。

(6)氮的标准溶液：精确称取 0.4717 g 硫酸铵溶于水并稀释至 1000 mL，得到 1 mL 含有 0.1 mg 氮的标准液；绘制标准曲线时，再将此液稀释 10 倍(吸取 10 mL 标准液定容至 100 mL)制成氮的工作液(0.01 mg/mL)。

【操作步骤】

称取 5 g 土样于 50 mL 三角瓶中，加 1 mL 甲苯，振荡均匀，15 min 后加 10 mL 10% 尿素溶液和 20 mL pH 6.7 柠檬酸盐缓冲溶液，摇匀后在 37 ℃ 恒温箱培养 24 h。培养结束后过滤，过滤后取 1 mL 滤液加入 50 mL 容量瓶中，再加 4 mL 苯酚钠溶液和 3 mL 次氯酸钠溶液，边加边摇匀。20 min 后显色，定容。1 h 内在分光光度计于 578 nm 波长处比色(靛酚的蓝色在 1h 内保持稳定)。

标准曲线制作：在测定样品吸光值之前，分别取 0 mL、1 mL、3 mL、5 mL、7 mL、9 mL、11 mL、13 mL 氮工作标准液，移于 50 mL 容量瓶中，然后补加蒸馏水至 20 mL。再加入 4 mL 苯酚钠溶液和 3 mL 次氯酸钠溶液，边加边摇匀。20 min 后显色，定容。1 h 内在分光光度计上于 578 nm 波长处比色。然后以氮工作液浓度为横坐标，吸光值为纵坐标，绘制标准曲线。

【结果计算】

脲酶活性以 24 h 后 1 g 土壤中 NH_4^+-N 的毫克数表示土壤脲酶活性（Ure）。

$$NH_4^+-N = (a_{样品} - a_{无土} - a_{无基质}) \times V \times t_s / m \qquad (8-7)$$

式中　$a_{样品}$———样品吸光值由标准曲线求得的 NH_4^+-N 毫克数；

$a_{无土}$———无土对照吸光值由标准曲线求得的 NH_4^+-N 毫克数；

$a_{无基质}$———无基质对照吸光值由标准曲线求得的 NH_4^+-N 毫克数；

V———显色液体积；

t_s———分取倍数，浸出液体积/吸取滤液体积；

m———烘干土重（g）。

【注意事项】

（1）每一个样品应该做一个无基质对照，以等体积的蒸馏水代替基质，其他操作与样品实验相同，以排除土样中原有的氨对实验结果的影响。

（2）整个实验设置一个无土对照，不加土样，其他操作与样品实验相同，以检验试剂纯度和基质自身分解。

（3）如果样品吸光值超过标准曲线的最大值，则应该增加分取倍数或减少培养的土样。

8.4.2　土壤磷酸酶活性测定

【测定意义】

磷酸酶是土壤中广泛存在的一种水解酶，能够催化磷酸酯的水解反应，包括磷酸单酯酶、磷酸二酯酶、三磷酸单酯酶等。土壤磷酸酶对于土壤含磷有机物的矿化起着主要的作用，可以加速有机磷脱磷速率。土壤磷酸酶对土壤磷素的有效性具有重要作用。此外，磷酸酶与土壤碳、氮含量呈正相关，与有效磷含量及 pH 也有关。土壤磷酸酶活性是评价土壤磷素生物转化方向与强度的指标，可以表征土壤的肥力状况。

【方法与原理】

土壤磷酸酶活性采用磷酸苯二钠比色法测定，磷酸酶的测定主要根据酶促生成的有机基团量或无机磷量计算磷酸酶活性。前一种通常称为有机基团含量法，是目前较为常用的测定磷酸酶的方法，后一种称为无机磷含量法。磷酸酶有 3 种最适 pH 值：4~5、6~7、8~10。因此，测定酸性、中性和碱性土壤的磷酸酶，要提供相应的 pH 缓冲液才能测出该土壤的磷酸酶最大活性。测定磷酸酶常用的 pH 缓冲体系有乙酸盐缓冲液（pH 5.0~5.4）、柠檬酸盐缓冲液（pH 7.0）、三羟甲基氨基甲烷缓冲液（pH 7.0~8.5）和硼酸缓冲液（pH 9~10）。磷酸酶测定时常用基质有磷酸苯二钠、酚酞磷酸钠、甘油磷酸钠、α-或 β-萘酚磷酸钠等。现介绍磷酸苯二钠比色法。

【仪器与设备】

分光光度计、恒温水浴锅。

【试剂配制】

（1）缓冲液

①乙酸盐缓冲液(pH 5.0)

0.2 mol/L 乙酸溶液：11.55 mL 95% 冰乙酸溶至 1 L。

0.2 mol/L 乙酸钠溶液：16.4 g $C_2H_3O_2Na$ 或 27 g $C_2H_3O_2Na \cdot 3H_2O$ 溶至 1 L。或取 14.8 mL 0.2 mol/L 乙酸溶液和 35.2 mL 0.2 mol/L 乙酸钠溶液稀释至 1 L。

②柠檬酸盐缓冲液(pH 7.0)

0.1 mol/L 柠檬酸溶液：19.2 g $C_6H_7O_8$ 溶至 1 L。

0.2 mol/L 磷酸氢二钠溶液：53.63 g $Na_2HPO_4 \cdot 7H_2O$ 或者 71.7 g $Na_2HPO_4 \cdot 12H_2O$ 溶至 1 L。取 6.4 mL 0.1 mol/L 柠檬酸溶液加 43.6 mL 0.2 mol/L 磷酸氢二钠溶液稀释至 100 mL。

③硼酸盐缓冲液(pH 9.6)

0.05 mol/L 硼砂溶液：19.05 g 硼砂溶至 1 L。

0.2 mol/L NaOH 溶液：8 g NaOH 溶至 1 L。

取 50 mL 0.05 mol/L 硼砂溶液加 23 mL 0.2 mol/L NaOH 溶液稀释至 200 mL。

(2)0.5% 磷酸苯二钠(用缓冲液配制)。

(3)氯代二溴对苯醌亚胺试剂：称取 0.125 g 氯代二溴对苯醌亚胺，用 10 mL 95%乙醇溶解，贮于棕色瓶中，存放在冰箱里。保存的黄色溶液未变褐色之前均可使用。

(4)甲苯。

(5)0.3%硫酸铝溶液。

(6)酚标准溶液

酚原液：取 1 g 重蒸酚溶于蒸馏水中，稀释至 1 L，存于棕色瓶中。酚工作液 (0.01 mg/mL)：取 10 mL 酚原液稀释至 1 L(棕色瓶中)。

(7)pH 9.4 硼酸缓冲液

0.2 mol/L 硼酸：12.37 g 酸加水溶解稀释至 1000 mL；0.05 mol/L 硼砂：19.07 硼砂加水溶解至 1000 mL。取 800 mL 硼砂溶液加 200 mL 硼酸溶液混合即为 pH 9.4 硼酸缓冲液。

【操作步骤】

标准曲线绘制：取 0 mL、1 mL、3 mL、5 mL、7 mL、9 mL、11 mL、13 mL 酚工作液，置于 50 mL 容量瓶中，每瓶加入 5 mL pH 9.4 硼酸缓冲液和 4 滴氯代二溴对苯醌亚胺试剂，显色后稀释至刻度，30 min 后，在分光光度计 660 nm 波长处比色。以显色液中酚浓度为横坐标，吸光值为纵坐标，绘制标准曲线。

称 5 g 土样置于 200 mL 三角瓶中，加 2.5 mL 甲苯，轻摇 15 min 后，加入 20 mL 0.5%磷酸苯二钠(酸性磷酸酶用乙酸盐缓冲液；中性磷酸酶用柠檬酸盐缓冲液；碱性磷酸酶用硼酸盐缓冲液)，仔细摇匀后放入恒温箱，37 ℃下培养 24 h。然后在培养液加入 100 mL 0.3%硫酸铝溶液并过滤。吸取 3 mL 滤液于 50 mL 容量瓶中，然后按绘制标准曲线方法显色。用硼酸缓冲液时，呈现蓝色，于分光光度计 660 nm 波长处比色。

【结果计算】

磷酸酶活性以 24 h 后 1 g 土壤中释放出的酚的质量(mg)表示磷酸酶活性。

$$磷酸酶活性 = (a_{样品} - a_{无土} - a_{无基质}) \times V \times t_s / m \qquad (8-8)$$

式中 $a_{样品}$——样品吸光值由标准曲线求得的酚毫克数；

        $a_{无土}$——无土对照吸光值由标准曲线求得的酚毫克数；

        $a_{无基质}$——无基质对照吸光值由标准曲线求得的酚毫克数；

        V——显色液体积；

        t_s——分取倍数，浸出液体积/吸取滤液体积；

        m——烘干土样质量。

【注意事项】

(1)每一个样品应该做一个无基质对照，以等体积的蒸馏水代替基质，其他操作与样品实验相同，以排除土样中原有的氨对实验结果的影响。

(2)整个实验设置一个无土对照，不加土样，其他操作与样品实验相同，以检验试剂纯度和基质自身分解。

(3)如果样品吸光值超过标准曲线的最大值，则应该增加分取倍数或减少培养的土样。

8.4.3 土壤蔗糖酶活性测定

【测定意义】

蔗糖酶是根据其酶促基质——蔗糖而得名。蔗糖酶又称转化酶或 β-呋喃果糖苷酶。蔗糖酶对增加土壤中易溶性营养物质起着重要作用。蔗糖酶与土壤许多因子有相关性，如与土壤有机质、氮、磷含量，微生物数量及土壤呼吸强度有关。一般情况下，土壤肥力越高，蔗糖酶活性越高。

【方法与原理】

蔗糖酶采用 3，5-二硝基水杨酸比色法，蔗糖酶酶解所生成的还原糖与 3，5-二硝基水杨酸反应而生成橙色的 3-氨基-5-硝基水杨酸。颜色深度与还原糖量呈正相关，因而可用测定还原糖量来表示蔗糖酶的活性。

【仪器与设备】

分光光度计、恒温水浴锅。

【试剂配制】

(1)基质 8% 蔗糖。

(2)pH 5.5 磷酸缓冲液

1/15 mol/L 磷酸氢二钠(11.876 g $Na_2HPO_4 \cdot 2H_2O$ 溶于 1 L 蒸馏水中)0.5 mL 加 1/15 mol/L 磷酸二氢钾(9.078 g KH_2PO_4 溶于 1 L 蒸馏水中)9.5 mL 即可。

(3)3，5-二硝基水杨酸试剂(DNS 试剂)

称 0.5 g 二硝基水杨酸，溶于 20 mL 2 mol/L NaOH 和 50 mL 水中，再加 30 g 酒石酸钾钠，用水稀释定容至 100 mL(保存期不超过 7 d)。

(4)葡萄糖标准液(1 mg/mL)

预先将分析纯葡萄糖置 80 ℃ 烘箱内约 12 h。准确称取 50 mg 葡萄糖于烧杯中，用蒸馏水溶解后，移至 50 mL 容量瓶中，定容，摇匀，即为 1 mg 还原糖/mg 的溶液。冰箱中 4 ℃ 保存期约 7 d，若该溶液发生混浊和出现絮状物现象，则应弃之，重新配制。

【操作步骤】

称取 5 g 土壤，置于 50 mL 三角瓶中，注入 15 mL 8%蔗糖溶液，5 mL pH 5.5 磷酸缓冲液和 5 滴甲苯。摇匀混合物后，放入恒温箱，在 37 ℃下培养 24 h。取出，迅速过滤。吸取滤液 1 mL，注入 50 mL 容量瓶中，加 3 mL DNS 试剂，在沸腾的水浴锅中加热 5 min，随即将容量瓶移至自来水流下冷却 3 min。溶液因生成 3-氨基-5-硝基水杨酸而呈橙黄色，最后用蒸馏水稀释至 50 mL，并在分光光度计上于 508 nm 波长处进行比色。（为了消除土壤中原有的蔗糖、葡萄糖而引起的误差，每一土样需做无基质对照，整个试验需做无土壤对照；如果样品吸光值超过标准曲线的最大值，则应该增加分取倍数或减少培养的土样。）

标准曲线绘制：分别吸取 1 mg/mL 的葡萄糖标准液 0 mL、0.1 mL、0.2 mL、0.3 mL、0.4 mL、0.5 mL 于试管中，再补加蒸馏水至 1 mL，加 DNS 试剂 3 mL 混匀，于沸水浴中准确反应 5 min（从试管放入重新沸腾时算起），取出立即冷水浴中冷却至室温。将溶液转移至 50 mL 容量瓶中，定容。以空白管调零在 508 nm 波长处比色，以吸光度值为纵坐标，以葡萄糖浓度为横坐标绘制标准曲线。

【结果计算】

蔗糖酶活性以 24 h，1 g 干土生成葡萄糖毫克数表示。

$$蔗糖酶活性 = (a_{样品} - a_{无土} - a_{无基质}) \times t_s / m \qquad (8-9)$$

式中　$a_{样品}$——由标准曲线求得葡萄糖毫克数；

$a_{无土}$——由标准曲线求得葡萄糖毫克数；

$a_{无基质}$——由标准曲线求得葡萄糖毫克数；

t_s——分取倍数；

m——烘干土样质量（g）。

8.4.4　过氧化氢酶活性测定

【测定意义】

过氧化氢广泛存在于生物体和土壤中，是由生物呼吸过程和有机物的生物化学氧化反应结果产生的，这些过氧化氢对生物和土壤具有毒害作用。与此同时，在生物体和土壤中存在过氧化氢酶，能促进过氧化氢分解为水和氧的反应（$H_2O_2 \rightarrow H_2O + O_2$），从而降低了过氧化氢的毒害作用。

【方法与原理】

土壤过氧化氢酶测定采用高锰酸钾滴定法，土壤过氧化氢酶活性根据土壤（含有过氧化氢酶）在过氧化氢酶作用下析出的氧气体积或过氧化氢的消耗量，测定过氧化氢的分解速度，以此代表过氧化氢酶的活性。测定过氧化氢酶的具体方法比较多，如气量法：根据析出的氧气体积来计算过氧化氢酶的活性；比色法：根据过氧化氢与硫酸铜产生黄色或橙黄色络合物的量来表征过氧化氢酶的活性；滴定法：用高锰酸钾溶液滴定过氧化氢分解反应剩余过氧化氢的量，表示过氧化氢酶的活性。本实验重点采用高锰酸钾滴定法。

【仪器与设备】

滴定管、恒温水浴锅。

【试剂配制】

(1) 2 mol/L H_2SO_4 溶液：量取 5.43 mL 的浓硫酸稀释至 500 mL，置于冰箱贮存。

(2) $KMnO_4$ 标准溶液 (1/5$KMnO_4$)：称取 3.3 g (精确至 0.0001) 高锰酸钾，溶于 1050 mL 水中，缓缓煮沸 15 min，冷却，于暗处放置两周，过滤。贮存于棕色瓶中。测定时用 0.1 mol/L 草酸溶液标定。

(3) 0.1 mol/L 草酸溶液：称取 $H_2C_2O_4 \cdot 2H_2O$ (优级纯) 3.334 g，用蒸馏水溶解后，定容至 250 mL。

(4) 3% 的 H_2O_2 水溶液：取 30% H_2O_2 溶液 25 mL，定容至 250 mL，配成 3% 过氧化氢溶液，置于 4 ℃ 冰箱贮存，用时用 0.1 mol/L $KMnO_4$ 溶液标定。

(5) $KMnO_4$ 标定：10 mL 0.1 mol/L $H_2C_2O_4$ 用 $KMnO_4$ 滴定，所消耗 $KMnO_4$ 体积数为 19.49 mL，由此计算出 $KMnO_4$ 标准溶液浓度为 0.0205 mol/L。

(6) H_2O_2 标定：准确吸取 1 mL 3% H_2O_2 溶液于 50 mL 三角瓶中，加入 5 mL 0.2 mol/L H_2SO_4 溶液，用 0.1 mol/L $KMnO_4$ 溶液标定，所消耗 $KMnO_4$ 体积数为 16.51 mL，由此计算出 H_2O_2 浓度为 0.8461 mol/L。

【操作步骤】

分别取 5 g 土壤样品于带塞三角瓶中 (不加土样作空白对照)，加入 0.5 mL 甲苯，摇匀，于 4 ℃ 冰箱中放置 30 min。取出，立刻加入 25 mL 4 ℃ 冰箱贮存的 3% H_2O_2 水溶液，充分混匀后，再置于 4 ℃ 冰箱中放置 1 h。取出，迅速加入 25 mL 4 ℃ 冰箱贮存的 0.2 mol/L H_2SO_4 溶液，摇匀，过滤。准确吸取 1 mL 滤液于 50 mL 三角瓶中，加入 5 mL 蒸馏水和 5 mL 0.2 mol/L H_2SO_4 溶液，用 0.1 mol/L 高锰酸钾溶液滴定，滴定至紫色褪去出现浅粉色为终点。根据对照和样品的滴定差，求出相当于分解的 H_2O_2 的量所消耗的 $KMnO_4$ 标准溶液。

【结果计算】

过氧化氢酶活性以 1 h，1 g 风干土内消耗的 0.1 mol/L $KMnO_4$ 溶液体积数表示 (以 mL 计)。

$$X = (V_0 - V) \times T / (m \times f) \tag{8-10}$$

高锰酸钾滴定度的矫正值 $T = c(1/5KMnO_4)/0.02 \times 5$

式中 X——过氧化氢酶活性 [mL/(g·h)]；

V_0——空白所消耗的高锰酸钾标准溶液的滴定体积 (mL)；

V——样品所消耗的高锰酸钾标准溶液的滴定体积 (mL)；

T——高锰酸钾滴定度的矫正值；

m——新鲜土壤质量 (g)；

f——新鲜土壤质量折合干土系数。

【注意事项】

(1) 用 0.1 mol/L 草酸溶液标定高锰酸钾溶液时，要先取一定量的草酸溶液加入一定量硫酸中并于 70 ℃ 水浴加热，开始滴定时快滴，快到终点时再进行水浴加热，后慢滴，待溶液呈微红色且 0.5 min 内不褪色即为终点。

（2）高锰酸钾滴定过程对酸性环境的要求很严格。经探究后发现直接取 1 mL 滤液滴定不仅液体量太少，终点不好把握，硫酸的量也不足。实验中可以吸取 1 mL 滤液于三角瓶，加入 5 mL 蒸馏水和 5 mL 2 mol/L H$_2$SO$_4$ 溶液，再用高锰酸钾溶液滴定，这样滴定过程极为方便。

8.4.5　土壤蛋白酶测定

【测定意义】

蛋白酶参与蛋白质等有机化合物的转化，在土壤氮素循环中起着重要作用。蛋白质等有机化合物的水解产物是高等植物的氮源之一。土壤蛋白酶在剖面中的分布与蔗糖酶相似，酶活性随剖面深度而减弱，并与土壤有机质含量、氮素及其他土壤性质有关。

【方法与原理】

蛋白酶测定采用比色法。蛋白酶能酶促蛋白物质水解成肽，肽进一步水解成氨基酸。根据蛋白酶酶促蛋白质产物——氨基酸与某些物质（如铜盐蓝色络合物或茚三酮等）生成带颜色络合物。土壤蛋白酶活性通常根据蛋白质分解产物来测定，依溶液颜色深浅程度与氨基酸含量的关系，计算氨基酸含量，进而分析蛋白酶活性。

【仪器与设备】

分光光度计、恒温水浴锅。

【试剂配制】

（1）1%白明胶溶液（用 pH 7.4 的磷酸盐缓冲液配制）：将明胶研磨粉碎，并称取 10.0 g，量取 100 mL 磷酸盐缓冲液加热至 80 ℃，将研磨好的明胶溶液于加热后的磷酸盐缓冲液中，溶液冷却后，用水定容到 1 L。

（2）甲苯。

（3）磷酸盐缓冲液（pH 7.4）：取 0.1 mol/L NaOH 溶液 790 mL 和 0.1 mol/L KH$_2$PO$_4$ 溶液 1000 mL 混合，调节 pH 为 7.4。

（4）0.1 mol/L （1/2 H$_2$SO$_4$）：量取 2.7 mL 浓硫酸定容至 1 L。

（5）20% Na$_2$SO$_4$。

（6）2%茚三酮溶液：将 2 g 茚三酮溶于 100 mL 丙酮，然后将 95 mL 该溶液与 1 mL 乙酸和 4 mL 水混合制成工作液（该工作液不稳定，只能在使用前配制）。

（7）甘氨酸标准液：浓度为 1 mL 含 100 μg 甘氨酸的水溶液：0.1 g 甘氨酸溶解于 1 L 蒸馏水中。再将该标准溶液稀释 10 倍得 10 μg/mL 甘氨酸溶液的工作液。

【操作步骤】

取 2 g 过 1 mm 筛的风干土置于 100 mL 容量三角瓶中，加入甲苯 2 mL（作为抑菌剂抑制微生物活动），放置 15 min。加入 10 mL 1%用 pH7.4 磷酸盐缓冲液配制的白明胶溶液；在 37 ℃ 恒温箱中培养 24 h，培养结束后，于混合物中加 2 mL 0.1 mol/L 和 12 mL H$_2$SO$_4$20%硫酸钠以沉淀蛋白质，然后 4000 r/min 离心 10 min，离心完毕后，取上清液 1 mL 至 50 mL 容量瓶，加入 1 mL 2%茚三酮溶液；冲洗瓶颈后煮沸的水浴中加热 10 min；将获得的着色溶液用蒸馏水稀释定容至刻度线；最后在 560 nm 处进行比色。

标准曲线绘制：吸取甘氨酸标准液 10 mL 于 50 mL 容量瓶中，用水稀释至刻度，即得 100 μg/mL 甘氨酸工作液，此溶液不宜久存，现用现配制。分别吸取 0 mL、1 mL、3 mL、5 mL、7 mL、9 mL、11 mL 该工作液于 50 mL 容量瓶中，即获得甘氨酸浓度分别为 0 μg/mL、0.2 μg/mL、0.6 μg/mL、1.0 μg/mL、1.4 μg/mL、1.8 μg/mL、2.2 μg/mL 标准溶液，然后加入 1 mL 2% 茚三酮溶液。冲洗瓶颈后将混合物仔细摇荡，并在煮沸的水浴中加热 10 min。将获得的着色溶液用蒸馏水稀释至刻度。在 560 nm 波长处进行比色，最后绘制标准曲线。

【结果计算】

土壤蛋白酶的活性，以 24 h 后 1 g 土壤中甘氨酸的微克数表示。

$$甘氨酸(μg/g) = \frac{c \times 50 \times t_s}{m} \tag{8-11}$$

式中 甘氨酸(μg/g)——24 h 后 1 g 土壤中甘氨酸的微克数；

c——标准曲线上查得的甘氨酸浓度(μg/mL)；

50——显色液体积(mL)；

t_s——分取倍数(此处为 2 = 10/5)；

m——土壤样品质量(g)。

【注意事项】

用干热灭菌的土壤和不含土壤的基质(如石英砂)作对照，方法如前所述，以除掉土壤原有的氨基酸引起的误差。换算成甘氨酸的量，根据用甘氨酸标准溶液制取的标准曲线查知。

8.4.6 土壤硫酸酯酶测定

【测定意义】

土壤芳基硫酸酯酶来自土壤微生物，能酶促土壤有机硫化物转化为植物可吸收的无机态硫，在硫素的生物化学循环和植物的硫营养代谢中具有重要的作用，是反映土壤质量的一个重要生物学指标。

【方法与原理】

土壤硫酸酯酶采用对硝基苯硫酸盐法，通过比色法测定芳基硫酸酯酶水解对硝基苯磺酸酯反应后释放的对硝基苯酚的含量，来估算芳基硫酸酯酶的活性。

【仪器与设备】

恒温培养箱或恒温水浴；分光光度计或光电比色计。

【试剂配制】

(1)甲苯。

(2)乙酸缓冲液(0.5 mol/L，pH 5.8)：称取 68 g 三乙酸钠于 700 mL 水中，然后加入 1.70 mL 的冰乙酸(99%)，用水稀释至 1 L。

(3)对硝基苯磺酸钾溶液(0.5 mol/L)：称取 0.6433 g 对硝基苯磺酸钾溶于 40 mL 乙酸缓冲溶液中，然后用同一种缓冲溶液稀释至 50 mL，低温贮存备用。

(4)0.5 mol/L CaCl₂ 溶液：称取 73.5 g CaCl₂·2H₂O 溶解于 700 mL 水中，用水定容到 1 L。

(5)0.5 mol/L NaOH 溶液：称取 20.0 g NaOH 溶解于 700 mL 水中，用水定容到 1 L。

(6)对硝基苯酚标准溶液：溶解 1.0 g 对硝基苯酚于 700 mL 水中，稀释至 1 L，低温保存。

【操作步骤】

将 1.00 g 新鲜土样(<2 mm)放入 50 mL 三角瓶中，加入 0.25 mL 甲苯、4 mL 的乙酸缓冲液和 1 mL 的对硝基苯磺酸钾溶液(为消除土壤浸出液颜色的影响，应做对照，即将 1.00 g 土样中加入 0.2 mL 甲苯、4 mL 的缓冲液)。轻摇混匀并塞上瓶塞，在 37 ℃ 条件下培养 1 h。培养结束后，取下盖子，加入 1 mL 的 CaCl₂ 溶液和 4 mL NaOH 溶液，轻摇几秒钟后，滤纸过滤。用分光光度计在 405 nm 波长处进行比色，测定溶液(黄色)的吸光值(3 次测定平行+2 次对照平行)，或用光电比色剂加蓝滤色片测定。

标准曲线绘制：将已经配制的对硝基苯酚标准溶液用水稀释 100 倍，再分别吸取稀释后的标准溶液 1 mL、2 mL、3 mL、4 mL、5 mL 于 50 mL 三角瓶中(分别含 0 mg、0.01 mg、0.02 mg、0.03 mg、0.04 mg、0.05mg 的对硝基苯酚)，分别用水调节至 5 mL，再加入 1 mL 的 CaCl₂ 溶液和 4 mL NaOH 溶液，轻摇几秒钟，滤纸过滤。同样条件下比色。

【结果计算】

土壤芳基硫酸酯酶活性，以 1 h 后 1 g 土壤中对硝基苯酚的产生量表示。

$$\omega = m_1/(m_2 \times f) \tag{8-12}$$

式中 ω——单位时间内对硝基苯酚的产生量(mg/g)；

m_1——测试溶液中对硝基苯酚的质量(mg)；

m_2——样品质量(g)；

f——水分系数。

【注意事项】

(1)需做对照：取 1.00 g 土样，依次加入 0.25 mL 甲苯、4 mL 乙酸缓冲液、CaCl₂ 溶液 1 mL 和 NaOH 溶液 4 mL 后，再加入 1 mL 对硝基苯磺酸钾溶液，立即轻摇几秒钟并用滤纸过滤、比色。

(2)先加入终止液体后，再把对照加入底物溶液，并快速过滤，避免进一步的反应。

8.5 土壤动物观察

8.5.1 土壤蚯蚓数量及样本采集

【测定意义】

蚯蚓是土壤中重要的动物类别，是加工土壤的生物器，也称为生物犁，对土壤肥力有重要贡献。蚯蚓能促进土壤有机质分解、氧化转化、结构形成，同时蚯蚓处于土壤生态系统中的食物链顶端，对土壤微生物的数量、结构和活性具有重要的调控作用。因此，调查土壤蚯蚓数量的多少，可反映土壤肥力的高低和生物活性的强弱。

蚯蚓是温带土壤中生物量最大的无脊椎动物，每天通过其肠道的土壤可达其体重的 3~20 倍。不同地区、不同土壤中蚯蚓的生态类型不同，一般可分为表居型、上食下居型和土居型，蚯蚓在土壤中的分布状况受气温、土壤类型、土壤湿度以及有机质含量高低的影响。

【方法与原理】

蚯蚓数量调查采用田间样方调查法。在田间选取标准样方(1 m×1 m)小区，分层挖取土壤，筛选土壤，统计各层土壤中的蚯蚓数量。通常表层土壤中食物来源比较丰富，蚯蚓的数量较多。蚯蚓在土壤中的分布与气候、食物和蚯蚓类型有关。

【仪器与试剂】

白色瓷盘、铁锹、镊子、酒精、福尔马林。

【测定步骤】

(1)采集：取样面积为 1 m×1 m 的小区，每个地块小区数至少为 3 个；分 4 层取样，深度为：0~10 cm、10~20 cm、20~30 cm、30~40 cm。

(2)在白色瓷盘中把土块弄碎，用镊子将其中的蚯蚓捡出。

(3)所有蚯蚓(完整的或断开的)都分放入加少量水的盒中，并贴上标签，注明时间、地点和采样层次及采样人。

(4)室内计数：成虫(具环带)及幼虫的条数、质量及断裂段数，成虫的长度和直径，调查蚯蚓发育的程度。

(5)标本的保存

保存方法一：蚯蚓洗净后在 70%酒精溶液中杀死，蚯蚓停止活动后马上用浸过 10%福尔马林的布或纸快速拉直。对较大的蚯蚓，在其背面涂上福尔马林，几分钟内蚯蚓就变硬、收缩但保持伸直状态。将标本放入 10%福尔马林中，3~5 d 后换成 5%的福尔马林溶液，以后每当溶液变颜色后都要重新更换。在标本瓶上详细记录取样地点、时间及重要的栖息地信息，标本要避免光线直射。

保存方法二：为使标本具有保存价值和便于以后研究，在固定保存之前需使其放松舒展。按以下方法保存，蚯蚓标本可保持良好的体色和完整无缺的内部特征。该方法包括麻醉、杀死、固定和保存 4 个步骤。

①麻醉 先将蚯蚓在冷水中冲洗干净，然后放入 $MgSO_4$ 溶液中(溶液浓度为 3~4 份水加 1 份饱和 $MgSO_4$ 溶液，最好先从较稀溶液开始，而后慢慢加入饱和溶液)。经过 30 min 至 3 h(通常 1 h)后，蚯蚓即完全伸展，不再对机械刺激有反应，这时即可进行随后的步骤。如果出现褶皱，应马上进行随后的处理，以免组织分解。

②杀死 将蚯蚓在 Bouin 氏三硝基酚-甲醛溶液中快速(2~5 s)浸泡一下，放置纸上使其伸直，但不要用力拉。这段时间一定要足够长，以使组织完全死亡，否则在以下步骤中纵向肌肉会伸缩。

③固定 将蚯蚓放于一"V"形容器中，加入足够量的 Lavdowsky 氏溶液将其浸没，在 0.5 h 内蚯蚓会变硬，放入加塞的试管中，并将试管平放。此后标本还应在 Lavdowsky 氏溶液中至少几个小时。

④保存　将试管竖立，把 Lavdowsky 氏溶液换成 4% 的甲醛溶液(9 份水中加入 1 份商品福尔马林)中，在一周内及以后每当液体变浑浊后更换甲醛溶液。

【注意事项】

(1)在田间调查蚯蚓数量与分布时，不要在灌水后或下雨后进行，因为这时蚯蚓可能会跑出地表。

(2)在统计蚯蚓数量时，大小都要统计，最后统计其生物量。使用单位面积的蚯蚓生物量，比单位面积数量更能反映蚯蚓活动强度。

(3)蚯蚓标本的制作应选择发育成熟的蚯蚓，这样的标本更典型。

8.5.2　土壤线虫观察

【测定意义】

线虫不仅生活在土壤中，而且也是海水、淡水等地球上到处都能生活的低等动物。生活在土壤中的线虫一般称为土壤线虫。在任何一块田地、任何一把土壤里都能查出很多土壤线虫。土壤线虫一般只有 0.3~2 mm，其外形酷似微小的鳝鱼。全身被皮膜包裹，体内除肌肉以外，还有消化、感觉、排泄、生殖等器官。

线虫在土壤中的数量很大，每平方米可达几百万个。许多寄生性线虫侵染很多高等植物根系形成线虫病。

【方法与原理】

首先采集田间新鲜的土壤或植物样品，然后进行线虫分离，最后将分离获得的线虫样本在显微镜下观察。线虫分离的方法有筛分法、Baermann 法、Christie-pray 法及离心浮选法等。

【仪器与试剂】

立体显微镜、Tyler 筛子、漏斗、密封袋、烧杯、Syracuse 表面皿、薄毛呢布、棉布、日本纸、棉纸及对双氯乙醚等。

【测定步骤】

1. 土壤线虫样本的采集

采土时，先用小铁铲将植物轻轻崛起，把细根连同它周围的土壤装入袋中或容器中。通常采用塑料袋，一次采样量 500~1000 g 即可。在袋上做好记录：作物名称、采集地点、采集时间、采集人员及其他情况(如前茬作物、土壤性质、是否进行过土壤消毒以及使用的农药种类等)。采集样品要防止干燥，要避免高温或阳光暴晒。采样后，尽快分离线虫，来不及分离可以暂时保存在 5 ℃左右的冷暗处，勿使线虫的活性降低。

2. 土壤线虫的分离

(1)筛分法

最早是由 Cobb 倡导的线虫分离法，虽然以后又有了各种分离线虫的方法，但迄今筛分法仍是一项最基本的分离方法，具体步骤如下：

①称取土壤 500 g 于烧杯中，以少量水预浸。

②将烧杯中的土壤冲洗到容器 A 中，强力注水搅起土壤，一面让尽可能多的土壤留在底部，一面迅速地将大部分水通过 100 目的筛子移到容器 B 中。

③将被 100 目筛子筛选到的物体集中在筛面的一处，移至烧杯 A 中(含有大型针线虫、环线虫等)。

④容器 B 静置约 30 s 后，轻轻地将大部分水通过 325 目筛(0.04 mm)倒掉，注意勿使底部的泥搅起。

⑤将被 325 目筛筛选到的物体移至烧杯 B 中(含针线虫、根瘤线虫的幼虫、弓针线虫等)。

⑥将第二部中沉积于容器 A 的土壤，再强力注水，重复 2~5 次。

⑦分别收集各个烧杯的样品，静置 30 min 以上，使线虫初级沉降，轻轻地倾倒上面大约 3/4 的水，余下的部分搅起后移至容量较小的烧杯或培养皿里进行镜检(线虫越小沉降时间越长，根据不同种类，有时需要静置 1 h 以上)。

筛子一般选用标准的 Tyler 筛子，筛子的直径可选择 20 cm、15 cm、10 cm。筛子的孔径大小根据要分离的线虫的种类、成虫、幼虫之别而定(表 8-1)。

表 8-1　筛孔直径与适宜筛选的线虫种类

筛孔直径	适宜筛选的线虫种类
400 目	小型线虫
325 目	多数寄生于根瘤的线虫或包裹线虫的幼虫、针线虫等
150 目、200 目、270 目	螺旋线虫及其他大部分线虫
100 目	多数的环线虫、刺环线虫、大型针线虫

(2)Baermann 法

在直径 10~15 cm 漏斗头上套上胶皮管，用弹簧夹夹住。在漏斗装满水，用纸或布包裹的土在水中轻轻沉下去。在室温约 20 ℃下，静置 24~48 h，样品中的线虫就会穿过纸或布的孔眼沉降在胶皮管内，打开弹簧夹，将他们收集到烧杯里，包裹样品的纸或布可使用薄毛呢布、棉布、日本纸、棉纸等。漏斗大小及形状对分离效率有较大的影响，漏斗尽可能大些，土壤样品要尽可能少些，使样品能充分扩散开来，以提高分散效率。

Baermann 法与筛分法相比具有收集物纯净没有杂质，适用于有机物较多的土壤，但分离时间较长，一次能够处理的样品数量较少，分离不出死的线虫、非游动性及游动性较小的线虫等。

(3)Christie-pray 法

这种方法将筛分法和 Baermann 法两者结合在一起进行分离。首先根据筛分法收集样品中，将收集样品中细土颗粒或混合杂物去掉，使漏斗内的线虫样品能够扩散开，放上网边折起的网，铺上布或罩子，将水充满到表面之后，将样品轻轻地冲下，然后按 Baermann 法程序进行分离。

其他分离方法还有离心浮选法，这种方法能够有效地分离土壤中包括线虫卵及死虫、非游动性线虫等在内的大部分线虫。

3. 线虫个体的处理、观察及保存

(1)将线虫转移到收容线虫的容器 Syracuse 表面皿中(大型的内径 5 cm、深 1 cm，小型的内径 2 cm、深 0.8 cm)。

（2）用针从表面皿中取线虫。取线虫一般用安上带柄的缝衣针或竹针。

（3）用对双氯乙醚进行短时间的麻醉，使线虫停止活动。在 50 mL 的水里滴几滴对双氯乙醚，充分摇匀，静置到液体透明，再滴一滴到放置线虫的载玻片上，把线虫移入液滴里，几分钟后线虫麻醉僵直。

（4）显微镜主要观察线虫的形态、游动情况等。

【注意事项】

（1）土壤线虫一般都很小，用肉眼难以识别，对植物的危害一般也比较隐蔽。在线虫侵染植物时，初看起来似乎很健壮的、根量多的植株，其寄生量要比地上部分生育较差的植株多得多。采集根时应以细根为主，粗根几乎不寄生线虫。采根时要连根部周围的土壤一并装袋。

（2）采土深度很重要。由于作物、线虫、土壤不同，线虫密度量大的深度不定。但一般情况下，由于线虫寄生于细根繁殖，所以细根最多深度与线虫最多的深度大体是一致的。草本植物大概是地表下 10~20 cm，木本植物是地表下 20~30 cm。

（3）土壤采集后，要及时进行线虫分离，不要放在阳光下暴晒，快速风干或冷藏，线虫分离过程也要尽可能迅速，不要时间太长，否则会导致样本中线虫大量死亡。

（4）要注意个人卫生，防止线虫感染人体。

复习思考题

1. 如何保证土壤熏蒸的效果？
2. 简述本实验中减少操作误差的方法。
3. 简述测定土壤释放 CO_2 的意义？
4. 田间测定土壤释放 CO_2 时需注意哪些问题？
5. 统计该试验田块中蚯蚓的数量，观察蚯蚓排泄物与土壤团粒结构的形态相同。
6. 描述蚯蚓标本的形态特征。

第 9 章

土壤环境污染物分析

本章介绍了土壤中重金属(镉、铅、铬、汞和砷)、有机氯农药(六六六和滴滴涕)和多环芳烃(PAHs)的测定。土壤中镉、铅含量测定分别介绍了火焰原子吸收法、萃取—石墨炉原子吸收法和涂层石墨炉原子吸收法;土壤中汞、砷含量测定采用微波消解—原子荧光法;土壤中六六六和滴滴锑采用有机溶剂提取气相色谱法;土壤多环芳烃(PAHs)的测定采用高效液相色谱法。

9.1 土壤中镉、铅的测定

铅和镉是动植物非必需的有毒元素。农业污水灌溉或含镉污泥、固体废弃物的农用是引起土壤镉污染的重要原因、生长在被镉污染的土地上的作物会富集镉,特别富集在植物的籽实中、通过食物链而使人体中毒,如日本的骨痛病便是镉中毒的典型。

镉在地壳中的丰度值为 0.18 ~ 0.20 mg/kg。世界土壤中的镉含量为 0.01 ~ 2.0 mg/kg,中位值为 0.35 mg/kg。中国 4095 个土壤样品的实测值为 0.001 ~ 13.4 mg/kg,中位值 0.079 mg/kg,几何平均值 0.074 mg/kg,95% 置信度的范围值为 0.017 ~ 0.333 mg/kg。中国土壤镉较世界镉及也门、美国土壤镉要低。土壤中镉含量大于 0.333 mg/kg,可能是土壤镉污染的起始值或土壤镉的高背景值。

铅可在人体组织中蓄积,引起贫血、神经系统失调和肾损害,是环境监测和科研很关注的重金属之一。铅在地壳中的丰度值为 12 ~ 16 mg/kg。世界土壤铅的含量范围是 2 ~ 300 mg/kg,中位值为 35 mg/kg。中国 4095 个土壤样品铅的实测值为 0.68 ~ 1143 mg/kg,中位值为 23.5 mg/kg,几何平均值 23.6 mg/kg,95% 置信度的范围值 10.0 ~ 56.1 mg/kg。含铅高于 56.1 mg/kg 的土壤很可能已受到铅的污染或者是属于铅的高背景值区。

测定土壤中镉和铅主要用原子吸收法,特别是石墨炉原子吸收法。

9.1.1 火焰原子吸收法

【方法与原理】

将土壤试样用 HNO_3-HF-$HClO_4$ 或 HCl-HNO_3-HF-$HClO_2$ 分解,将试样溶液直接吸入空气—乙炔火焰,在火焰中形成的 Cd、Pb 基态原子蒸气对光源发射的特征电磁辐射产生吸收。将测得的试样溶液吸光度扣除全程序试剂空白吸光度,与标准溶液的吸光度进行比较,确定土壤试样中 Cd、Pb 的含量。

干扰及其消除:当土壤中含 Ca、Na、Al 等较高时,由于背景吸收严重,难以正确地进行校正。1000 mg/kg 以上的土壤基体元素对 0.4 mg/kg Pb 的分子吸收干扰顺序是 Ca>Fe>Al>Mg>Na>K，1000 mg/kg Ca 约相当于 0.12 mg/kg Pb 的吸收。Cr^{3+} 含量较高时，在土壤试样处理过程中将 Cr^{3+} 氧化成 $Cr_2O_7^{2-}$，会导致 Pb 的测定结果偏低，可加入 1% 抗坏血酸将六价铬还原成 Cr^{3+}，防止其与 Pb 生成沉淀。土壤中的基体成分对 Ca 的干扰与 Pb 相似，如果"飞硅"处理得不好，将会产生严重干扰，盐类分子吸收也会使测定结果偏高。

一般加入 $Mg(NO_3)_2$、$La(NO_3)_3$、$Pb(NO_3)_2$、NH_4NO_3 等基体改进剂可消除部分基体元素的干扰，或者使塞曼法、自吸收法、邻近非特征吸收谱线法等进行背景扣除，或者采用标准加入法补偿基体干扰；当上述方法不能奏效时，可使用 APDC-MIBK、DDTC-MIBK、KI-MIBK 等萃取体系，将 Cd、Pb 萃取进入 MIBK，直接喷入火焰进行测定。

方法的适用范围：本方法适用于高背景土壤和受污染土壤中 Cd、Pb 的测定。适用浓度范围与方法的检测限与仪器性能及所用试剂的纯度有关。

【仪器与设备】

原子吸收分光光度计，空气—乙炔火焰原子化器，背景扣除装置，Cd、Pb 空心阴极灯。

【试剂配制】

(1) 镉标准贮备液：称取金属镉(光谱纯)1.000 g 放入 50 mL 1：5 的 HNO_3 中，微热溶解。冷却后定容至 1000 mL。此溶液含镉 1.00 mg/mL。

(2) 铅标准贮备液：称取 110 ℃烘干 2 h 的 $Pb(NO_3)_2$(GR)1.599 g 溶水中，加入 10 mL 浓 HNO_3 后定容至 1000 mL，此溶液含铅 1.00 mg/mL。

(3) 镉、铅混合标准溶液：临用前稀释成含镉 20 μg/L，含铅 200 μg/L 的混合标准溶液，介质为 0.2% HNO_3。

【操作步骤】

1. 试液的制备

称取 0.5000 g 土样于 25 mL 聚四氟乙烯坩埚中，用少许水润湿，加入 10 mL HCl，在电热板上低温加热溶解 2 h，然后加入 15 mL HNO_3 继续加热，至溶解物余下约 5 mL 时，加入 5 mL HF 并加热分解 SiO_2 及胶态硅酸盐，最后加入 5 mL $HClO_4$ 加热蒸发至近干，再加入(1：5)HNO_3 1 mL，加热溶解残渣，加入 0.25 g $La(NO_3)_3 \cdot 6H_2O$ 溶解定容至 25 mL。同时做全程序试剂空白。

2. 校准曲线的绘制

吸取混合标准溶液 0 mL，0.20 mL，0.80 mL，1.60 mL，3.20 mL，6.40 mL 分别放入 6 个 100 mL 容量瓶中，各加入 1 g $La(NO_3)_3 \cdot 6H_2O$ 溶解后，用 0.2% HNO_3 稀释定容、按仪器工作条件测定各份标准溶液的吸光度。

3. 样品测定

(1) 校准曲线法：按绘制校准曲线的条件测定试液的吸光度，扣除全程序空白的吸光度，从校准曲线上查得 Cd、Pb 的含量。

(2) 标准加入法：分取试样溶液 5.0 mL 于 4 个 10 mL 容量瓶中，分别加入混合标准溶液 0 mL，0.50 mL，1.00 mL，1.50 mL，用 0.2% HNO_3 定容至 10 mL，用曲线外推法

求得试样中 Cd、Pb 的含量。

【注意事项】

(1) 分解试样在驱赶 $HClO_4$ 时不可将试样蒸至干涸, 应为近干。若蒸至干涸则 Fe、Al 盐可能生成难溶的氧化物而包藏 Cd、Pb, 使结果偏低。

(2) Pb 虽然是容易原子化且受共存成分影响较小的元素, 但由于灵敏度较低, 有时须使用 217.0 nm 最灵敏线才能达到直接火焰法测定土壤 Pb 的要求。但 217.0 nm 线比 283.3 nm 更易受到土壤基体成分的干扰。例如, 当 Al、Mg 含量达到 0.25%, 对 217.0 nm 线干扰严重。虽然用 217.0 nm 线的灵敏度比 283.3 nm 线约高 2 倍, 但 217.0 nm 线的能量很难与 D_2 灯能量平衡, 所以在土壤样品分析中最好用 283.3 nm 线。

若用塞曼效应或自吸收法扣除背景时, 可选用 217.0 nm 分析线, 这样能提高测定灵敏度, 改进检测限。

(3) Cd 是原子吸收法最灵敏的元素之一, 由于其分析线 228.8 nm 处于紫外区, 很容易受光散射和分子吸收的干扰。在 220.0 ~ 270.0 nm, NaCl 有强烈的分子吸收, 覆盖了 228.8 nm 线。此外, Ca、Mg 的分子吸收和光散射也十分强。这些因素使 Cd 的表观吸光度增大。直接火焰法一般只能测定受污染土壤中的 Cd、Pb 和含 Cd、Pb 较高的土壤试样, 且在使用直接火焰法测定时, 最好使用背景扣除装置或者用标准加入法。

9.1.2 萃取—石墨炉原子吸收法

【方法与原理】

土壤试液中的 Cd、Pb 用 KI-MIBK 萃取。在 1% 以上的 HCl 介质中, 以 H_4CdI_6 和 H_4PbI_6 形式萃取入 MIBK 中。有机相可直接进石墨炉进行测定。

干扰及其消除: 用 KI-MIBK 萃取 Cd、Pb 时, 土壤中共存剂基体元素不干扰萃取和测定。

方法的适用范围: 本方法适用于各类土壤中痕量 Cd、Pb 的测定, 适用浓度范围与仪器的特性及萃取浓缩倍率有关。检测限除与仪器性能有关外, 还与所用的试剂纯度有关。

【仪器与设备】

原子吸收分光光度计, 石墨炉原子化器, 背景校正装置和 Cd、Pb 空心阴极灯。

【试剂配制】

(1) 镉标准贮备液: 同火焰原子吸收法。

(2) 铅标准贮备液: 同火焰原子吸收法。

(3) Cd、Pb 混合标准溶液: 临用前经逐级稀释后, 配制成含 Pb 100 μg/L, 含 Cd 10 μg/L 的混合标准溶液, 含 $0.2\%HNO_3$。

(4) 1 mol/L KI 溶液: 称取 16.7 g KI(CR)溶于 50 mL 水中, 现用现配。

(5) 甲基异丁基甲酮(MIBK)(AR)。

(6) 20% w/v 抗坏血酸水溶液。

(7) 3% (v/v) 盐酸溶液。

(8) 1% (v/v) 硝酸溶液。

【操作步骤】

1. 试液的制备

准确称取 0.3000~0.5000 g 土样于聚四氟乙烯坩埚中，用几滴水润湿，加入 10 mL HCl，在低温电热板上加热消解 2 h。然后加入 15 mL HNO$_3$ 继续加热，至溶解物余 5 mL，加入 10 mL HF 并加热分解 SiO$_2$ 及胶态硅酸盐。加入 5 mL HClO$_4$，继续加热至冒白烟时，如果土壤消解物仍有黑色或棕色物存在，需加盖继续加热，土壤消解物呈淡黄色时，打开盖，蒸发至近干。加入(1:5)HNO$_3$ 0.5 mL 并加热溶解残渣，冷却后定容至 25 mL。同时制作一份全程序试剂空白。

2. 样品的萃取和测定

准确吸取上述土样消解液 5 mL 于 10 mL 带塞比色管中，加入 3%HCl 3 mL，1 mol/L KI 1 mL，20%抗坏血酸 1 mL，摇匀，静置 5 min，准确加入 2.00 mL MIBK，萃取 2 min，静置分层。准确吸取 10 μL 有机相注入石墨炉，按仪器工作条件测量吸光度，扣除试剂空白吸光度后，从校准曲线上求出 Cd、Pb 含量。

3. 校准曲线的绘制

在 6 支具塞 10 mL 比色管中，分别加入混合标准使用液 0 mL，0.20 mL，0.40 mL，0.80 mL，1.20 mL，1.60 mL，再分别加入 1% HNO$_3$ 5.00 mL，4.80 mL，4.60 mL，4.20 mL，3.80 mL，3.40 mL，以下同样品的萃取和测定。

【注意事项】

(1)萃取 Cd、Pb 的体系比较多，以 KI/MIBK 最为特殊。用 APDC/MIBK 和 DDTC/M1BK 萃取时，如果土样中含 Fe 不高，可省去分离除去 Fe 的萃取步骤，加大 APDC 或 DDTC 的用量，也能达到良好的萃取效果。日本已把 DDTC/MIBK 萃取定为标准方法。美国则把 APDC/MI1BK 列为标准方法。其他萃取体系还有双硫腙/MIBK，8-羟基喹啉/M1BK 等、在用双硫棕萃取时可用柠檬酸铵或-乙醇胺掩蔽 Fe、萃取时用氨水将试液调至 pH 9.5~10。

(2)在分解试样时，若 HClO$_4$ 驱赶不尽，在萃取时加入 KI 会析出 KClO$_4$ 沉淀，少量沉淀不影响萃取和测定，在大量沉淀会导致结果偏低，用 NaI 代替 KI 可避免此种现象。

(3)黄色的微量进样器滴头通常 Cd 空白较高，建议使用白色头进样。

9.1.3 涂层石墨炉原子吸收法

【方法与原理】

金属碳化物在石墨管内表面的存在，克服了管壁的多孔性，能提高测定精度。金属间化合物比较容易原子化，这样改变了原子化过程。例如，在 Cd、Pb 测定中，使用涂 Ta 和涂 La 石墨管，增感倍数是 1.46~1.06 倍，但由于 Cd、Pb 原子化过程的改变，大大提高抗干扰能力。

干扰及其消除：使用涂 La 石墨管测定 Cd、Pb 时，一般土壤中的共存元素均无干扰；在测定红壤系列含 Fe、Al 较高的土壤，或测定磷质石灰土等含 Ca 较高的土壤时，除使用涂 La 或涂 Ta 石墨管外，还需要加入 La(NO$_3$)$_3$ 或(NH$_4$)$_2$HPO$_4$ 做基体改进剂。

方法的适用范围：本方法用于各种类型土壤中痕量 Cd、Pb 的测定，适宜的测定范围和检测限与仪器的特性和试剂纯度有关。

【仪器与设备】

原子吸收分光光度计，石墨炉原子化器，背景扣除装置(以塞曼法和自吸收法扣除背景为最佳)，Cd、Pb 空心阴极灯，10 μL 手动进样器(带白色进样头)。

【试剂配制】

(1)镉标准贮备液：同火焰原子吸收法。

(2)铅标准贮备液：同火焰原子吸收法。

(3)Cd、Pb 混合标准溶液：临用前经逐级适当稀释后，配制成 200 μg/L Pb 和 50 μg/L Cd 的混合标准溶液。

(4)5%(w/v)$(NH_4)_2HPO_4$ 溶液。

(5)5%(w/v)抗坏血酸溶液。

(6)5%(w/v)铜溶液：称取 3.118 g $La(NO_3)_3 \cdot 6H_2O$ 溶于 20 mL 水中。

【操作步骤】

1. 试液的制备

准确称取 0.3000～0.5000 g 土样于聚四氟乙烯坩埚中，用少许水润湿后，加入 15 mL HNO_3，于低温电热板上加热，冒浓棕色烟后须加盖保持坩埚内回流，待分解物只剩下小体积且呈黏稠状时，加入 10 mL HF，并加热分解含硅的矿物及盐类，最后加入 10 mL $HClO_4$，并蒸发至近干。加入(1:1)HNO_3 0.5 mL 及少许水，加热溶解残渣，加入基体改进剂$(NH_4)_2HPO_4$ 5 mL，抗坏血酸 5 mL，用水定容至 25 mL。同时制备全程序试剂空白。

2. 校准曲线的绘制

准确移取 Cd、Pb 混合标准溶液 0 mL，0.25 mL，0.50 mL，1.00 mL，1.50 mL，2.00 mL 于 25 mL 容量瓶中，各加入 5%抗坏血酸 5 mL 和 5%$(NH_4)_2HPO_4$ 5 mL，用 0.2% HNO_3 定容，该标准系列含 Cd 0 μg/L，0.5 μg/L，1.0 μg/L，2.0 μg/L，3.0 μg/L，4.0 μg/L，含 Pb 0 μg/L，2.0 μg/L，4.0 μg/L，8.0 μg/L，12.0 μg/L，16.0 μg/L。

3. 样品的测定

吸取 Cd、Pb 混合校准系列及试样溶液 10 μL，按仪器工作条件用涂 La 石墨管进行 Cd、Pb 测定，扣除试剂空白后，从校准曲线上查得 Cd、Pb 的浓度。

【注意事项】

(1)为了克服石墨炉原子吸收测定 Cd、Pb 的基体干扰，可加入基体改进剂，例如，$Pd(NO_3)_2$、$(NH_4)_2HPO_4$、$NH_4H_2PO_4$ 等盐类。加入基体改进剂后，可适当提高灰化温度(一般可提高 200～300 ℃)，Cd、Pb 也不会损失，这样还能减少基体产生的背景吸收。

(2)在石墨管中嵌入 Ta 或石墨平台，对于克服基体干扰也有一定的效果。

(3)由于 Cd 灵敏度很高，在消解试样及萃取等操作中要注意防止实验室气氛的污染，否则会使空白偏高。

(4)用金属碳化物涂层石墨管，在测定酸度较大的试样时，涂层容易受到破坏，使测定精度变差，应注意测定试样的酸度不超过 0.2%。

9.2　土壤中铬的测定

【测定意义】

痕量铬(Cr)是人体必需的营养元素，它是人体胰岛素分子的组成成分之一。但六价铬有较强的毒性、能致癌。铬在地壳中的丰度值为 83～200 mg/kg。世界土壤铬的范围值是 5～1500 mg/kg，中位值是 70 mg/kg。从中国 4094 个土壤剖面样点实测结果为 2.20～1209 mg/kg，中位值 57.3 mg/kg，几何平均值 53.9 mg/kg，95% 置信度的范围值为 19.3～150.2 mg/kg。土壤铬含量相差甚大，主要影响因素是土壤的母质，土壤母质为蛇纹岩等基性、超基性岩者，每千克铬可高达 1000 mg 至数千毫克。

【方法与原理】

测定土壤铬的方法有原子吸收法、光度法、极谱法、等离子体发射光谱法、X-射线荧光光谱法和仪器中子活化法。土壤中铬有相当一部分存在于硅酸盐矿物晶格中，要测土壤总铬必须用含氢氟酸的混合酸或 Na_2O_2 高温熔融分解样品，否则结果一般会偏低 30%～50%。

本实验选择常用的原子吸收法，土壤试液喷入空气—乙炔富燃火焰(黄色火焰)中，铬的化合物即可原子化，可于 357.97 nm(或 959.3 nm)波长处进行测量。

干扰及消除：共存元素的干扰受火焰状态和观测高度的影响很大，在实验时应特别注意。因为铬的化合物在火焰中易生成难于熔融和原子化的氧化物，因此一般在试液中加入适当的助熔剂和干扰元素的抑制剂，如 NH_4Cl(或 $K_2S_2O_7$，NH_4HF_2 和 NH_4ClO_2 等)。加入 NH_4Cl 可增加火焰中的氯离子，使铬生成易于挥发和原子化的氯化物，而且 NH_4Cl 还能抑制 Fe、Co、Ni、V、Al、Pb、Mg 的干扰。

适用范围：称样量 1.0 g，试液定量为 50 mL，本方法的检出限为 2.5 mg/kg，能满足各种土壤样分析的需求。

【仪器与设备】

原子吸收分光光度计、铬空心阴极灯。

【试剂配制】

(1)铬标准贮备液

准确称取基准重铬酸钾 0.2829 g，溶解于少量水中，移入 100 mL 容量瓶中，加水至刻度，摇匀。此溶液含铬 1.00 mg/mL。

(2)铬标准溶液

准确移取铬标准贮备液 5.00 mL 于 100 mL 容量瓶中，加水定容。此溶液含铬 50 μg/mL。

(3)10%(w/v)氯化铵水溶液。

(4)浓硝酸(G.R，低铬)。

(5)浓硫酸(G.R)。

(6)浓氢氟酸(G.R)。

(7)3 mol/L 盐酸溶液。

【操作步骤】

1. 试液制备

称取样品 0.2~0.5 g 于聚四氟乙烯坩埚中，用少量水润湿，滴加（1:1）H_2SO_4 1 mL，浓 HNO_3 5 mL。待剧烈反应停止后，加盖，移至电热板上加热分解，取下稍冷，用塑料量杯加入氢氟酸 5 mL，继续加热蒸至冒浓厚 SO_3 白烟。取下坩埚稍冷，加少量水冲洗坩埚壁，后加热浓缩至近干，以驱除残余的 HF。取下坩埚稍冷，加 3 mol/L HCl 溶液 5 mL，加热溶解可溶盐类，定量移入 25 mL 容量瓶中，加 10%NH_4Cl 溶液 1 mL，加水至刻度，摇匀、备测。按同样步骤制备一份全程序试剂空白。

2. 测量

用 2.0 mg/L 铬标准溶液调节仪器至最佳工作条件、将标准系列和试液顺次喷入火焰，测量吸光度。试液吸光度减去全程序试剂空白的吸光度。从校准曲线上求出铬的含量。

3. 标准系列溶液的制备

吸取铬标准溶液 0 mL，0.5 mL，1.0 mL，2.0 mL，3.0 mL 于 50 mL 容量瓶中，分别加入 10% NH_4Cl 2 mL，3 mol/L 盐酸 10 mL，加水至刻度，摇匀。

【结果计算】

土壤中铬含量 ω_1（mg/kg）的计算：

$$\omega_1 = \frac{(\rho-\rho_0)\times V_0 \times V_2}{m \times V_1} \times 10^{-3} \tag{9-1}$$

式中　ω_1——土壤中铬元素的含量（mg/kg）；

ρ——由校准曲线查得测定试液中铬元素的浓度（μg/mL）；

ρ_0——空白溶液中元素的测定浓度（μg/mL）；

V_0——微波消解后试液的定容体积（mL）；

V_1——分取试液的体积（mL）；

V_2——分取后测定试液的定容体积（mL）；

m——称取烘干样品的质量（g）。

9.3　土壤中汞、砷的测定（微波消解/原子荧光法）

【测定意义】

汞（Hg）及其化合物属于剧毒物质，可在人体内蓄积，进入水体的无机汞离子可转变为毒性更大的有机汞，经食物链进入人体，引起全身中毒。砷（As）是人体非必需元素，元素砷的毒性较低但砷的化合物均有剧毒，砷还有致癌作用。汞和砷都是我国实施排放总量控制的指标，也是我国饮用水水源地月报的监测指标。

在重金属元素分析工作中，样品的预处理是十分重要的环节，实验分析的误差既可能来自仪器，也可能来自样品处理方法，因此选用适当的样品消解方法成为土壤、沉积物等环境样品分析的主要问题。对于土壤和沉积物样品中砷和汞等元素，即使不"打开"硅酸盐晶格结构，也能达到全量分析的目的，常见的消解体系有王水及浓硝酸/浓硫酸等混合酸消解体系。土壤样品中的砷和汞元素含量范围分别为 $0.10 \sim 40$ μg/g 和 $0.01 \sim$ 0.3 μg/g，且易挥发，采用常规的湿法消解，极易造成砷和汞的挥发损失。采用微波消解法消解土壤和沉积物样品中汞、砷时，消解时间短，且密闭的高压消解罐能有效防止样品中有效成分的挥发损失。该方法利用压力自控密闭微波消解系统对环境样品中土壤和沉积物进行酸溶预处理，经过滤、定容后通过原子荧光光谱计测定样品中汞、砷的含量。

原子荧光光谱法是介于原子发射光谱和原子吸收光谱之间的光谱分析技术，其原理是通过待测元素的原子蒸气在辐射能激发下所产生荧光的发射强度来确定待测元素含量。原子荧光光谱法虽是一种发射光谱法，但它和原子吸收光谱法密切相关，兼有原子发射和原子吸收两种分析方法的优点，又克服了两种方法的不足。原子荧光光谱法的灵敏度高、检出限低，线性范围宽，谱线比较简单，仪器价格便宜，分析速度快、操作简便，能实现多元素同时测定，但仍存在荧光猝灭效应、散射光的干扰、测定的金属种类有限等问题。原子荧光光谱仪主要用于分析汞、砷、锑、铋和硒等元素。原子荧光光谱法的干扰主要是能够同时形成化学蒸气的元素，以及共存的重金属和过渡金属元素。硫脲-抗坏血酸溶液能够基本消除样品溶液中共存的硅、钾、钠、钙、镁、铝、硫、锰和锌等元素的干扰。下面介绍微波消解/原子荧光法。

【方法与原理】

样品经微波消解后试液进入原子荧光光度计，在硼氢化钾溶液还原作用下，生成砷化氢气体，汞被还原成原子态。在氩氢火焰中形成基态原子，在元素灯(汞、砷)发射光的激发下产生原子荧光，原子荧光强度与试液中元素含量成正比。

【仪器和设备】

(1)具有温度控制和程序升温功能的微波消解仪，温度精度可达±2.5 ℃。消解罐应是由碳氟化合物(可溶性聚四氟乙烯 PFA 或改性聚四氟乙烯 TFM)制成的封闭罐体，可抗压、耐酸和耐腐蚀，具有泄压功能。

(2)原子荧光光度计，检出限满足：汞≤0.05 μg/L，砷≤0.2 μg/L。具有汞、砷的元素灯。

(3)恒温水浴装置。

【试剂和材料】

(1)盐酸(HCl)，$\rho = 1.19$ g/mL。

(2)硝酸(HNO_3)，$\rho = 1.42$ g/mL。

(3)氢氧化钾(KOH)。

(4)硼氢化钾(KBH_4)。

(5)盐酸溶液(1:19)：移取 25 mL 盐酸($\rho = 1.19$ g/mL)用去离子水稀释至 500 mL。

(6)盐酸溶液(1:1)：移取 500 mL 盐酸用去离子水稀释至 1000 mL。

(7)硫脲(H_2NCSN_2H)：分析纯。

(8)抗坏血酸($C_6H_8O_6$)：分析纯。

(9)还原剂。

硼氢化钾溶液 A：$\rho = 10$ g/L

称取 0.5 g 氢氧化钾（KOH）放入盛有 100 mL 实验用水的烧杯中，玻璃棒搅拌待完全溶解后再加入称好的 1.0 g 硼氢化钾，搅拌溶解。此溶液当日配制，用于测定汞。

硼氢化钾溶液 B：$\rho = 20$ g/L

称取 0.5 g 氢氧化钾放入盛有 100 mL 实验用水的烧杯中，玻璃棒搅拌待完全溶解后再加入称好的 2.0 g 硼氢化钾，搅拌溶解。此溶液当日配制，用于测定砷。

(10) 硫脲和抗坏血酸混合溶液：称取硫脲、抗坏血酸各 10 g，用 100 mL 实验用水溶解，混匀，使用当日配制。

(11) 汞标准固定液（简称固定液）：将 0.5 g 重铬酸钾溶于 950 mL 实验用水中，再加入 50 mL 硝酸，混匀。

(12) 汞（Hg）标准溶液

汞标准贮备液（$\rho = 100.0$ mg/L）：购买市售有证标准物质/有证标准样品，或称取在硅胶干燥器中放置过夜的氯化汞（$HgCl_2$）0.1354 g，用适量实验用水溶解后移至 1000 mL 容量瓶中，最后用固定液定容至标线，混匀。

汞标准中间液（$\rho = 1.00$ mg/L）：移取汞标准贮备液 5.00 mL，置于 500 mL 容量瓶中，用固定液定容至标线，混匀。

汞标准使用液（$\rho = 10.0$ μg/L）：移取汞标准中间液 5.00 mL，置于 500 mL 容量瓶中，用固定液定容至标线，混匀。用时现配。

(13) 砷（As）标准溶液

砷标准贮备液（$\rho = 100.0$ mg/L）：购买市售有证标准物质/有证标准样品，或称取 0.1320 g 经过 105 ℃ 干燥 2 h 的优级纯三氧化二砷（As_2O_3）溶解于 5 mL 1 mol/L 氢氧化钠溶液中，用 1 mol/L 的盐酸溶液中和至酚酞红色褪去，实验用水定容至 1000 mL，混匀。

砷标准中间液（$\rho = 1.00$ mg/L）：移取砷标准贮备液 5.00 mL，置于 500 mL 的容量瓶中，加入 100 mL 盐酸溶液，用实验用水定容至标线，混匀。

砷标准使用液（$\rho = 100.0$ μg/L）：移取砷标准中间液（$\rho = 1.00$ mg/L）10.00 mL，置于 100 mL 容量瓶中，加入 20 mL 盐酸溶液，用实验用水定容至标线，混匀。现用现配。

【操作步骤】

1. 试样的制备

称取风干、过筛的样品 0.1~0.5 g（精确至 0.0001 g。样品中元素含量低时，可将样品称取量提高至 1.0 g）置于溶样杯中，用少量去离子水润湿。在通风橱中，先加入 6 mL 盐酸，再慢慢加入 2 mL 硝酸，混匀使样品与消解液充分接触。若有剧烈化学反应，待反应结束后再将溶样杯置于消解罐中密封。将消解罐装入消解罐支架后放入微波消解仪的炉腔中，确认主控消解罐上的温度传感器及压力传感器均已与系统连接好。按照表 9-1 推荐的升温程序进行微波消解，程序结束后冷却。待罐内温度降至室温后在通风橱中取出，缓慢泄压放气，打开消解罐盖。

把玻璃小漏斗插于 50 mL 容量瓶的瓶口，用慢速定量滤纸将消解后溶液过滤、转移入容量瓶中，实验用水洗涤溶样杯及沉淀，将所有洗涤液并入容量瓶中，最后用实验用水定容至标线，混匀。

表 9-1 微波消解升温程序

步骤	升温时间(min)	目标温度(℃)	保持时间(min)
1	5	100	2
2	5	150	3
3	5	180	25

2. 试料的制备

分取 10.0 mL 试液置于 50 mL 容量瓶中，按照表 9-2 加入盐酸、硫脲和抗坏血酸混合溶液，混匀。室温放置 30 min，用实验用水定容至标线，混匀。

表 9-2 定容 50 mL 时试剂加入量　　　　　　　　mL

名称	汞	砷
盐酸	2.5	5.0
硫脲和抗坏血酸混合溶液	—	10.0

注：室温低于 15 ℃时，置于 30 ℃水浴中保温 20 min。

3. 测定

将制备好的试料导入原子荧光光度计中，按照与绘制校准曲线相同仪器工作条件进行测定。如果被测元素浓度超过校准曲线浓度范围，应稀释后重新进行测定。

同时将制备好的空白试料导入原子荧光光度计中，按照与绘制校准曲线相同仪器工作条件进行测定。

【结果计算】

$$\text{土壤 Hg 或 As}(\text{mg/kg}) = \frac{(\rho - \rho_0) \times V_0 \times V_2}{m \times V_1} \times 10^{-3} \tag{9-2}$$

式中　ρ——由校准曲线查得测定试液中元素的浓度(μg/L)；

ρ_0——空白溶液中元素的测定浓度(μg/L)；

V_0——微波消解后试液的定容体积(mL)；

V_1——分取试液的体积(mL)；

V_2——分取后测定试液的定容体积(mL)；

m——称取样品的质量(g)。

【注意事项】

(1)硝酸和盐酸具有强腐蚀性，样品消解过程应在通风橱内进行，实验人员应注意佩戴防护器具。

(2)实验所用的玻璃器皿均需用(1∶1)硝酸溶液浸泡 24 h 后，依次用自来水、实验用水洗净。

(3)消解罐的日常清洗和维护步骤：先进行一次空白消解(加入 6 mL 盐酸，再慢慢加入 2 mL 硝酸，混匀)，以去除内衬管和密封盖上的残留；用水和软刷仔细清洗内衬管和压力套管；将内衬管和陶瓷外套管放入烘箱，在 200~250 ℃温度下加热至少 4 h，然后在室温下自然冷却。

9.4 土壤中六六六和滴滴涕测定

【测定意义】

六六六(六氯环己烷),用作有机氯广谱杀虫剂,是环己烷每个碳原子上的一个氢原子被氯原子取代形成的饱和化合物,英文简称 BHC,分子式为 $C_6H_6Cl_6$ 一般包括 α-BHC、β-BHC、γ-BHC(林丹)和 δ-BHC 4 种同分异构体。BHC 为白色晶体,熔点在 112~310 ℃,不溶或微溶于水,易溶于有机溶剂,对酸稳定,在碱性溶液中或锌、铁、锡等存在下易分解,对昆虫有触杀、熏杀和胃毒作用(杀虫效力从高到低分别为 γ-BHC,γ-BHC,δ-BHC,β-BHC),长期受潮或日晒会失效。BHC 进入机体后主要蓄积于中枢神经和脂肪组织中,刺激大脑运动及小脑,还能通过皮层影响植物神经系统及周围神经,在脏器中影响细胞氧化磷酸化作用,使脏器营养失调,发生变性坏死。

滴滴涕(双对氯苯基三氯乙烷),同样用作有机氯广谱杀虫剂,英文简称 DDT,分子式为 $C_{14}H_9Cl_5$,通常为 p,p'-DDE,o,p'-DDT,p,p'-DDD,p,p'-DDT 4 种同分异构体的和值。滴滴涕为白色晶体或淡黄色粉末,熔点在 108~109 ℃,不溶于水,易溶于有机溶剂,对酸稳定,强碱及含铁溶液易促进其分解。当温度高于熔点时,特别是有催化剂或光的情况下,DDT 经脱氯化氢降解为 DDD 和 DDE。DDT 具有肝毒性,也会改变免疫功能,降低抗体的产生,导致肝肾损害、皮肤病变、心律不齐及心肌损害等。

【方法与原理】

土壤样品中的六六六和滴滴涕农药残留量分析采用有机溶剂提取,经液、液分液及浓硫酸净化或柱层析净化除去干扰物质用电子捕获检测器(ECD)检测,根据色谱峰的保留时间定性,外标法定量。

【试剂与材料】

(1)载气:氮气(N_2)纯度 99.99%。

(2)标准样品及土壤样品分析时使用的试剂和材料。所使用的试剂除另有规定外均系分析纯,水为蒸馏水。

(3)农药标准品:α-BHC、β-BHC、γ-BHC、δ-BHC、p,p'-DDE、o,p'-DDT、p,p'-DDD、p,p'-DDT 纯度为 98.0%~99.0%。

(4)农药标准溶液制备:准确称取(3)的每种 100 mg(精确至 0.0001 g),溶于异辛烷或正己烷(β-BHC 先用少量苯溶解),在 100 mL 容量瓶中定容至刻度,在冰箱中贮存。

(5)农药标准中间溶液配制:用移液管分别量取 8 种农药标准溶液,移至 100 mL 容量瓶中,用异辛烷或正己烷稀释至刻度,8 种储备液的体积比为:$V_{\alpha\text{-}BHC}:V_{\beta\text{-}BHC}:V_{\gamma\text{-}BHC}:V_{\delta\text{-}BHC}:V_{p,p'\text{-}DDE}:V_{o,p'\text{-}DDT}:V_{p,p'\text{-}DDD}:V_{p,p'\text{-}DDT}=1:1:3.5:1:3:5:5:3:8$(适用于填充柱)。

(6)农药标准工作溶液配制:根据检测器的灵敏度及线性要求,用石油醚或正己烷稀释中间标液,配制成几种浓度的标准工作溶液,在 4 ℃下贮存。

(7)异辛烷(C_8H_{18})。

(8)正己烷(C_6H_{14})：沸程 67~69 ℃，重蒸。

(9)石油醚：沸程 60~90 ℃，重蒸。

(10)丙酮(CH_3COCH_3)：重蒸。

(11)苯(C_6H_6)：优级纯。

(12)浓硫酸(H_2SO_4)：优级纯。

(13)无水硫酸钠(Na_2SO_4)：在 300 ℃烘箱中烘烤 4 h，放入干燥器备用。

(14)硫酸钠溶液：20 g/L。

(15)硅藻土：试剂级。

【仪器与设备】

脂肪提取器(索氏提取器)、旋转蒸发器、振荡器、水浴锅、离心机、气相色谱仪(带电子捕获检测器，Ni 放射源)。

【操作步骤】

1. 样品的采集

按照 NY/T 395 中有关规定采集土壤，采集后风干去杂物，研碎过 60 目筛，充分混匀，取 500 g 装入样品瓶中备用。

2. 样品的保存

土壤样品采集后应尽快分析，如暂不分析可保存在-18 ℃冷冻箱中。

3. 提取

准确称取 20.0 g 土壤置于小烧杯中，加蒸馏水 2 mL，硅藻土 4 g，充分混匀，无损地移入滤纸筒内，上部盖一片滤纸，将滤纸筒装入索氏提取器中，加 100 mL 石油醚-丙酮(1∶1)，用 30 mL 浸泡土样 12 h 后在 75~95 ℃恒温水浴锅上加热提取 4 h，每小时回流 4~6 次，待冷却后，将提取液移入 300 mL 的分液漏斗中，用 10 mL 石油醚分 3 次冲洗提取器及烧瓶，将洗液并入分液漏斗中，加入 100 mL 硫酸钠溶液，振荡 1 min，静置分层后，弃去下层丙酮水溶液，留下石油醚提取液待净化。

4. 净化

(1)浓硫酸净化法(A 法)

适用于土壤、生物样品。在分液漏斗中加入石油醚提取液体积的 1/10 的浓硫酸，振摇 1 min，静置分层后，弃去硫酸层(注意：用浓硫酸净化过程中，要防止发热爆炸，加浓硫酸后，开始要慢慢振摇，不断放气，然后再较快振摇)，按上述步骤重复数次，直至加入的石油醚提取液二相界面清晰均呈透明时止。然后向弃去硫酸层的石油醚，提取液中加入其体积量 1/2 左右的硫酸钠溶液。振摇 10 余次，待其静置分层后弃去水层。如此重复至提取液成中性时止(一般 2~4 次)，石油醚提取液再经装有少量无水硫酸钠的筒型漏斗脱水，滤入 250 mL 平底烧瓶中，用旋转蒸发器浓缩至 5 mL，定容 10 mL。定容，供气相色谱测定。

(2)柱层析净化法(B 法)

遵照 GB/T 17332—1998 中 6.2 的净化步骤进行。

5. 气相色谱测定

（1）测定条件 A

①玻璃柱 2.0 m×2 mm，填装涂有 1.5%OV-17+1.95%QF-1 的 Chro mosorb WAw-DMCS-HP 80~100 目的担体。

②玻璃柱 2.0 m×2 mm，填装涂有 1.5% OV-17+1.95%OV-210 的 Chro mosorb-WaW-D MCS-HP 80~100 目的担体。

温度：柱箱 195~200 ℃，汽化室 220 ℃，检测器 280~300 ℃。

气体流速：氮气（N_2）50~70 mL/min。

检测器：电子捕获检测器（ECD）。

（2）测定条件 B

柱：石英弹性毛细管柱 DB-17，30 m×0.25 mm。

温度：（柱温采用程序升温方式）150 ℃恒温 1 min（8 ℃/min），280 ℃恒温 280 min，进样口 220 ℃，检定器（ECD）320 ℃。

气体流速：氮气 10 mL/min；尾吹 37.25 mL/min。

6. 气相色谱中使用农药标准样品的条件

标准样品的进样体积与试样的进样体积相同，标准样品的响应值接近试样的响应值。当一个标样连续注射进样两次，其峰高（或峰面积）相对偏差不大于 7%，即认为仪器处于稳定状态。在实际测定时标准样品和试样应交叉进样分析。

7. 进样

（1）进样方式：注射器进样。

（2）进样量：1~4 μL。

8. 色谱图

（1）色谱图

图 9-1 采用填充柱；图 9-2 采用毛细管柱。

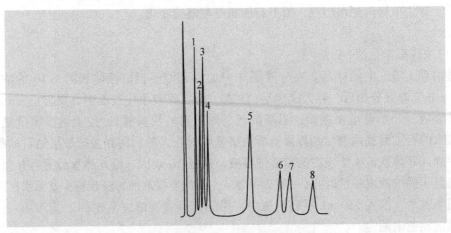

图 9-1 六六六、滴滴涕气相色谱

1. α-BHC 2. β-BHC 3. γ-BHC 4. δ-BHC 5. p, p'-DDE 6. o, p'-DDT

7. p, p'-DDD 8. p, p'-DDT

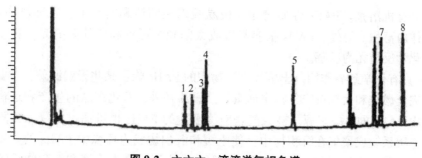

图 9-2 六六六、滴滴涕气相色谱

1. α-BHC 2. γ-BHC 3. β-BHC 4. δ-BHC 5. p, p'-DDE 6. o, p'-DDT

7. p, p'-DDD 8. p, p'-DDT

（2）定性分析

组分的色谱峰顺序：α-BHC、γ-BHC、β-BHC、δ-BHC、p, p'-DDE、o, p'-DDT、p, p'-DDD、p, p'-DDT。

检验可能存在的干扰，采取双柱定性。用另一根色谱柱 1.5%OV-17+1.95%OV-210 的 Chro mosorb WAW-D MCS-HP 80~100 目进行确证检验色谱分析，可确定六六六、滴滴涕及杂质干扰状况。

（3）定量分析

吸取 1μL 混合标准溶液注入气相色谱仪，记录色谱峰的保留时间和峰高（或峰面积）。再吸取 1μL 试样，注入气相色谱仪，记录色谱峰的保留时间和峰高（或峰面积），根据色谱峰的保留时间和峰高（或峰面积）采用外标法定性和定量。

【结果计算】

$$X = C_{is} \times V_{is} \times H_i(S_i) \times V / [V_i \times H_{is}(S_{is}) \times m] \tag{9-3}$$

式中 X——样本中农药残留量（mg/kg）；

C_{is}——标准溶液中 i 组分农药浓度（μg/mL）；

V_{is}——标准溶液进样体积；

V——样本溶液最终定容体积（mL）；

V_i——样本溶液进样体积（μL）；

$H_{is}(S_{is})$——标准溶液中 i 组分农药的峰高（mm 或峰面积 mm²）；

$H_i(S_i)$——样本溶液中 i 组分农药的峰高（mm 或峰面积 mm²）；

m——称样质量（g）。

9.5 土壤和沉积物中多环芳烃的测定

【测定意义】

多环芳烃（PAHs）是指分子中含有两个或两个以上苯环结构的化合物，是煤、石油和煤焦油等有机化合物的热解或不完全燃烧产物，具有致畸、致癌、致突变和生物难降解的特性，是目前国际上关注的一类持久性有机污染物（POPS）。PAHs 大多为无色或淡黄色的晶体，个别颜色较深，沸点较高，蒸气压低，不易溶解于水，能溶于丙酮、苯和二氯甲烷等有机溶剂。PAHs 性质稳定，极易吸附在固体颗粒物上，在环境中难降解，可在生物体内蓄积。另外，PAHs 很容易吸收太阳光中可见和紫外区的光，对紫外辐射引起的光化学反应尤为敏感。

PAHs 具有化学致癌作用。土壤和沉积物中的 PAHs 除了某些天然源外，主要来自化石燃料不完全燃烧和大气沉降、污水灌溉等。石油开采、石化产品的生产和运输中的泄漏是环境中 PAHs 的另一来源。被大气颗粒物吸附的 PAHs 也可通过沉降、吸附和沉积作用进入土壤系统或聚集在沉积物中，使土壤和沉积物成为环境中 PAHs 的重要归属之一。土壤和沉积物中的 PAHs 虽然含量少，但分布广泛。进入土壤和沉积物后的 PAHs，由于其低溶解性和憎水性，比较容易进入生物体内，并通过生物链进入生态系统，从而危害人类健康和整个生态系统的安全；PAHs 在土壤和沉积物中具有高度的稳定性、难降解性、强毒性和积累效应等特征而受到广泛关注，许多国家都将其列入优先污染物的黑名单中。在我国，土壤中 PAHs 的污染程度较重，工业发达地区尤为突出，也是造成水体与农作物多环芳烃污染的重要来源。

【方法与原理】

PAHs 的提取方法目前主要有索氏提取法、超声提取法、超临界流体萃取、微波辅助萃取和加压流体萃取等。PAHs 的检测方法有色谱法和分光光度法。分光光度法有紫外分光光度法、荧光光谱法、磷光法、低温发光光谱法和一些新的发光分析法等，最常用的是荧光光谱法。荧光法灵敏度较高，但需要纸层析，步骤烦琐，对于复杂样品分离效果较差，已很少采用。目前，PAHs 的监测技术应用最广的分析方法是色谱法。常用的有气相色谱法和液相色谱法等。气相色谱法使用毛细管柱进行分离，使复杂组分能够较好地分离，尤其使用质谱做检测器时，使用同位素内标法可以同时进行定性和定量分析，因此适合于复杂样品中 PAHs 的测定。高效液相色谱具有选择性好、灵敏度高的优点，应用普遍，但不可使用同位素标来进行样品定量。

气相色谱(GC)技术是利用一定温度下不同化合物在流动相(载气)和固定相中分配系数的差异，使不同化合物按时间先后在色谱柱中流出，从而达到分离分析的目的。质谱(MS)技术是将汽化的样品分子在高真空的离子源内转化为带电离子，经电离、引出和聚焦后进入质量分析器，在磁场或电场作用下，按时间先后或空间位置进行质荷比(质量和电荷的比，m/z)分离，最后被离子检测器检测。气相色谱—质谱联用技术(GC-MS)是基于色谱和质谱技术的基础上，充分利用气相色谱对复杂有机化合物的高效分离能力和质谱对化合物的准确鉴定能力进行定性和定量分析的一门技术。

本实验测定土壤中多环芳烃的高效液相色谱法。适用于土壤和沉积物中 16 种多环芳烃的测定，包括萘、苊烯、苊、芴、菲、蒽、荧蒽、芘、苯并[a]蒽、苯并[b]荧蒽、苯并[k]荧蒽、苯并[a]芘、二苯并[a，h]蒽、苯并[g，h，i]芘、茚并[1，2，3-c，d]芘。

当取样量为 10.0 g，定容体积为 1.0 mL 时，用紫外检测器测定 16 种多环芳烃的方法检出限为 3~5 μg/kg，测定下限为 12~20 μg/kg；用荧光检测器测定 16 种多环芳烃的方法检出限为 0.3~0.5 μg/kg，测定下限为 1.2~2.0 μg/kg。

本实验采用高效液相色谱法，土壤和沉积物样品中的多环芳烃用合适的萃取方法

(索氏提取、加压流体萃取等)提取，根据样品基体干扰情况采取合适的净化方法(硅胶层析柱、硅胶或硅酸镁固相萃取柱等)对萃取液进行净化、浓缩、定容，用配备紫外/荧光检测器的高效液相色谱仪分离检测，以保留时间定性，外标法定量。

【试剂和材料】

除非另有说明，分析时均使用符合国家标准的分析纯试剂和实验用水。

(1)乙腈(CH_3CN)：HPLC 级。

(2)正己烷(C_6H_{14})：HPLC 级。

(3)二氯甲烷(CH_2Cl_2)：HPLC 级。

(4)丙酮(CH_3COCH_3)：HPLC 级。

(5)丙酮—正己烷混合溶液(1∶1)：用丙酮和正己烷按 1∶1 的体积比混合。

(6)二氯甲烷—正己烷混合溶液(2∶3)：用二氯甲烷和正己烷按 2∶3 的体积混合。

(7)二氯甲烷—正己烷混合溶液(1∶1)：用二氯甲烷和正己烷按 1∶1 的体积比混合。

(8)多环芳烃标准贮备液：$\rho = 100 \sim 2000$ mg/L：购买市售有证标准溶液，于 4 ℃下冷藏、避光保存，或参照标准溶液证书进行保存。使用时应恢复至室温并摇匀。

(9)多环芳烃标准使用液：$\rho = 10.0 \sim 200$ mg/L：移取 1.0 mL 多环芳烃标准贮备液于 10 mL 棕色容量瓶，用乙腈稀释并定容至刻度，摇匀，转移至密实瓶中于 4 ℃下冷藏、避光保存。

(10)十氟联苯(Cl_2F_{10})：纯度为 99%。替代物，也可采用其他类似物。

(11)十氟联苯贮备溶液：$\rho = 1000$ mg/L。称取十氟联苯 0.025 g(精确至 0.001 g)，用乙腈溶解并定容至 25 mL 棕色容量瓶，摇匀，转移至密实瓶中于 4 ℃下冷藏、避光保存。或购买市售有证标准溶液。

(12)十氟联苯使用液：$\rho = 40$ μg/m。移取 1.0 mL 十氟联苯贮备溶液于 25 mL 棕色容量瓶，用乙腈稀释并定容至刻度，摇匀，转移至密实瓶中于 4 ℃下冷藏、避光保存。

(13)干燥剂：无水硫酸钠(Na_2SO_4)或粒状硅藻土。置于马弗炉中 400 ℃烘 4 h，冷却后置于磨口玻璃瓶中密封保存。

(14)硅胶：粒径 75~150 μm (100~200 目)。使用前，应置于平底托盘中，以铝箔包覆，130 ℃活化至少 16 h。

(15)玻璃层析柱：内径约 20 mm，长 10~20 cm，带聚四氟乙烯活塞。

(16)硅胶固相萃取柱：1000 mg/6mL。

(17)硅酸镁固相萃取柱：1000 mg/6mL。

(18)石英砂：粒径 150~830 μm (20~100 目)，使用前须检验，确认无干扰。

(19)玻璃棉或玻璃纤维滤膜：在马弗炉中 400 ℃烘 1 h，冷却后置于磨口玻璃瓶中密封保存。

(20)氮气：纯度≥99.999%。

【仪器和设备】

(1)高效液相色谱仪配备紫外检测器或荧光检测器，具有梯度洗脱功能。

(2)色谱柱：填料为 ODS(十八烷基硅烷键合硅胶)，粒径 5 μm，柱长 250 mm，内径 4.6 mm 的反相色谱柱或其他性能相近的色谱柱。

(3)提取装置：索氏提取器或其他同等性能的设备。

(4)浓缩装置：氮吹浓缩仪或其他同等性能的设备。

(5)固相萃取装置。

【操作步骤】

1. 样品制备

(1)称样和均化

除去样品中的枝棒、叶片、石子等异物，称取样品 10 g(精确至 0.01 g)，加入适量无水硫酸钠，研磨均化成流沙状。如果使用加压流体提取，则用粒状硅藻土脱水。

(2)提取

制备好的试样放入玻璃套管或纸质套管内，加入 50.0 μL 十氟联苯使用液，将套管放入索氏提取器中。加入 100 mL 丙酮-正己烷混合溶液，以每小时不小于 4 次的回流速度提取 16~18 h。

(3)过滤和脱水

在玻璃漏斗上垫一层玻璃棉或玻璃纤维滤膜，加入约 5 g 无水硫酸钠，将提取液过滤到浓缩器皿中。用适量丙酮-正己烷混合溶液洗涤提取容器 3 次，再用适量丙酮-正己烷混合溶液冲洗漏斗，洗液并入浓缩器皿。

(4)浓缩

氮吹浓缩法：开启氮气至溶剂表面有气流波动(避免形成气涡)，用正己烷多次洗涤氮吹过程中已经露出的浓缩器壁，将过滤和脱水后的提取液浓缩至约 1 mL。如不需净化，加入约 3 mL 乙腈，再浓缩至约 1 mL，将溶剂完全转化为乙腈。如需净化，加入约 5 mL 正己烷并浓缩至约 1 mL，重复此浓缩过程 3 次，将溶剂完全转化为正己烷，再浓缩至约 1 mL，待净化。

(5)净化

①硅胶层析柱净化

a. 硅胶柱制备：在玻璃层析柱的底部加入玻璃棉，加入 10 mm 厚的无水硫酸钠，用少量二氯甲烷进行冲洗。玻璃层析柱上置一个玻璃漏斗，加入二氯甲烷直至充满层析柱，漏斗内存留部分二氯甲烷，称取约 10 g 硅胶经漏斗加入层析柱，以玻璃棒轻敲层析柱，除去气泡，使硅胶填实。放出二氯甲烷，在层析柱上部加入 10 mm 厚的无水硫酸钠。层析柱示意如图 9-3 所示。

b. 净化：用 40 mL 正己烷预淋洗层析柱，淋洗速度控制在 2 mL/min，在顶端无水硫酸钠暴露于空气之前，关闭层析柱底端聚四氟乙烯活塞，弃去流出液。将浓缩后的约 1 mL 提取液移入层析柱，用 2 mL 正己烷分 3 次洗涤浓缩器皿，洗液全部移入层析柱，在顶端无水硫酸钠暴露于空气之前，加入 25 mL 正己烷继续淋洗，弃去流出液。用 25 mL 二氯甲烷-正己烷混合溶液洗脱，洗脱液收集于浓缩器皿中，用氮吹浓缩法(或其他(或其他浓缩方

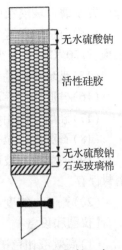

图 9-3　层析柱示意

无水硫酸钠

活性硅胶

无水硫酸钠
石英玻璃棉

式)将洗脱液浓缩至约 1 mL,加入约 3 mL 乙腈,再浓缩至 1 mL 以下,将溶剂完全转换为乙腈,并准确定容至 1.0 mL 待测。净化后的待测试样如不能及时分析,应于 4 ℃下冷藏、避光、密封保存,30 d 内完成分析。

②固相萃取柱净化(填料为硅胶或硅酸镁)   用固相萃取柱作为净化柱,将其固定在固相萃取装置上。用 4 mL 二氯甲烷(冲洗净化柱,再用 10 mL 正己烷平衡净化柱,待柱充满后关闭流速控制阀浸润 5 min,打开控制阀,弃去流出液。在溶剂流干之前,将浓缩后的约 1 mL 提取液移入柱内,用 3 mL 正己烷分 3 次洗涤浓缩器皿,洗液全部移入柱内,用 10 mL 二氯甲烷–正己烷混合溶液进行洗脱,待洗脱液浸满净化柱后关闭流速控制阀,浸润 5 min,再打开控制阀,接收洗脱液至完全流出。用氮吹浓缩法(或其他浓缩方式)将洗脱液浓缩至约 1 mL,加入约 3 mL 乙腈,再浓缩至 1 mL 以下,将溶剂完全转换为乙腈,并准确定容至 1.0 mL 待测。净化后的待测试样如不能及时分析,应于 4 ℃下冷藏、避光、密封保存,30d 内完成分析。

2. 空白试样制备

用石英砂代替实际样品,按照与试样的制备(1)相同步骤制备空白试样。

3. 上机测定

(1)仪器参考条件(表 9-3)

进样量:10 μL。

柱温:35 ℃。

流速:1.0 mL/min。

流动相 A:乙腈。

流动相 B:水。

表 9-3   梯度洗脱装置

时间(min)	A(%)	B(%)	时间(min)	A(%)	B(%)
0	60	40	28	100	0
8	60	40	28.5	60	40
18	100	0	35	60	40

检测波长:根据不同待测物的出峰时间选择其紫外检测波长、最佳激发波长和最佳发射波长,编制波长变换程序。16 种多环芳烃在紫外检测器上对应的最大吸收波长及在荧光检测器特定条件下的最佳激发和发射波长见表 9-4 所列。

(2)校准

①校准曲线的绘制   分别量取适量的多环芳烃标准使用液,用乙腈稀释,制备至少 5 个浓度点的标准系列,多环芳烃的质量浓度分别为 0.04 μg/mL,0.10 μg/mL,0.50 μg/mL 1.00 μg/mL 和 5.00 μg/mL(此为参考浓度),同时取 50.0 μL 十氟联苯使用液,加入至标准系列中任一浓度点,十氟联苯的质量浓度为 2.00 μg/mL,贮存于棕色进样瓶中,待测。

表 9-4　目标物对应的紫外检测波长和荧光检测波长

序号	组分名称	最大紫外吸收波长	推荐紫外吸收波长	推荐激发波长 λ_{ex}/发射波长 λ_{em}	最佳激发波长 λ_{ex}/发射波长 λ_{em}
1	萘	220	220	280/324	280/334
2	苊烯	229	230	—	—
3	苊	261	254	280/324	268/308
4	芴	229	230	280/324	280/324
5	菲	251	254	254/324	292/366
6	蒽	252	254	254/400	253/402
7	荧蒽	236	230	290/460	360/460
8	芘	240	230	336/376	336/376
9	苯并[a]蒽	287	290	275/385	288/390
10	䓛	267	254	275/385	268/383
11	苯并[b]荧蒽	256	254	305/430	300/436
12	苯并[k]荧蒽	307、240	290	305/430	308/414
13	苯并[a]芘	296	290	305/430	296/408
14	二苯并[a, h]蒽	297	290	305/430	297/398
15	苯并[g, h, i]芘	210	220	305/430	300/410
16	茚并[1, 2, 3-c, d]芘	250	254	305/500	302/506
17	十氟联苯	228	230	—	—

注：荧光检测器不适用于苊烯和十氟联苯的测定。

由低浓度到高浓度依次对标准系列溶液进样，以标准系列溶液中目标组分浓度为横坐标，以其对应的峰面积（峰高）为纵坐标，建立校准曲线。校准曲线的相关系数 ≥ 0.995，否则重新绘制校准曲线。

②标准样品的色谱图　图 9-4 和图 9-5 为在本标准推荐的仪器条件下，16 种多环芳烃的色谱图。

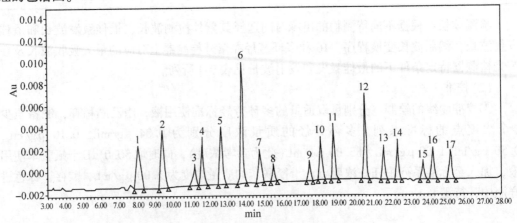

图 9-4　16 种多环芳烃紫外检测器色谱

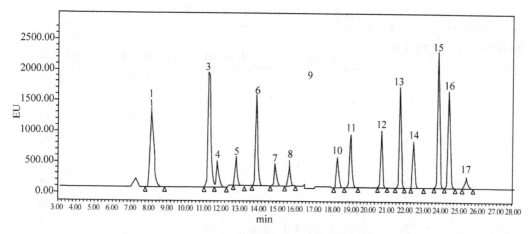

图 9-5 16种多环芳烃荧光检测器色谱

1. 萘 2. 苊烯 3. 苊 4. 芴 5. 菲 6. 蒽 7. 荧蒽 8. 芘 9. 十氟联苯 10. 苯并[a]蒽 11. 䓛
12. 苯并[b]荧蒽 13. 苯并[k]荧蒽 14. 苯并[a]芘 15. 二苯并[a, h]蒽 16. 苯并[g, h, i]芘
17. 茚并[1, 2, 3-c, d]芘

③试样测定 按照与绘制校准曲线相同的仪器分析条件进行测定。

④空白试验 按照与试样测定相同的仪器分析条件进行空白试样的测定。

【结果计算】

1. 目标化合物的定性分析

以目标化合物的保留时间定性，必要时可采用标准样品添加法、不同波长下的吸收比、紫外谱图扫描等方法辅助定性。

2. 结果计算

土壤样品中多环芳烃含量（μg/kg）的计算。

$$w_i = \frac{\rho_i \times V}{m \times W_{dm}} \tag{9-4}$$

式中 w_i——样品中组分 i 的含量（μg/kg）；

ρ_i——由标准曲线计算所得组分 i 的浓度（μg/mL）；

V——定容体积（mL）；

m——样品量（湿重）（kg）；

W_{dm}——土壤样品干物质含量（%）。

【附录】方法的检出限和测定下限

采用索氏提取和硅胶柱净化方法，样品量为 10 g，浓缩定容体积为 1 mL 时，16 种目标化合物的方法检出限、测定下限见表 9-5 所列。

【注意事项】

部分多环芳烃属于强致癌物，操作时应按规定要求佩戴防护器具，避免接触皮肤和衣服。溶液配制及样品预处理过程应在通风橱内操作。

表 9-5 方法的检出限和测定下限

出峰顺序	化合物名称	检出限（μg/kg）		测定下限（μg/kg）	
		荧光检测器	紫外检测器	荧光检测器	紫外检测器
1	萘	0.3	3	1.2	12
2	苊烯	—	3	—	12
3	苊	0.5	3	2.0	12
4	芴	0.5	5	2.0	20
5	菲	0.4	5	1.6	20
6	蒽	0.3	4	1.2	16
7	荧蒽	0.5	5	2.0	20
8	芘	0.3	3	1.2	12
9	苯并[a]蒽	0.3	4	1.2	16
10	䓛	0.3	3	1.2	12
11	苯并[b]荧蒽	0.5	5	2.0	20
12	苯并[k]荧蒽	0.4	5	1.6	20
13	苯并[a]芘	0.4	5	1.6	20
14	二苯并[a, h]蒽	0.5	5	2.0	20
15	苯并[g, h, i]芘	0.5	5	2.0	20
16	茚并[1, 2, 3-c, d]芘	0.5	4	2.0	16

复习思考题

1. 简述土壤中汞、砷的微波消解/原子荧光法测定原理？
2. 土壤中铅、镉测定方法有哪些？比较优缺点？
3. 简述气相色谱法测定土壤六六六和滴滴涕原理？
4. 土壤中多环芳烃测定方法有哪些？

第 10 章

大型仪器的虚拟仿真实验

　　虚拟仿真实验建设是利用信息化技术，融合课程特色，打造富有科技感、趣味性的智慧课程的过程，这将丰富教学模式，有效推进教学资源共享化和教育信息数字化。虚拟仿真实验克服了仪器水平与数量、实验空间、时间、危险药品及条件等在现实中难以实现的因素，且可满足线上课前预习和课后反复演练的教学要求，提高教学效果。

　　虚拟现实软件的特色主要包括：

　　①虚拟现实技术　利用电脑模拟产生一个三维空间的虚拟世界，构建高度仿真的虚拟操作环境和操作对象，提供使用者关于视觉、听觉、触觉等感官的模拟，让使用者如同身历其境一般，可以及时、没有限制地 360°旋转观察三维空间内的事物，界面友好，互动操作，形式活泼。

　　②两种学习模式　分为演示模式和操作模式，演示模式下可以正确模拟实验分析的每一步的操作，学员只需点击步骤进行每一步操作；操作模式下，给出具体操作步骤，学员点击相应开关或按钮进行操作。

　　③自主学习内容丰富　知识点讲解，包含设备、工作原理、实验操作过程中的注意事项。

　　④智能操作指导　具体的操作流程，系统能够模拟操作中的每个步骤，并加以文字或语言说明和解释。

　　⑤评分系统　系统给出操作提示，操作模式下评分机制采用扣分制，操作错误时扣分。

　　⑥实用性强　具有较大的可推广应用价值和应用前景。可适用于本科教学，也可用于研究生或分析化验人员岗前培训。

　　本章主要以北京欧倍尔软件技术开发有限公司开发大型仪器在土壤学及相关学科应用的虚拟仿真实验为例（http：//obrsim.com/Eplat/login.do），熟悉软件应用和大型仪器使用过程；文中配有实验场景图片和说明，同时也可以作为大型仪器操作指南进行参考。

10.1　气相色谱仪法测定土壤中拟除虫菊酯虚拟仿真实验

【测定意义】

　　拟除虫菊酯（pyrethroids）是一类能防治多种害虫的广谱杀虫剂，其杀虫毒力比老一代杀虫剂如有机氯、有机磷、氨基甲酸酯类提高 10~100 倍。拟除虫菊酯对昆虫具有强烈的触杀作用，有些品种兼具胃毒或熏蒸作用，但都没有内吸作用。其作用机理是扰乱昆虫神经的正常生理，使之由兴奋、痉挛到麻痹而死亡。拟除虫菊酯类农药应用广泛，可通过多种途径进入人体内，如消化系统、呼吸系统和皮肤吸收等。根据暴露介质的不同，将拟除虫菊酯类农药进入人体的途径分为饮食摄入和非饮食摄入两大类。通过本次实验以拟除虫菊酯为例，利用 3D 仿真模拟操作过程，学习气相色谱仪法使用和分析方法。

【方法与原理】

拟除虫菊酯在化学结构上具有共同的特点之一是分子结构中含有数个不对称碳原子，因而包含多个光学和立体异构体。这些异构体又具有不同的生物活性，即同一种拟除虫菊酯，总酯含量相同，但包含的异构体不同，杀虫效果也大不相同。因此，在拟除虫菊酯农药的生产、质量控制、药效检验以及施药后的生物代谢农药残留调查中，都要求提供准确、快速地测定样品中的总酯和最具生物活性的异构体含量的方法。

【仪器与设备】

计算机（PC）的硬件（CPU：Intel Core i3 或 AMD 同等性能处理器（含以上）双核 2.0GHz 以上；内存：4GB 以上独立显卡：NVIDIA Geforce GTX950 或 ATI Radeon HD 7870 或其他厂牌同性能显卡。显存 2GB 以上）；虚拟现实（VR）硬件设备；气相色谱仪法虚拟仿真软件。

【操作步骤】

1. 软件启动

完成安装后就可以运行虚拟仿真软件了，双击桌面快捷方式，在弹出的启动窗口中选择"气相色谱仪"，培训项目列表显示"C11、C14 以及 C16 的定量分析""苯、甲苯及二甲苯的定量测定"，选择任何一个项目，点击"启动"按钮。

2. 软件操作

启动软件后，出现仿真软件加载页面，软件加载完成后进入仿真实验操作界面（图 10-1 和图 10-2），在该界面可实现虚拟仿真软件的所有操作。

 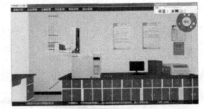

图 10-1　软件加载　　　　　　　　图 10-2　实验操作界面

（1）功能介绍

❖ 角度控制：W—前，S—后，A—左，D—右、鼠标右键—视角旋转（图 10-3）。

视角高度：Q—抬高视角，E—降低视角。

❖ 当鼠标放在某位置会高亮时表示该部分可进行操作，如图 10-4 中标样 1 的瓶子为高亮状态，表示可对该瓶子进行操作。

图 10-3 操作按键

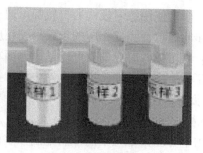

图 10-4 样品瓶状态

❖ 当鼠标放在某位置时指针变为手型表示可对该部分进行操作。

（2）界面介绍

进入界面后，界面上方为菜单功能条（图 10-5），右上方为工具条（图 10-6、表 10-1）。

图 10-5 菜单功能条

图 10-6 工具条

表 10-1 工具条图标说明

图标	说明	图标	说明	图标	说明	图标	说明
	运行选中项目		暂停当前运行项目		状态说明		保存快门
	停止当前运行项目		恢复暂停项目		参数监控		模型速率

实验介绍：介绍实验的基本情况，如实验内容、操作规程、理论知识和安全知识等。

实验原理：介绍仪器的工作原理。

样品配制：对实验所用标准样品进行配制。

退出：点击退出实验。

（3）模式介绍

本仿真软件为学生提供了 3 种学习模式，分别是练习、考核和演示模式。界面右上角模式框中显示的为当前的模式。

练习：该模式针对的对象为初学者。相应的步骤有步骤提示，学生只有正确地完成当前步骤的操作，才会出现下一步操作的提示。

考核：学生使用练习模式后，教师可通过考核模式对学生的学习效果进行检测，该模式下无步骤提示，完成相应的步骤得到相应的分值，可作为教师评定的标准。

演示：练习模式时，学生可以通过界面右上角的模式框切换至演示模式。该模式为学生展示了一个完整的操作视频，停止后，按下键盘上的 Esc 返回至练习模式。

3. 实验操作

(1)标样配制

①点击主界面菜单栏中的样品配制标签(图 10-7)，弹出样品配制窗口(图 10-8)。在样品配制窗口中输入标准储液的体积和定容体积，配制不同浓度的标准样(具体配制的标样浓度以教师教案为准)。

| 实验介绍 | 实验原理 | 仪器配置 | 样品配制 | 帮助说明 | 退出系统 |

图 10-7 主界面菜单栏

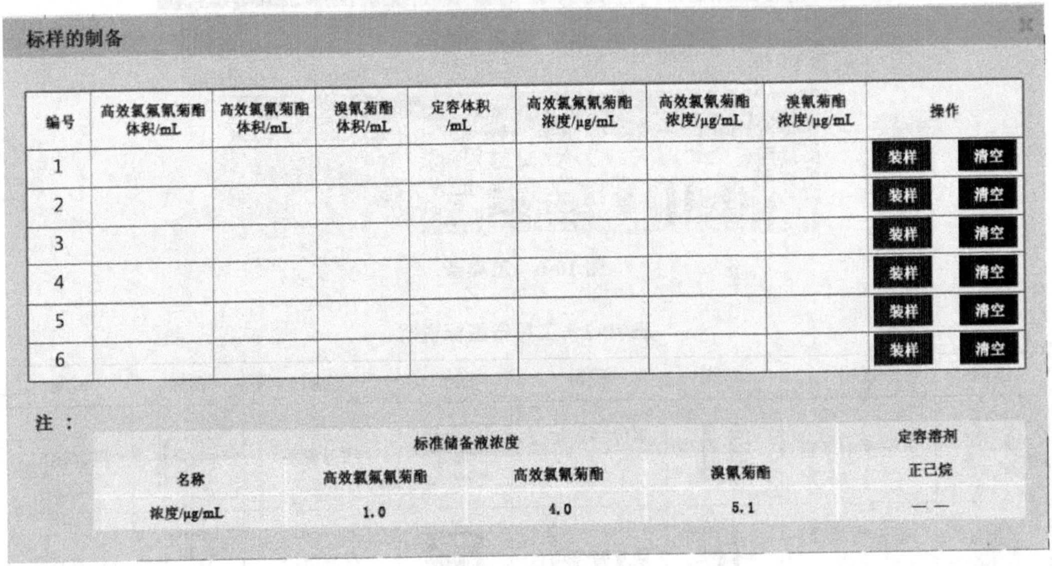

标样的制备

编号	高效氯氟氰菊酯体积/mL	高效氯氰菊酯体积/mL	溴氰菊酯体积/mL	定容体积/mL	高效氯氟氰菊酯浓度/μg/mL	高效氯氰菊酯浓度/μg/mL	溴氰菊酯浓度/μg/mL	操作	
1								装样	清空
2								装样	清空
3								装样	清空
4								装样	清空
5								装样	清空
6								装样	清空

注：

	标准储备液浓度			定容溶剂
名称	高效氯氟氰菊酯	高效氯氰菊酯	溴氰菊酯	正己烷
浓度/μg/mL	1.0	4.0	5.1	——

图 10-8 样品配制窗口

② 例如，在编号为 1 的一栏中输入高效氯氟氰菊酯的体积为 1，高效氯氰菊酯的体积为 1，溴氰菊酯的体积为 1，定容体积为 50 后，列表会自动计算出标样中高效氯氟氰菊酯、高效氯氰菊酯和溴氰菊酯的浓度并显示在表中(图 10-9)。点击"装样"命令后，实验台上编号为 1 的样品瓶中装入标样(图 10-10)；点击"清空"命令可取消该标样的配制，桌面上 1 号样品瓶中的标样以及列表中的数据都被清空。

(2)配置仪器

返回主界面菜单栏(图 10-7)，点击"仪器配置"。在二级菜单下选择：

进样方式选择：选择自动进样(前进样口)。

检测器配置：选择 FID(前)+μECD 检测器(后)或者检测器配置：选择 μECD 检测器(前)+FPD 检测器(后)。

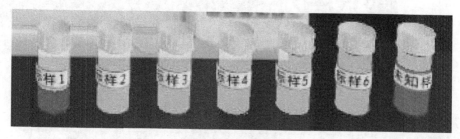

标样的制备

编号	高效氯氟氰菊酯体积/mL	高效氯氰菊酯体积/mL	溴氰菊酯体积/mL	定容体积/mL	高效氯氟氰菊酯浓度/μg/mL	高效氯氰菊酯浓度/μg/mL	溴氰菊酯浓度/μg/mL	操作	
1	1	1	1	50	0.020	0.080	0.102	装样	清空
2								装样	清空
3								装样	清空
4								装样	清空
5								装样	清空
6								装样	清空

注：

	标准储备液浓度			定容溶剂
名称	高效氯氟氰菊酯	高效氯氰菊酯	溴氰菊酯	正己烷
浓度/μg/mL	1.0	4.0	5.1	——

图 10-9 浓度列表

图 10-10 样品瓶

注：标准储备液中高效氯氟氰菊酯、高效氯氰菊酯、溴氰菊酯的浓度分别为 1.0μg/mL、
4.0μg/mL、5.0μg/mL。

色谱柱连接方式：选择"前进样口+后检测器"或者"色谱柱连接方式：选择前进样口+前检测器"。

（3）开机测试

①开气体　鼠标指向氮气总压阀门，鼠标指针变为手型，左键单击，总压阀一侧弹出压力调节窗口（图 10-11）。点击窗口中的+、-对总压阀的开度进行调节，其中点击+表示加大总压阀开度，阀门逆时针旋转；点击-表示减小总压阀开度，阀门顺时针旋转。

图 10-11 压力调节窗口

图 10-12 压力调节窗口

　　打开氮气总压阀后，通过调节减压阀对氮气输出压力进行控制。鼠标指向减压阀，鼠标指针变为手型，左键单击，弹出压力调节窗口（图 10-12）。点击窗口中的＋、－对减压阀的开度进行调节，控制氮气出口压力为 0.4MPa。其中点击＋表示加大减压阀开度，减压阀顺时针旋转；点击－表示减小总压阀开度，减压阀逆时针旋转。

　　②开仪器　鼠标指向气相色谱仪主机电源，指针变为手型，点击打开仪器，此时仪器显示屏变亮。

　　左键点击电脑主机电源，打开电脑。单击电脑桌面上的工作站图标，启动工作站软件，弹出工作站窗口（图 10-13）。

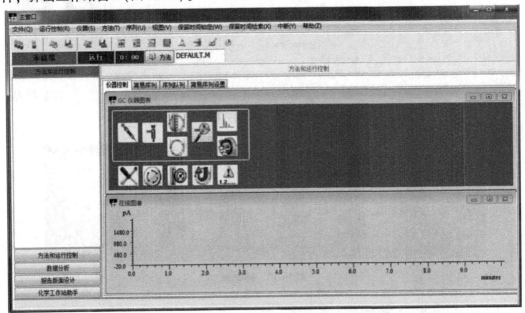

图 10-13　工作站窗口

　　③样品测定

　　A. 运行工作站

　　a. 编辑完整方法：在工作站窗口"方法"菜单下选择"编辑整个方法"命令，进入方法设置界面（图 10-14）。

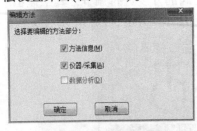

图 10-14　方法设置界面

图 10-15　方法信息窗口

　　选中除"数据采集"外两项，点击"确定"，弹出方法信息窗口（图 10-15）。在该窗口中填入关于该方法的注释（也可不填），点击"确定"。

　　b. 进样器选择：在弹出的窗口中选择进样方式为"GC 进样器""前"，点击"确定"，进入下一画面。

　　c. 编辑 GC 参数：在 GC 参数窗口中编辑进样口、柱箱、色谱柱和检测器等参数（图 10-16）。

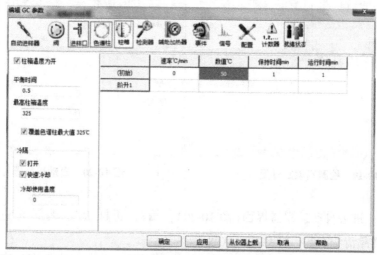

图 10-16　GC 参数窗口

　　例如，点击 图标，进入柱温参数设定画面。选中"柱箱温度为开"，最高柱箱温度编辑框填写 300 ℃，在空白表框中输入升温速率、数值和保持时间等数值（具体数值见教师教案），点击"应用"。

　　点击 图标，进入进样口设定画面（图 10-17），点击 SSL-前，在该页面中可对进样模式→分流、进样口温度→270°等参数进行设置，然后点击"应用"按钮。

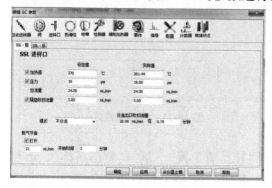

图 10-17　进样口设定界面

图 10-18　色谱柱设定界面

　　点击 图标，进入色谱柱设定画面（图 10-18），选择流速控制模式，设置色谱柱的流速值，点击"应用"。

　　点击 图标，进入检测器设定界面（图 10-19），点击 ECD-后，编辑 μECD 检测器参数：将"加热器和辅助传输线"前的复选框勾选，设置检测器的温度→2100 ℃，然后点击"应用"；将"尾吹流量"前的复选框勾选，设置尾吹流量在 40 mL/min，点击"应用"按钮。

图 10-19　检测器设定界面　　　　图 10-20　自动进样器界面

点击 ，进去自动进样器界面(图 10-20)，编辑"进样量"，溶剂 A 进样前、后的清洗次数，样品清洗次数，样品抽吸次数。

d. 保存方法：所有参数设置完毕后，点击"确定"，弹出方法另存为窗口。在该窗口中输入方法文件名，如 GC-ESTD，点击"确定"，保存方法成功。

e. 序列设置：回到工作站主界面，在"序列"菜单下选择"序列表"，弹出序列表设置窗口(图 10-21)。

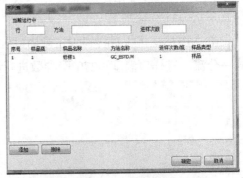

图 10-21　序列表设置窗口　　　　图 10-22　样品瓶位置

在该窗口中，点击"添加"，添加行；选择"样品瓶位置"、填写"样品名称"、选择"方法名称"，如图 10-22 所示。同样的方法添加另外几个行。填写完成后，点击"确定。"

说明：该软件中样品瓶放置位置是固定的，原则为标样 1 放入 1 号位置，标样 2 放入 2 号位置……，未知样放入 7 号位置。

B. 自动进样分析

3D 场景中将进样瓶放入到自动进样器上：

a. 鼠标指向标样 1 的样品瓶后，鼠标指针变为手型。右键单击，弹出"移到进样器"

图 10-23　"移到进样器"的操作提示　　　　**图 10-24　自动进样器的 1 号位置**

的操作提示(图 10-23)，单击该命令，将标样 1 移到自动进样器的 1 号位置(图 10-24)。

　　b. 同理将其他样品以及未知样移到自动进样器上。

　　c. 运行序列：仪器就绪后，在工作站主界面菜单中点击"运行控制"下的"运行序列"，按着序列表的顺序开始自动进样，工作站画面中有图谱出现(图 10-25)，测试完成后自动结束。

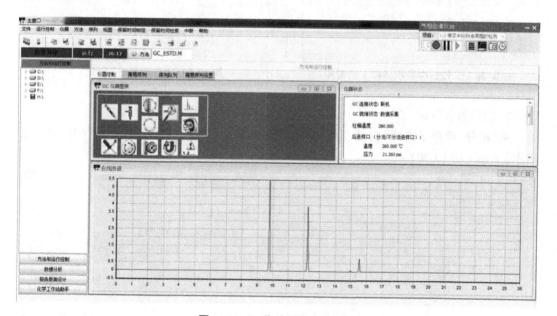

图 10-25　工作站画面中的图谱

【数据分析】

1. 调用谱图

　　单击工作站窗口中的"数据分析"命令进入数据分析界面。从"文件"菜单下选择"调用信号"命令(图 10-26)，弹出调用信号窗口(图 10-27)。

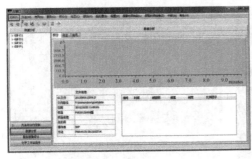

图 10-26 "调用信号"命令

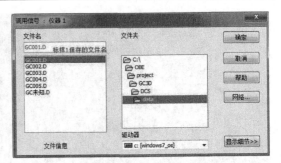

图 10-27 "调用信号"窗口

在调用信号窗口查找所需谱图的文件名，例如，标样 1 保存的文件名为 GC001.D，单击选择该文件后，点击"确定"，工作站中显示标样 1 的谱图（图 10-28）。

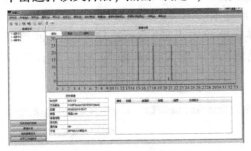

图 10-28 工作站中显示标样 1 的谱图

图 10-29 "自动积分"命令

2. 积分参数设定

从"积分"菜单下选择"自动积分"命令（图 10-29），对当前调用的谱图自动积分，显示积分结果（图 10-30）。

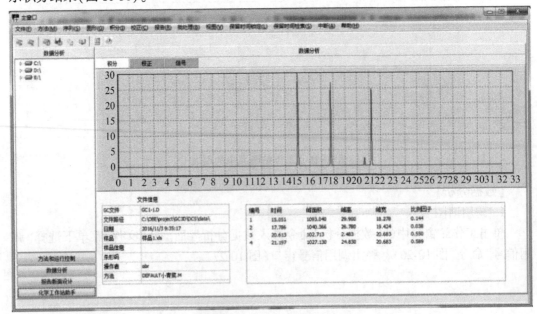

图 10-30 显示积分结果

从"积分"菜单下选择"积分事件"命令，进入积分参数设置页面。在该界面中去掉溶剂峰以及多余的杂峰(图10-31)。

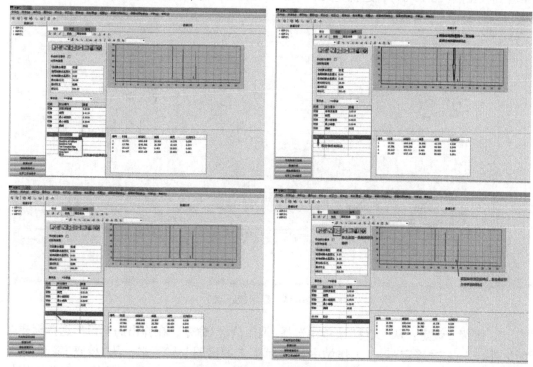

图10-31 溶剂峰以及多余的杂峰

单击"执行积分"图标，对当前谱图重新进行积分，去除杂质峰或者溶剂峰。单击"退出/保存"图标，当前的积分事件表就会保存到方法中。

3. 建立校正表

a. 等级1设定：在"校正"菜单下选中"新建校正表"命令，弹出校正窗口(图10-32)。

在级别处填入"1"，点击"确定"后，进入下一画面(图10-33)。在上图化合物和含

图10-32 新建校正窗口

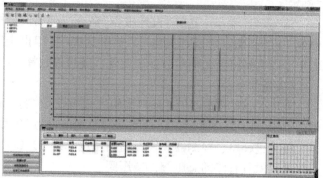

图10-33 校正表窗口

量两列中分别输入化合物的名称以及组分的浓度，输入完成后，点击其他行可以在右下角看到校正点（图10-34），这就完成了等级1的设定。

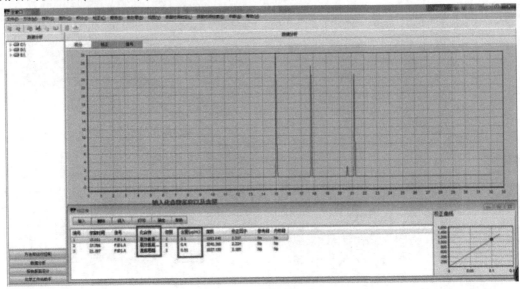

图10-34 显示校正点

b. 等级2设定：从"文件"菜单中选择"调用信号"命令，在弹出的窗口中选择标样2的文件名。点击"确定"后，工作站中显示标样2的谱图。接下来，从"校正"菜单下选择"添加级别"的命令，单击后弹出添加级别窗口，在该窗口中级别处填入"2"，点击"确定"。

在相应组分的第二个级别的含量一栏中输入相应的数值。输入数值后，点击其他行，右下角校正曲线上出现第二个校正点。

c. 其他等级校正：从"文件"菜单中选择"调用信号"命令，按照上述等级设定的步骤，完成对级别3、4、5等的设定。

4. 未知样的测定

从"文件"菜单中选择"调用信号"命令，在弹出的窗口中选择未知样的文件名，点击"确定"。

从"报告"菜单中选择"设定报告"命令，弹出设定报告窗口，不用对该窗口做出任何修改，点击"确定"。从"报告"菜单中选择"打印报告"命令，单击后，弹出报告，在报告中可以看到组分名称和浓度。此外，还可以选择打印键将报告打印到打印机上。

【关机】

点击工作站中的"方法"→"编辑完成方法"，将SSL-后进样口的温度设置为50 ℃，然后点击"应用"；将μECD检测器的温度设置为50 ℃，点击"应用"。

等待进样口、检测器、柱温箱的温度降到50 ℃，关闭气相色谱仪的电源。

关闭氮气管路的总压阀、减压阀。

关闭工作站，关闭电脑电源。

查看实验室，全部复位。

10.2　石墨炉原子吸收分光光度计测定土壤中镉的虚拟仿真实验

【测定意义】

以土壤中镉为例,利用 3D 虚拟仿真实验,练习石墨炉原子吸收分光光度计使用过程和方法,掌握仪器的使用方法和步骤要点。

【方法与原理】

略。

【仪器与设备】

石墨炉原子吸收分光光度计虚拟仿真软件。其他详见 10.1。

【操作步骤】

1. 软件启动

完成安装后就可以运行虚拟仿真软件了,双击桌面快捷方式,在弹出的启动窗口中选择"原子吸收光谱仪",在培训项目列表中选择要启动的项目,如"土壤中镉含量的测定"模式中选择"练习"或者"考核",点击"启动"按钮。

2. 软件操作

启动软件后,出现仿真软件加载页面,软件加载完成后进入仿真实验操作界面,在该界面可实现虚拟仿真软件的所有操作。

(1)功能介绍(详见 10.1)

(2)界面介绍(详见 10.1)

3. 实验操作

(1)配制标样

①点击主界面菜单栏中的样品配制标签,弹出样品配制窗口[图 10-35(a)]。在样品配制窗口中输入标准储液的体积和定容体积,配制不同浓度的标准样(具体配制的标样浓度以教师教案为准)。

图 10-35　样品配制窗口

②标样 1 的制备　在标样 1 一栏中输入镉标准储液的体积 2.0,定容体积 100,列表自动计算出标样中镉离子的浓度并显示在表中[图 10-35(b)]。点击"装样"命令后,实验台上编号为标样 1 的容量瓶中装入标样[图 10-35(b)];点击"清空"命令可取消该

标样的配制，桌面上 1 号容量瓶中的标样以及列表中的数据都被清空。

③ 同样的方法制备其余标样(标样的浓度及标样个数根据实际情况灵活配置)。

注：标准储备液中镉离子的浓度为 100 ng/mL；待测未知样中铅含量约为 3.9 ng/mL。

(2)安装元素灯

① 鼠标指向火焰原子吸收分光光度计元素灯室的门[图 10-36(a)]，指针变为手型，右键单击，选择"打开"，打开元素灯室的门[图 10-36(b)]。

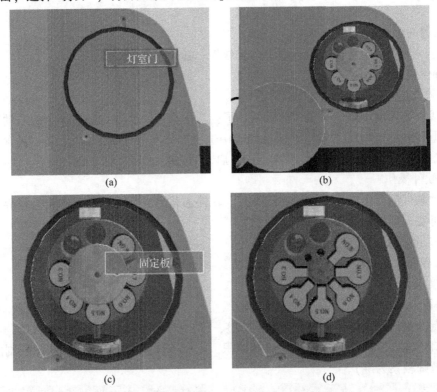

图 10-36　原子吸收分光光度计元素灯更换流程

② 鼠标指向元素灯室内的固定板[图 10-36(c)]，指针变为手型，右键单击，选择"卸下"，固定板卸下[图 10-36(d)]。

③ 鼠标指向桌面上放置的元素灯盒[图 10-36(d)]，指针变为手型，右键单击，选择"安装元素灯"命令，单击该命令后，元素灯盒移至桌面前，盒盖打开。

④ 右键单击放置在桌面前端的元素灯盒，弹出"1 号灯位、2 号灯位"的命令，选择相应的灯位将元素灯安装到对应的位置。例如，选择 1 号灯位，则将元素灯安装到灯室内的 1 号位置(图 10-37)。

⑤ 安装完元素灯后，装上固定板，关闭灯室门。

(3)开机

① 左键单击电脑主机电源，打开电脑。

② 鼠标指向火焰原子吸收分光光度计主机电源，指针变为手型，左键单击打开仪器

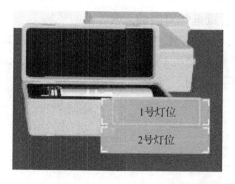
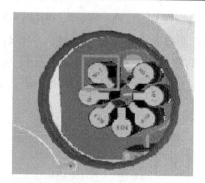

图 10-37　元素灯安装位置

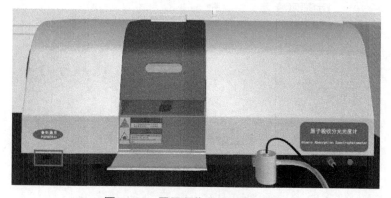

图 10-38　原子吸收分光光度计主机

电源，仪器开机，指示灯变亮(图 10-38)。

③ 鼠标左键单击电脑桌面上的工作站图标，打开工作站。

④ 在工作站联机窗口中选择"联机"命令，单击确定，开始联机。

⑤ 在元素选择窗口中选择工作灯和预热灯，测试灯选择：点击 图标，弹出元素周期表(图 10-39)，例如，选择工作灯为 Pb。设定完成后，单击"下一步"，进入下一窗

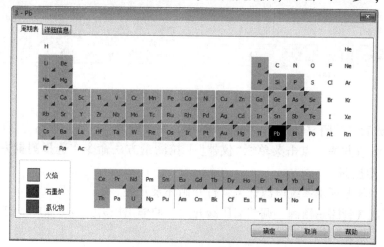

图 10-39　弹出元素周期表窗口

口。预热灯勾选为 Cu。备注：测试什么元素，则选择对应的元素。

⑥ 在参数设置窗口中，填入工作灯电流，光谱带宽，燃烧器位置等参数。例如，测量 Cd 时可填入工作电流为 2.0 mA，光谱带宽选择 0.4 nm，燃烧器位置为 5.0 mm（图 10-40）。设置完参数后，单击下一步，进入下一界面。

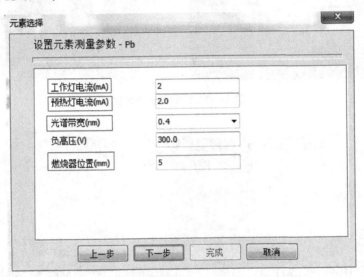

图 10-40　燃烧器位置等参数窗口

⑦ 单击寻峰命令[图 10-41(a)]，弹出寻峰窗口[图 10-41(b)]。

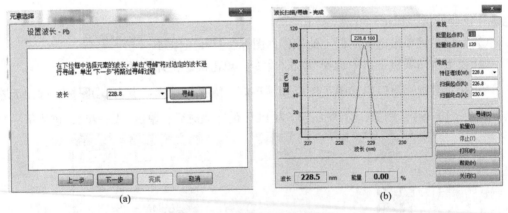

图 10-41　寻峰命令和寻峰窗口

寻峰完成后，关闭寻峰窗口，单击下一步，完成设置，进入工作站界面（图 10-42）。

⑧ 选择测量方法　点击菜单栏"仪器"下拉测量方法命令，选择测量方法为"石墨炉"，点击确定按钮。

⑨ 打开冷却循环水系统电源开关，打开循环泵开关。

⑩ 打开氩气管路总压阀，调节减压阀开度，使输出压力为 0.6 MPa。打开石墨炉加热装置电源。

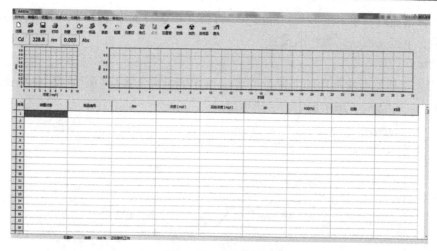

图 10-42 工作站界面

（4）样品测定

①装入样品

a. 鼠标指向桌面上放置的标样 1 容量瓶，鼠标指针变为手型，右键单击弹出装入溶液的命令，单击该命令后，桌面上放置的进样小瓶内装入溶液（图 10-43）。

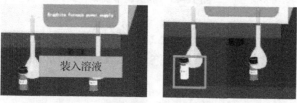

图 10-43 装 样

b. 重复步骤 1 将其他标样及未知样装入进样小瓶中。

②样品设置 单击工作站菜单栏中的样品命令 ⬚，弹出样品设置向导（图 10-44）。

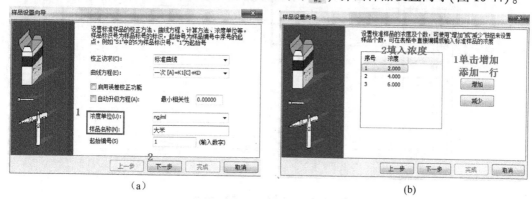

（a） （b）

图 10-44 样品设置向导窗口

在图 10-44（a）中选择浓度单位 ng/mL，填入样品名称，起始编号后，单击下一步，进入下一界面，在该界面中填入标准样品的浓度［图 10-44（b）］，单击下一步。

可不做出更改，单击下一步，弹出下一界面，在该界面中填人样品数量，样品名称等参数后，单击完成，完成样品设置。

③测试

a. 单击工作站菜单栏中的能量命令 ![能量]，弹出能量调节窗口（图10-45），单击自动能量平衡命令，完成后，单击确定，关闭窗口。

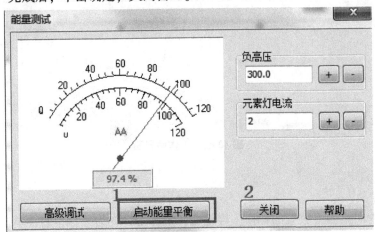

图10-45　能量调节窗口

b. 单击工作站菜单栏中的空烧命令 ![空烧]，空烧石墨管。

c. 单击工作站菜单栏中的加热命令 ![加热]，设置石墨炉加热程序（图10-46），单击确定。

序号	温度	升温时间	保持时间	原子化	内气流量			
☑1	110	9	5	◉	◉关	◉小	◉中	◉大
☑2	400	15	5	◉	◉关	◉小	◉中	◉大
☑3	1800	0	3	◉	◉关	◉小	◉中	◉大
☑4	2200	0	2	◉	◉关	◉小	◉中	◉大
☐5								
☐6								
☐7								
☐8								
☐9								

☐富集进样次数(N): 5 次　　冷却时间(C): 20 秒

确定　取消　帮助

图10-46　石墨炉加热程序窗口

d. 单击菜单栏中的测量命令 ![测量]，弹出测量窗口。

e. 鼠标指向桌面放置的标样1进样小瓶，鼠标指针变为手型，右键单击弹出"移至进样位置"的命令，单击该命令后，空白样品移至桌面前方。

接下来，鼠标指向桌面前放置的进样小瓶，鼠标指针变为手型，右键单击弹出"打开瓶盖"的命令，单击该命令后，打开进样小瓶的瓶盖。

鼠标指向移液枪，右键单击装枪头命令，移液枪安装枪头。

右键单击移液枪，点击移至进样位置的命令，移液枪移至进样小瓶上方。

接下来，移液枪吸液，进样。

最后，将移液枪枪头卸下，放回原处。

f. 单击测量窗口测开始命令开始测量，测量结果显示在工作站表格中（图 10-47）。

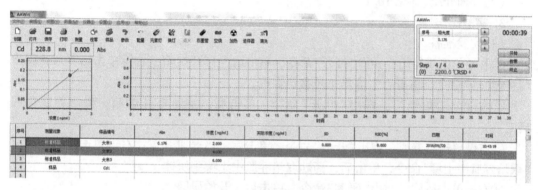

图 10-47　测量结果显示窗口

g. 重复步骤 e、f 完成其他样品的测定，测定结果显示在表格中。

（5）关机

① 测量完成后，单击终止命令，退出测量窗口。

② 单击空烧命令，空烧石墨炉。

③ 关闭氩气管路总压阀。

④ 关闭循环泵开关。

⑤ 关掉仪器主机电源，关闭石墨炉加热装置电源。

⑥ 关闭工作站，关闭电脑主机电源。

10.3　Elementar 元素分析仪测定土壤有机质虚拟仿真实验

【测定意义】

以土壤有机质测定为例，利用 3D 虚拟仿真实验，练习 Elementar 元素分析仪使用过程和方法，掌握仪器的使用方法和步骤要点。

【方法与原理】

略。

【仪器与设备】

Elementar 元素分析仪虚拟仿真软件。其他详见 10.1。

【操作步骤】

1. 软件启动

完成安装后即可运行虚拟仿真软件，双击桌面快捷方式，在弹出的启动窗口中选择"Elementar 元素分析仪"，培训项目列表显示"土壤中有机质含量的测定"，选择该项目。

2. 软件操作

启动软件后，出现仿真软件加载页面，软件加载完成后进入仿真实验操作界面，在该界面可实现虚拟仿真软件的所有操作。

（1）功能介绍（详见10.1）

（2）界面介绍（详见10.1）

3. 实验操作

（1）实验准备

①右键单击烘箱门，弹出"打开"命令，单击后，打开烘箱；右键单击培养皿，弹出"移到烘箱"命令，单击后，培养皿转移到烘箱。

②右键单击烘箱门，弹出"打开"命令，单击后，重新打开烘箱，将培养皿移回桌面。

③右键单击培养皿，弹出"开盖"命令，单击后，培养皿开盖；右键单击药匙，弹出"取培养皿中土壤"命令，单击后，药匙取培养皿中土壤到研钵。

④右键单击钵杆，弹出"研磨"命令，单击后，开始研磨。

⑤右键单击天平右侧门，弹出"开门"命令，单击后，打开天平侧门；右键单击镊子，弹出"取锡箔纸"命令，单击后，镊子夹取锡箔纸至天平托盘。

⑥右键单击药匙，弹出"取研钵内土壤"命令，单击后，药匙取研钵内土壤于天平托盘上的锡箔纸内。

（2）耗材检查及安装

①右键单击设备主机前面板，弹出"打开"命令，打开设备主机前面板，开始练习安装耗材。右键单击固定杆，弹出"打开"命令，单击后，打开固定杆。右键单击加热炉，弹出"移出"命令，单击后，移出加热炉（图10-48）。

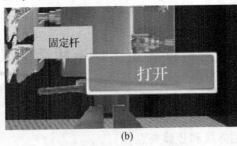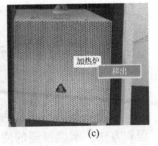

(a)　　　　　　　　　　　　(b)　　　　　　　　　　　　(c)

图10-48　移出加热炉

②右键单击还原管，弹出"填充试剂"命令，单击后，还原管填充试剂。右键单击还原管，弹出"装入加热炉"命令，单击后，还原管装入加热炉（图10-49）。

③右键单击燃烧管，弹出"填充试剂"命令，单击后，燃烧管填充试剂。右键单击燃烧管，弹出"装入加热炉"命令，单击后，燃烧管装入加热炉（图10-50）。

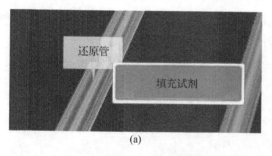
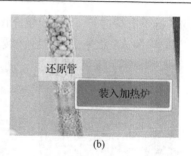

(a)　　　　　　　　　　　　　(b)

图 10-49　还原管填充试剂

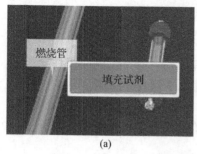
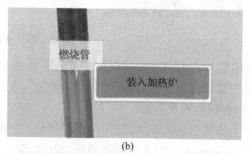

(a)　　　　　　　　　　　　　(b)

图 10-50　燃烧管填充试剂

④右键单击加热炉，弹出"移回"命令，单击后，加热炉移回。右键单击固定杆，弹出"合上"命令，单击后，合上固定杆(图 10-51)。

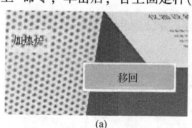
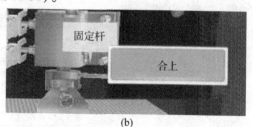

(a)　　　　　　　　　　　　　(b)

图 10-51　加热炉移回和合上固定杆

⑤然后右键单击干燥管，弹出"填充试剂"命令，单击后，干燥管填充试剂。右键单击干燥管，弹出"装入"命令，单击后，干燥管装入加热炉(图 10-52)。

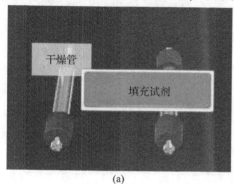
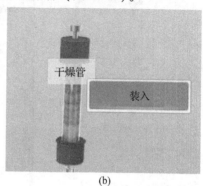

(a)　　　　　　　　　　　　　(b)

图 10-52　干燥管填充试剂

⑥右键单击缓冲管，弹出"填充试剂"命令，单击后，缓冲管填充试剂。右键单击缓冲管，弹出"装入"命令，单击后，缓冲管装入加热炉（图 10-53）。

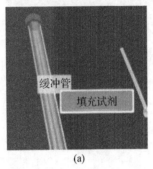
(a)

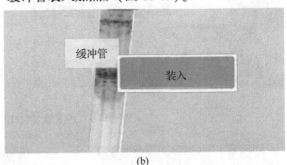
(b)

图 10-53　缓冲管填充试剂

⑦右键单击左面板，弹出"打开查看"命令，单击后，打开左侧面板查看。

⑧右键单击左面板，弹出"关闭"命令，单击后，关闭左侧面板。

（3）耗材检查及安装

①左键单击主机开关，打开电脑主机。左键单击桌面工作站图标，打开工作站，输入密码 variomacro，进入工作站界面（图 10-54）。

②鼠标单击　system-mode，Mode-CHNS，Feeding-Soid，Feeding-Carousel with 60 positions。

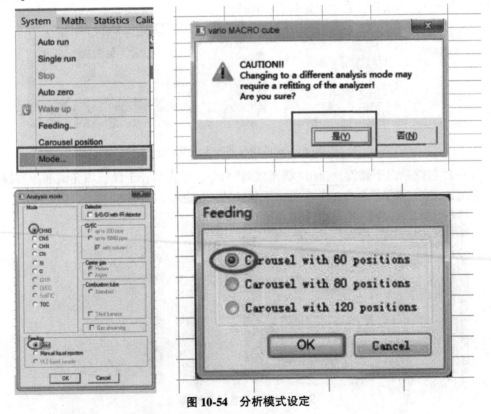

图 10-54　分析模式设定

③将燃烧管和还原管温度设为 0，options-settings-parameters，设置 comb. tube：0 ℃；reduct. tube：0 ℃（图 10-55）。

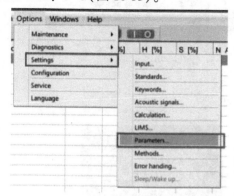
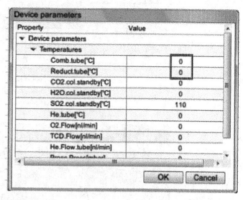

图 10-55　参数设定

④设置仪器休眠状态，options-settings-sleep/wake up，勾选 Sleeping at end of samples（图 10-56）。

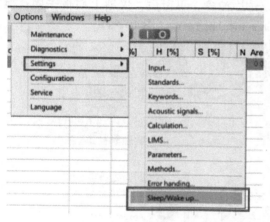
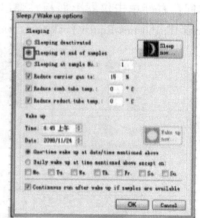

图 10-56　仪器休眠状态参数设置

⑤点击工作站右上角关闭按钮，退出工作站。

⑥左键单击仪器主机开关按钮，打开电源：仪器自检。左键单击桌面工作站图标，打开工作站，输入密码 variomacro，重新启动 VARIO Macro cube 操作软件，进入工作站界面；variomacro，Undefined position！选 OK，Select carousel position-All samples removed from the caro 选√；然后左键单击氦气阀门，开度为 10MPa，左键单击减压阀阀门箭头，减压阀压力表调节至 0.14~0.16 MPa。

⑦然后左键单击氧气阀门，开度为 10 MPa，左键单击氧气阀门，开度为 10 MPa，左键单击减压阀阀门箭头，减压阀压力表调节至 0.22~0.24 MPa。

⑧检查球阀气密性 options-Maintenance-Adjust ball value；然后右键单击仪器上面板，弹出"打开"命令，单击后，打开仪器上面板打开；右键单击扳手，弹出"移到球阀调节"命令，单击后，扳手移动到球阀、调节球阀气密性（图 10-57）。

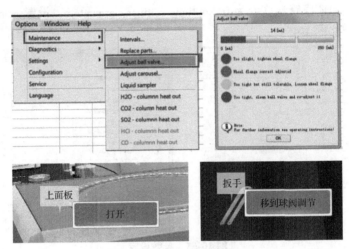

图10-57 检查球阀气密性

⑨调节完毕，工作站点击 OK；然后右键单击扳手，弹出"移回"命令，单击后，扳手移回；右键单击仪器上面板，弹出"关闭"命令，单击后，仪器上面板关闭；检漏，Options-Diagnostics-Rough Leak test，variomacrocubes 选 Yes(图10-58)。

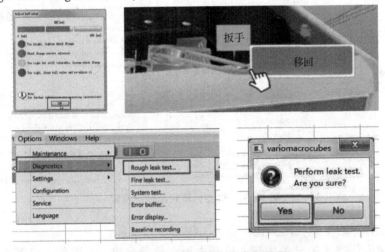

图10-58 气密性调节完毕参数设置

然后右键单击仪器前面板，弹出"打开"命令，单击后，打开仪器前面板；右键单击检漏夹子，弹出"移出"命令，单击后，移出夹子；右键单击检漏夹子，弹出"夹住氦气管"命令，单击后，夹好氦气管；工作站点击 start，检漏完毕，右键检漏夹子，移出检漏夹子。

(4)样品测试

①依次右键检漏夹子、前面板，将仪器调整到初状态，点击工作站，Termiate laek-test-Confirm actions-Close，点击工作站 close 关闭检漏窗口。然后开始进样，右键单击仪器进样盘盖板，弹出"移走"命令，单击后，移走进样盘盖板；右键单击样品架，弹出

"去进样盘"命令，单击后，将样品架移到进样盘附近；右键单击样品架，弹出"加样品"命令，单击后，加样品；加样完毕，分别右键单击进样盘盖板和样品架，移回进样盘盖板和样品架。

②仪器升温 菜单 options-settings-parameters，CHNS 模式：comb. tube：1180 ℃；reduct. tube：850 ℃（图 10-59）。

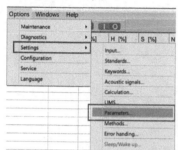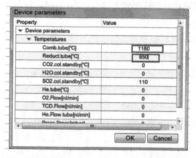

图 10-59 升温参数设置

③按照方法选择表分别输入空白样品数据、标准样品数据和待测样品数据，点击上方左侧自动测定按钮（由灰变为绿）。

④测定完毕，校准：Math-Factor-勾选 Follow tagged standard samples only（图 10-60）。

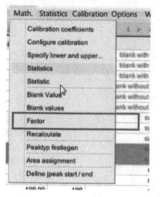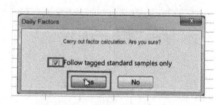

图 10-60 数据校准

⑤保存数据，file→save。

（5）关机程序

①左键单击氧气阀门箭头，关闭氧气阀门；左键单击氦气阀阀门箭头，关闭氦气阀门；右键单击工作站右上角关闭按钮，关闭工作站；左键单击仪器主机和电脑主机开关按钮，关闭仪器主机和电脑主机。

②右键尾气管，弹出"堵住"命令，单击后，尾气管堵住。

复习思考题

1. 简述气相色谱法数据分析过程是什么?
2. 如何安装和调换原子吸收分光光度计元素灯?
3. 简述利用元素分析仪测定土壤有机质的一般过程?

参考文献

鲍士丹，2000. 土壤农化分析[M]. 3 版. 北京. 中国农业出版社.

鲁如坤，1999. 土壤农业化学分析方法[M]. 北京：中国农业科学技术出版社.

吕贻忠，李保国，2010. 土壤学实验[M]. 北京：中国农业出版社.

郑必昭，2012. 土壤分析技术指南[M]. 北京：中国农业出版社.

李学垣，1997. 土壤化学及实验指导[M]. 北京：中国农业出版社.

杨剑虹，王成林，等，2008. 土壤化学分析与环境监测[M]. 北京：中国大地出版社.

张甘霖，龚子同，2012. 土壤调查实验室分析方法[M]. 北京：科学出版社.

林大仪，2004. 土壤学实验指导[M]. 北京：中国林业出版社.

姚槐应，黄昌勇，等，2006. 土壤微生物生态学及其实验技术[M]. 北京：科学出版社.

林先贵，2010. 土壤微生物研究原理与方法[M]. 北京：高等教育出版社.

中国环境监测总站，2017. 土壤环境监测技术要点分析[M]. 北京：中国环境科学出版社.

Rosa Margesin, Franz Schinner, 2005. Manual for Soil Analysis-Monitoring and Assessing Soil Bioremediation[M]. Berlin Heidelberg：Springer-Verlag.

Marc Pansu, Jacques Gautheyrou, 2006. Handbook of Soil Analysis-Mineralogical, Organic and Inorganic Methods[M]. Berlin Heidelberg：Springer-Verlag.

Klute, A. 1986. Methods of Soil Analysis：Partl—Physical and Mineralogical Methods (2nd ed.). Madison, WI：American Society of Agronomy, Inc and Soil Science Society of America.

附　表

附表1　国际原子量表(1979年)

元素	原子量	元素	原子量	元素	原子量
Ag 银	107.868	H 氢	1.0079	Rb 铷	85.4678
Al 铝	26.98154	He 氦	4.00260	Rh 铑	102.9055
Ar 氩	390948	Hg 汞	200.59	Rn 氡	(222)
As 砷	74.9216	I 碘	126.9045	Ru 钌	101.07
Au 金	196.9665	In 铟	114.82	S 硫	32.06
B 硼	10.81	K 钾	39.098	Sb 锑	121.75
Ba 钡	137.33	Kr 氪	83.80	Sc 钪	44.9559
Be 铍	9.01218	La 镧	138.9055	Se 硒	78.966
Bi 铋	208.9804	Li 锂	6.941	Si 硅	28.0855
Br 溴	79.904	Mg 镁	24.305	Sn 锡	118.69
C 碳	12.011	Mn 锰	54.9380	Sr 锶	87.62
Ca 钙	40.08	Mo 钼	95.94	Te 碲	127.60
Cd 镉	112.41	N 氮	14.0067	Th 钍	232.0381
Ce 铈	140.12	Na 钠	22.98977	Ti 钛	47.90
Cl 氯	35.453	Ne 氖	20.179	Tl 铊	204.37
Co 钴	58.9332	Ni 镍	58.70	U 铀	238.029
Cr 铬	51.996	O 氧	15.9994	V 钒	50.9425
Cs 铯	132.9054	Os 锇	190.2	W 钨	183.85
Cu 铜	63.546	P 磷	30.97376	Xe 氙	131.29
F 氟	18.998403	Pb 铅	207.2	Zn 锌	65.39
Fe 铁	55.847	Pd 钯	106.4	Zr 锆	91.22
Ga 镓	69.72	Pt 铂	195.09		
Ge 锗	72.59	Ra 镭	226.0254		

附表2　浓酸碱的浓度(近似值)

名称	比重	质量(%)	$mol \cdot L^{-1}$	配 1 L 1 $mol \cdot L^{-1}$ 溶液所需 mL 数
HCl 盐酸	1.19	37	11.6	86
HNO_3 硝酸	1.42	70	16	63
H_2SO_4 硫酸	1.84	96	18	56
$HClO_4$ 高氯酸	1.66	70	11.6	86
H_3PO_4 磷酸	1.69	85	14.6	69
HOAc 乙酸	1.05	99.5	17.4	58
NH_3 氨水	0.90	27	14.3	70

附表3 常用基准试剂的处理方法

基准试剂名称	规格	标准溶液	处理方法
硼砂($Na_2B_4O_7 \cdot H_2O$)	分析纯	标准酸	盛有蔗糖和食盐的饱和水溶液的干燥器内平衡7 d
无水碳酸钠(Na_2CO_3)	分析纯	标准碱	180~200 ℃，4~6 h
苯二甲酸氢钾($KHC_8H_4O_4$)	分析纯	标准碱	105~110 ℃，4~6 h
草酸($H_2C_2O_4 \cdot 2H_2O$)	分析纯	标准碱或高锰酸钾	室温
草酸钠($Na_2C_2O_4$)	分析纯	高锰酸钾	150 ℃，2~4 h
重铬酸钾($K_2Cr_2O_7$)	分析纯	硫代硫酸钠等还原剂	130 ℃，3~4 h
氯化钠($NaCl$)	分析纯	银盐	105 ℃，4~6 h
金属锌(Zn)	分析纯	EDTA	在干燥器中干燥4~6 h
金属镁(Mg)	分析纯	EDTA	100 ℃，1 h
碳酸钙($CaCO_3$)	分析纯	EDTA	105 ℃，2~4 h

附表4 化验室的临时急救措施

种类		急救措施
灼伤	火灼	一度烫伤(发红)：把棉花用酒精[无水或 $\varphi(H_3CH_2OH)=90\%~96\%$]浸湿，盖于伤处或用麻油浸过的纱布盖敷 二度烫伤(起泡)：用上述处理也可，或用30~50 g/L高锰酸钾或50 g/L现制丹宁溶液如上法处理 三度烫伤：用消毒棉包扎，请医生诊治
	酸灼	1. 若强酸溅洒在皮肤或衣服上，用大量水冲洗，然后用50 g/L碳酸氢钠洗伤处(或用1:9氢氧化铵洗之) 2. 若为氢氟酸灼伤时，用水洗伤口至苍白，用新鲜配制20 g/L氧化镁甘油悬液涂之 3. 眼睛酸伤，先用水冲洗，然后再用30 g/L碳酸氢钠洗眼，严重者请医生医治
	碱灼	强碱溅洒在皮肤或衣服上，用大量水冲洗，可用20 g/L硼酸或20 g/L乙酸洗之 眼睛碱伤先用水冲洗，并用20 g/L硼酸洗
创伤		若伤口不大，出血不多，可用3%双氧水将伤口周围擦净，涂上红汞或碘酒，必要时撒上一些磺胺消炎粉。严重者须先涂上紫药水，然后撒上消炎粉，用纱布按压伤口，立即就医诊治
中毒		1. 一氧化碳、乙炔、稀氨水及灯用煤气中毒时，应将中毒者移至空气新鲜流通处(勿使身体着凉)，进行人工呼吸，输氧或二氧化碳混合气 2. 生物碱中毒，用活性碳水烛液灌入，引起呕吐 3. 汞化物中毒，若误入口者，应吃生鸡蛋或牛奶(约1 L)引起呕吐 4. 苯中毒，若误入口者，应服腹泻剂，引起呕吐；吸入者进行人工呼吸，输氧 5. 苯酚(石炭酸)中毒，大量饮水，石灰水或石灰粉水，引起呕吐 6. NH_3 中毒，若口服者应饮带有醋或柠檬汁的水，或植物油、牛奶、蛋白质引起呕吐 7. 酸中毒，饮入苏打水($NaHCO_3$)和水，吃氧化镁，引起呕吐 8. 氟化物中毒，应饮20 g/L氯化钙，引起呕吐 9. 氰化物中毒，饮糨糊、蛋白、牛奶等，引起呕吐 10. 高锰酸盐中毒，饮糨糊、蛋白、牛奶等，引起呕吐
其他		1. 各种药品失火：如果电失火，应先切断电源，用二氧化碳或四氯化碳等灭火，油或其他可燃液体着火时，除以上方法外，应用沙袋或浸湿衣服等扑灭 2. 如果是工作人员触电，不能直接用手拖拉，离电源近的应切断电源，如果离电源远，应用木棒把触电者拨离电线，然后把触电者放在阴凉处，进行人工呼吸，输氧